マタパン岬沖海戦

1941
ガウド島沖の海戦と
マタパン岬沖の夜戦

橋本若路 著
[Hashimoto Mozi]

イカロス出版

イギリス海軍の公式画家ローランド・ラングメイドが描いた、イギリス戦艦による夜間砲撃の瞬間。画面右側3隻の艦列がイギリス戦艦であり、左（艦列後ろ）から『バーラム』、『ヴァリアント』、『ウォースパイト』。被弾して炎上しているのは反航するイタリア重巡洋艦『ザラ』（左）と『フューメ』だが、イギリス側では、駆逐艦『アルフィエリ』がこの2隻に先航していたと認識されている。
（IWM A 9765）

イタリア艦隊司令長官アンジェロ・イアキーノ中将。イタリア海軍初となる攻勢的な作戦に打って出たが、イギリス側に事前に計画を察知されて目標とした輸送船団は現れず、英空母艦載機の攻撃で旗艦『ヴィットリオ・ヴェネト』が損傷し、さらに重巡洋艦3隻、駆逐艦2隻を失うという大敗を喫した。

イタリア海軍の最新鋭戦艦『リットリオ』級の1番艦『リットリオ』の前甲板。主砲である381mm砲は、『ウォースパイト』等の英戦艦と口径は同じながら、高初速で威力が大きかったが、散布界が大きいという問題を抱えていた。画面奥の艦は『ヴィットリオ・ヴェネト』。

マタパン岬沖海戦においてイアキーノ司令長官の旗艦となった『ヴィットリオ・ヴェネト』。1940年5月、リグリア海における公試中の姿。ワシントン海軍軍縮条約の規程に従って建造された、いわゆる条約型戦艦だが、公称基準排水量の35,000トンを遥かに超過した大型かつ強力な戦艦だった。大戦中に56回の航海(うち交戦目的11回・移動12回・演習33回)を行い、17,970浬を航走した。これは、第二次世界大戦当時の同国の戦艦7隻の中で最多かつ最長であり、25隻の巡洋艦の中でも、これを上回るのは航海回数で6隻のみ、航走距離で11隻である。

イギリス地中海艦隊司令長官アンドリュー・ブラウン・カニンガム大将。英海軍内では名前の頭文字からABCの通り名で知られ、艦橋内を行きつ戻りつする姿から「檻の中の虎」と綽名された。イタリア海軍のエニグマ暗号を解読した「ウルトラ」情報によって敵艦隊の出撃を知り、夜戦において一方的な勝利を収めた。

カニンガム提督が座乗した戦艦『ウォースパイト』。第一次世界大戦中に建造された高速戦艦『クィーン・エリザベス』級の1隻で、1916年のジュットランド沖海戦にも参加した老齢艦であり、世界の戦艦史上で最も活躍した艦である。写真は1938年1月、地中海艦隊に合流すべくマルタ島に向かう姿。
(Forsvarets Bibliotek)

マルタ島における『ウォースパイト』。1934～37年に姉妹艦の先陣を切って大規模な近代化改装を受け、艦容が一新した。2番砲塔には、スペイン内戦で誤って攻撃を受けることのないよう、第三国の艦艇に共通して描かれた青、白、赤の3色のストライプが認められる。

第1戦隊の旗艦、重巡洋艦『ザラ』。ワシントン海軍軍縮条約の規程に従って建造された条約型の重巡洋艦として、イタリア海軍で建造された2番目の艦級である。前級である『トレント』級に比べてやや低速で忍んだ分、重装甲を誇ったが、至近距離で戦艦主砲の全力射撃を受けては、ひとたまりもなかった。

イタリア艦隊第1戦隊を率いたカルロ・カッタネオ少将。傷付いた僚艦『ポーラ』救出に駆逐艦2隻のみを派遣することを提案したが容れられず、同戦隊の重巡全滅という憂き目に遭って、乗艦『ザラ』と運命を共にした。

『ザラ』の同型艦『フューメ』。マタパン岬沖の夜戦で、最初に英戦艦の砲撃を浴び、為す術なく沈没した。

『ザラ』級の『ポーラ』。姉妹艦とは異なり、排煙逆流対策として、艦橋構造物を後方に延長して煙突と一体化した。薄暮時に受けた第三次航空攻撃で被雷して停止し、その夜の悲劇の元凶となった。
(NH 111442)

ナポリ港に停泊する在りし日の『ザラ』級4隻。手前から順に『フューメ』、『ザラ』、『ポーラ』で、一番奥はマタパン岬沖海戦に参加しなかった『ゴリツィア』。

『ウォースパイト』の同型艦『ヴァリアント』。姉妹艦と同様の近代化改装を受けたが、副兵装等に違いがあり、マタパン岬沖海戦に参加した3隻の戦艦の中で、本艦のみが新式のレーダーを装備して、夜間のイタリア艦隊発見に貢献した。(NH 97486)

やはり『クィーン・エリザベス』級の1隻である『バーラム』。本艦は近代化改装が開戦に間に合わず、竣工当時と同様に背の高い三脚檣が、いささか古めかしい印象である。マタパン岬沖海戦当時は第1戦艦戦隊の旗艦だった。(NH 63077)

『フォーミダブル』に将旗を掲げ、艦隊航空隊を率いたデニス・ボイド少将。1941年1月に、ドイツ空軍機の攻撃を受けて損傷した空母『イラストリアス』を、アレクサンドリアまで連れ帰った艦長だった。

空母『フォーミダブル』。『イラストリアス』級の新鋭装甲空母で、スエズ運河を経由して大西洋から回航された。海戦に際して『イラストリアス』艦載機の一部も搭載したが、それでもその搭載機数は雷撃機14機、戦闘機13機の合計27機に過ぎなかった。

イタリア艦隊第3戦隊司令官ルイージ・サンソネッティ少将。重巡洋艦3隻を率いて、プライダム＝ウィッペル中将の軽巡洋艦4隻と砲戦を演じた。

イタリア海軍の条約型重巡で最初に起工された『トレント』。『ザラ』級より2〜3ノット速い公称35ノットの高速を誇ったが、その代償として装甲が薄かった。(NH 82418)

『トレント』の同型艦で、サンソネッティ提督が座乗した第3戦隊旗艦『トリエステ』。

第3戦隊に所属した『ボルツァーノ』。『トレント』級の設計を一部改めて、『ザラ』級と同じ長砲身の203mm砲を搭載し、『トレント』級より防御も強化、艦橋構造物を『ポーラ』と同様の方式にした。

イタリア艦隊第8戦隊司令官のアントニオ・レニャーニ少将。

第8戦隊の軽巡洋艦『ジュゼッペ・ガリバルディ』。軽巡ながら『ザラ』級に比肩する重防御を誇る『アブルッツィ』級の1艦で、攻・防・走のバランスが取れたイタリア海軍最良の軽巡洋艦と呼ばれた。

イギリス艦隊の軽快部隊を率いたヘンリー・プライダム＝ウィッペル中将。

プライダム＝ウィッペル中将の旗艦である軽巡洋艦『オライオン』。条約型重巡の建造が一段落した後、久し振りに建造された『リアンダー』級の1隻。（NHHC 80-G-170871）

『オライオン』と同じく『リアンダー』級の『エイジャックス』。1939年12月のラプラタ沖海戦で、ドイツ海軍のポケット戦艦『アドミラル・グラフ・シュペー』を相手に奮闘した。

艦名に都市の名前を冠したいわゆるタウン級の第2グループに属する軽巡『グロスター』。『リアンダー』級より設計が新しく、兵装も強力で、航空機を搭載した。

改『リアンダー』級とも称される『パース』級の『パース』。竣工時の艦名は『アンフィオン』だったが、1939年にオーストラリア海軍に移管されて艦名が変更された。（NH 57860）

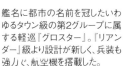

イタリア艦隊第9駆逐隊司令サルバトーレ・トスカーノ大佐が座乗した『アルフィエリ』。『オリアーニ』級の1隻で、マタパン岬沖の夜戦では、イタリア艦隊で唯一、艦砲および魚雷による反撃を行ったが、奮戦虚しく沈没した。

第9駆逐隊の『カルドゥッチ』。味方艦を煙幕で保護しようと試みたが、自らは沈没した。

第10駆逐隊の1艦として、航程の最初と最後に『ヴィットリオ・ヴェネト』を護衛した『マエストラーレ』級の『グレカーレ』。

第13駆逐隊に属して『ヴィットリオ・ヴェネト』に随伴した『フチリエーレ』。艦名に兵士の名を冠したソルダーティ級の1隻である。

第6駆逐隊として第8戦隊の護衛に就いた『ペッサーニョ』。航海者の名を冠したナヴィガトリ級に属する。

イギリス海軍のJ級駆逐艦『ジャーヴィス』。第14駆逐艦戦隊司令のフィリップ・マック大佐が指揮を執った。

第14駆逐艦戦隊『モホーク』。艦名に部族の名を与えたため、トライバル級と呼ばれたクラスの1艦。イギリス駆逐艦としては砲兵装が強力で、艦型も大きい。

第2駆逐艦戦隊に属したH級駆逐艦『ヒアワード』。(NH 60580)

第10駆逐艦戦隊司令でオーストラリア海軍のヘクター・ウォーラー大佐が座乗した『ステュアート』。第一次世界大戦中に建造された老齢艦だが、嚮導駆逐艦として建造された比較的大型な有力艦だった。1933年にオーストラリア海軍に移管された。

第10駆逐艦戦隊のG級駆逐艦『グリフィン』。

イタリア空軍のIMAM Ro.43水上偵察機。イタリア海軍の戦艦、巡洋艦に搭載された。(USMM)

『ザラ』の艦首に設けられたカグノット型圧縮空気式固定射出機に載せられたRo.43水上偵察機。

フィアットCR.42“ファルコ”戦闘機。複葉機でありながら比較的高速で、運動性能も高かったが、航続距離は僅か1,000kmほどしかなかった。海戦当日は3機ずつ交代で延べ15機がロードス島から飛び立ったが、実際に艦隊と会合して護衛に就けたのは1組3機のみであり、それも僅か10分間のことに過ぎなかった。

フィアットCR.32戦闘機。複葉戦闘機としては評価が高かったが、より高性能な単葉機の登場により、第二次世界大戦当時に旧式の感は否めなかった。海戦当日はスカルパント島の上空警戒を担当した。

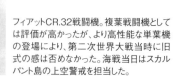

イギリス海軍艦隊航空隊のフェアリー・アルバコア雷撃機。マタパン岬沖海戦では、『フォーミダブル』に第826、第829飛行隊の合計10機が搭載された。最大速度250km/hほどの低速な複葉機ながら、『ヴィットリオ・ヴェネト』と『ポーラ』に魚雷を命中させて、マタパン岬沖海戦の勝敗を決定付けた。

空母『フォーミダブル』に着艦したアルバコア。艦尾上空に後続機が見える。

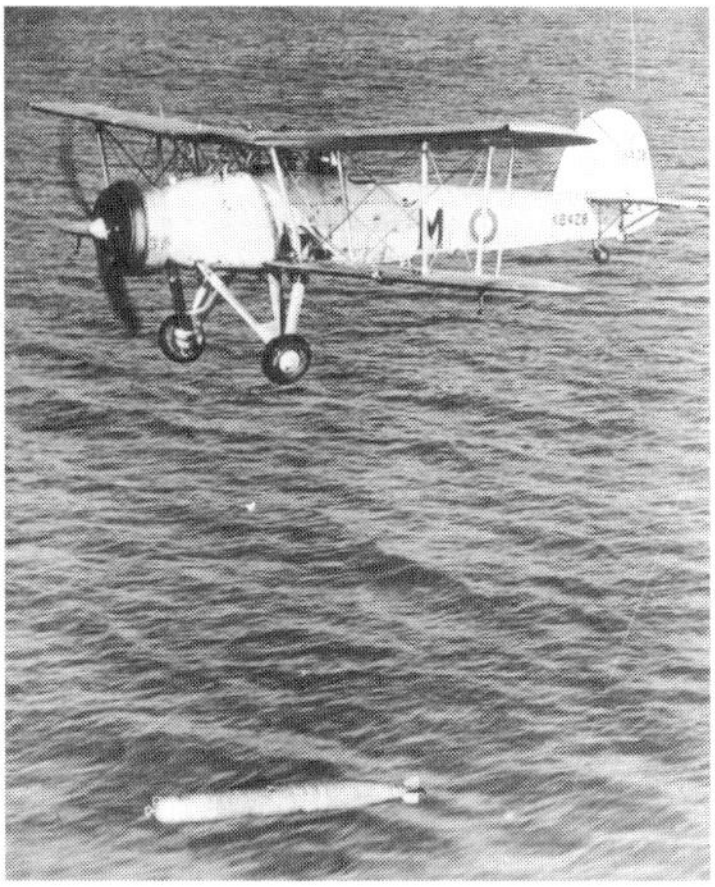

海戦に参加したもう1機種の雷撃機であるフェアリー・ソードフィッシュ。『フォーミダブル』に搭載された4機のほか、マルタ島の第815飛行隊から延べ5機がイタリア艦隊の攻撃に向かい、戦艦『ウォースパイト』と『ヴァリアント』にも搭載されて、索敵や弾着観測に用いられた。
(NH 94122)

戦艦に揚収される水上機型のフェアリー・ソードフィッシュ観測機。

スーパーマリン・ウォーラス水陸両用偵察機。マタパン岬沖海戦では『グロスター』に搭載されて弾着観測を行った。写真は、『グロスター』と同様、船体中央に横向きに設置された軽巡洋艦『シェフィールド』のカタパルト上にある機体。

イタリア空軍のサヴォイア・マルケッティSM.79“スパルヴィエロ”爆撃機。海戦当日のクレタ島爆撃や偵察を行ったほか、第281独立雷撃飛行隊の2機が『フォーミダブル』を攻撃したものの、命中した魚雷はなかった。

サヴォイア・マルケッティSM.81“ピピストレッロ”爆撃機。第56爆撃群の2機がクレタ島南方海域の偵察を行ったが、味方艦隊を敵と誤認した。

カントZ.1007 bis“アルシオーネ”爆撃機。海戦翌日の3月29日には、帰還するイタリア艦隊の護衛のために27機がイタリア本土から飛び立った。別の8機はギリシャ駆逐艦の攻撃に向かったが、発見できずに終わった。

カントZ.506“アイローネ”水上機。28日の午後に2機が艦隊護衛に就いたほか、エーゲ海南部の偵察や、海戦後の生存者探索を行い、タラント湾で行方不明になったドイツ空軍Ju88の乗組員を救助した。(USMM)

カントZ.501“ガッビアーノ”水上機。レロス島の第84水上偵察群や救難小隊のほか、海軍補助航空隊の機体が陸上の基地に配備された。

イギリス空母『フォーミダブル』に着艦寸前の第803飛行隊フェアリー・フルマー戦闘機。写真は1942年4月マダガスカル沖での撮影。
(IWM A 9065)

フェアリー・フルマー戦闘機。『フォーミダブル』には第803飛行隊に加えて、『イラストリアス』から第806飛行隊が移載され、合計13機で海戦に臨んで、哨戒や、雷撃隊および艦隊の護衛を務めた。

第230飛行隊のショート・サンダーランド飛行艇。同飛行隊の1機がイタリア艦隊第3戦隊を発見し、故意に自らの姿を晒すことで、エニグマ暗号を解読した「ウルトラ」情報の存在を秘匿することに一役買った。
(IWM ME(RAF)3505)

イギリス空軍のブリストル・ブレニム爆撃機。第84、第113、第211の各飛行隊から延べ30機が爆撃を行って、イタリア艦隊の巡洋艦に至近弾を与えた。

ドイツ空軍のユンカースJu88爆撃機。シチリア島を根拠とする第10航空軍団所属機が地中海東部各海域の偵察を行ったが、イギリス艦隊の攻撃に向かった2機のうち1機は撃墜された。

ユンカースJu87"シュトゥーカ"急降下爆撃機。ドイツ空軍第10航空軍団のほか、イタリア空軍第97独立急降下爆撃群にも配備された。1941年1月10日には、イギリスの空母『イラストリアス』を攻撃して、大破させている。

ハインケルHe111爆撃機。3月16日に4機のHe111爆撃機がクレタ島の南西海域でイギリス艦隊を攻撃し、戦艦『バーラム』と『ヴァリアント』を行動不能にしたという誤った戦果報告が、イタリア艦隊の出撃を促す大きな契機になった。

メッサーシュミットBf110重戦闘機。3月28日の午後、イタリア艦隊上空に到達して合計10機が50分間にわたって護衛に就いたが、第二次航空攻撃の後だったため、敵機と交戦する機会はなかった。

ブレッチリー・パークでイタリア海軍エニグマの暗号解読に従事したメイヴィス・ベイティ(旧姓リーヴァー)。彼女の機転が暗号解読に向けた大きな一歩となり、イギリス海軍を勝利に導くことになった。

ディリー・ノックス率いるイタリア海軍エニグマの暗号解読班が働いていた、通称「コテージ」。ブレッチリー・パーク内にはこのような木造の建屋がいくつもあり、イタリア海軍だけでなく、ドイツ海軍やドイツ陸・空軍を担当するチームが、それぞれ暗号解読に挑んでいた。(Crypto Museum)

イタリア海軍が使用した「エニグマK」暗号機。1927年に開発された商用の暗号機で、「K」は商用を意味するKommerziellの頭文字と考えられる。ドイツ軍が使用したエニグマ暗号機とは異なり、文字変換装置のうちのプラグボードを備えていなかった。その分だけ解読は容易だったが、そもそもイタリア海軍がエニグマ暗号を使う機会自体が少なかったため、解読に至るチャンスはなかなか訪れなかった。逆に、マタパン岬沖海戦の前に珍しくそれを使用したことで、大掛かりな作戦が近いと勘付かれることにもなった。
(Crypto Museum)

本体カバーを開けた状態。4つ並んだアルファベットが記された歯車のうち、右側の3つが暗号化ローターであり、左端のローターはリフレクター—あるいは反転ローターと呼ばれる。キーボードから打ち込まれた文字は、3枚の暗号化ローターを通って順次異なる文字に変換され、リフレクター—で逆方向に反転されて、もう一度3枚の暗号化ローターを通って再変換されたうえで出力される。1文字暗号化するたびに各ローターが1目盛り回転するため、同じ文字を打ち込んでも前回と同じ文字にはならない。最終的に変換された文字は、キーボードとローターの間にあるランプボードに並んだ各アルファベットのランプが光ることで示される。(Crypto Museum)

戦艦『ヴィットリオ・ヴェネト』

（1941年3月／マタパン岬沖海戦時）

図版／田村紀雄

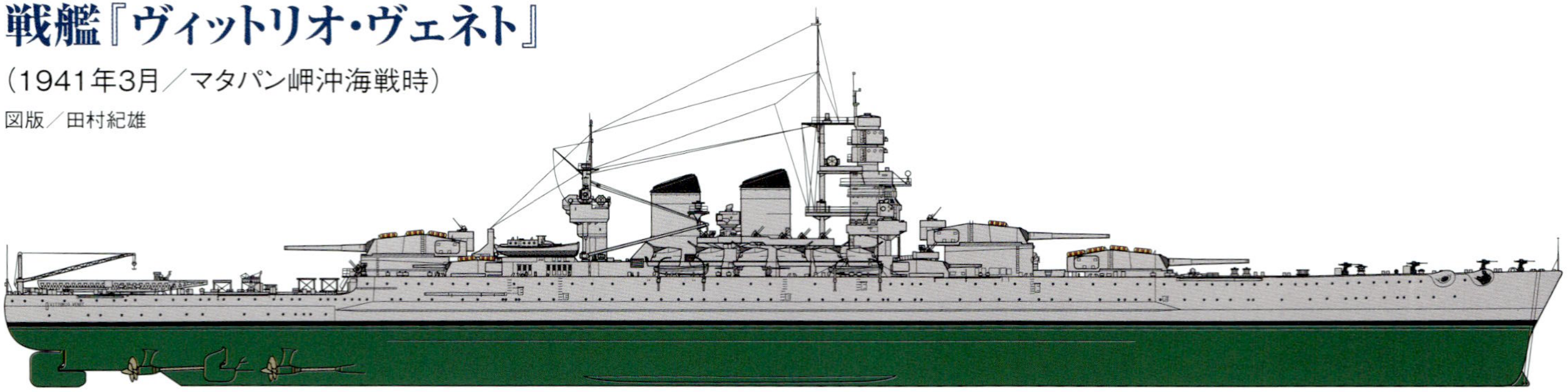

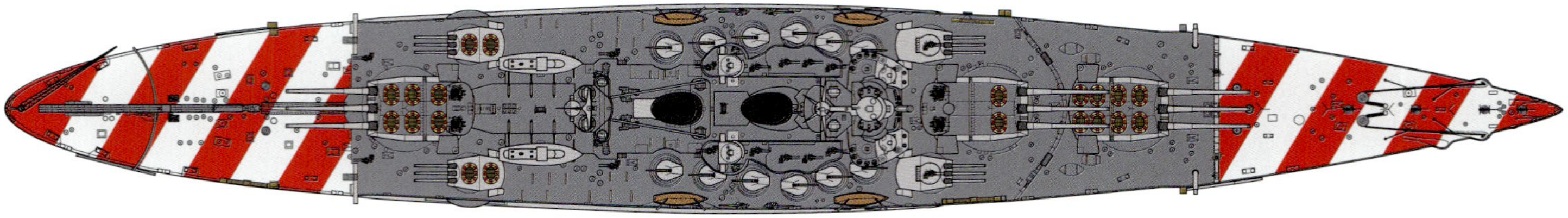

基準排水量	43,624トン	満載排水量	45,752トン	長さ	237.7m	幅	32.9m	吃水	10.5m
装甲	主装甲帯280mm＋70mm、甲板100mm～150mm、バーベット350mm、主砲塔380mm、司令塔280mm								
兵装	50口径381mm三連装砲3基・9門、55口径152mm三連装砲4基・12門、50口径90mm単装高角砲12基、37mm連装機銃8基、同単装機銃4基・計20挺、20mm連装機銃8基・16挺								
速力	30ノット	乗員	1,830～1,950名	搭載機	Ro.43水上偵察機3機（カタパルト1基）	就役	1940年		

戦艦『ウォースパイト』

（1941年3月／マタパン岬沖海戦時）

図版／田村紀雄

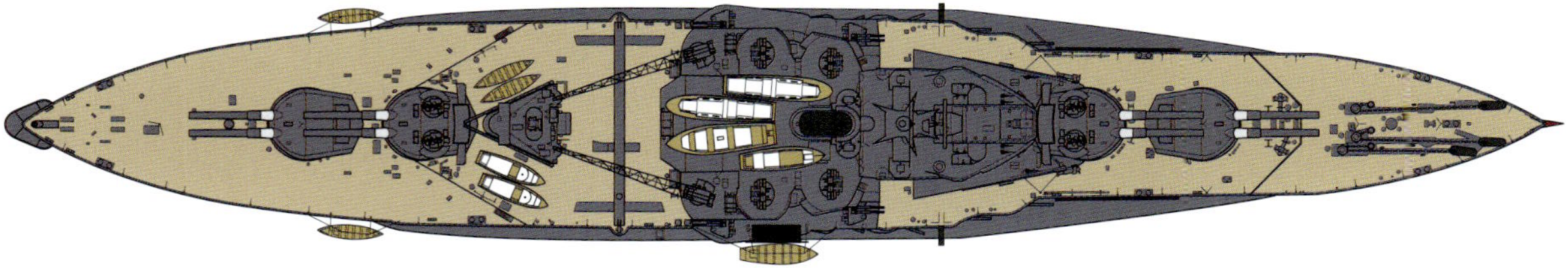

基準排水量	31,315トン	満載排水量	37,030トン	長さ	196.2m	幅	31.7m	吃水	9.5m
装甲	主装甲帯330mm、甲板127mm、バーベット250mm、主砲塔330mm、司令塔76mm								
兵装	42口径381mm連装砲4基・8門、45口径152mm単装砲8基、45口径102mm連装高角砲4基・8門、2ポンド八連装機関砲4基・32挺、12.7mm四連装機銃4基・16挺								
速力	24ノット	乗員	950〜1,220名	搭載機	ソードフィッシュ観測機2機（カタパルト1基）	就役	1915年		

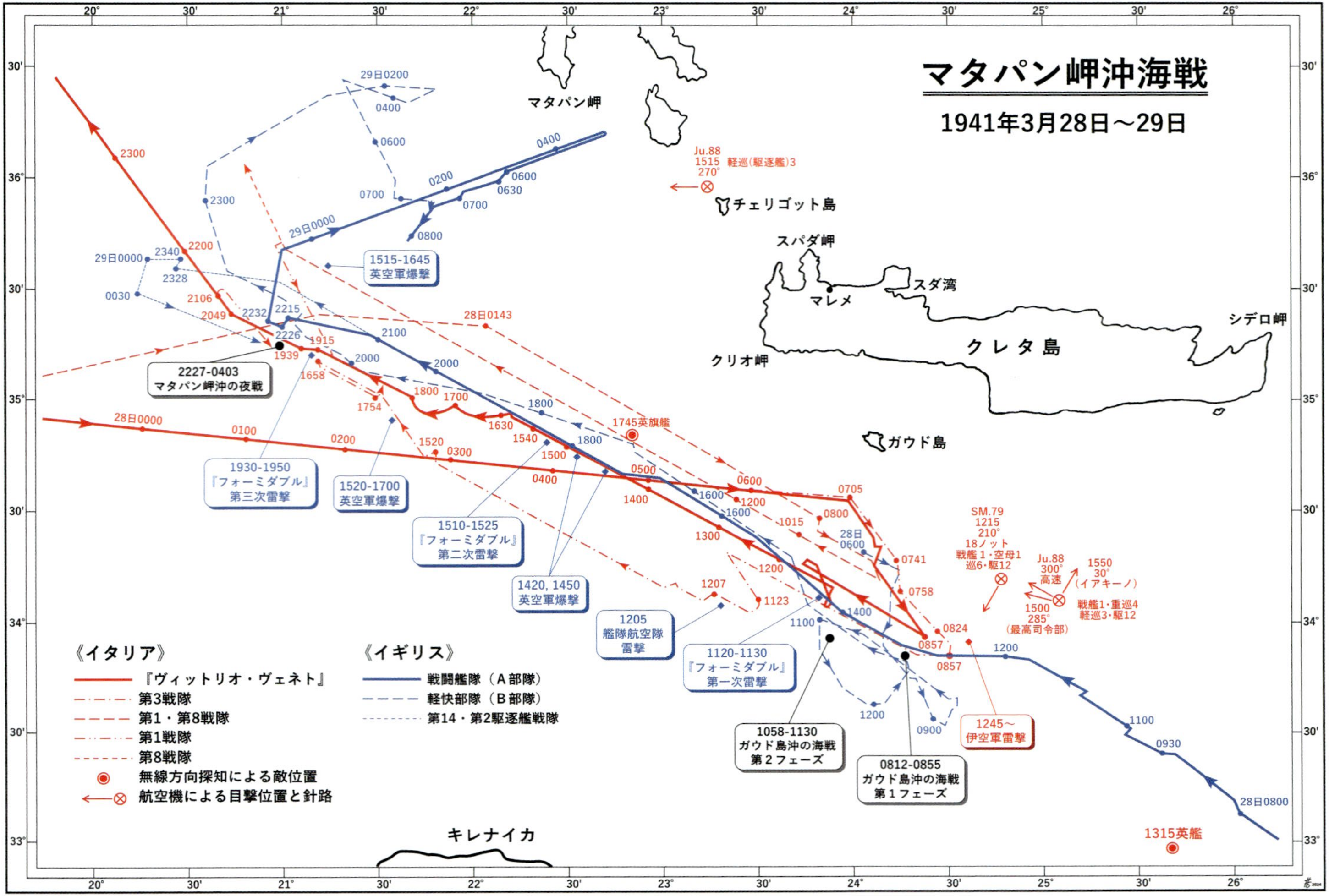
マタパン岬沖海戦
1941年3月28日～29日
マタパン岬
チェリゴット島
スパダ岬
マレメ
スダ湾
シデロ岬
クレタ島
クリオ岬
ガウド島
キレナイカ
Ju.88
1515
270°
軽巡(駆逐艦)3
SM.79
1215
210°
18ノット
戦艦1・空母1
巡6・駆12
Ju.88
300°
高速
1500
285°
(最高司令部)
1550
30°
(イアキーノ)
戦艦1・重巡4
軽巡3・駆12
1745英旗艦
1315英艦
2227-0403
マタパン岬沖の夜戦
1515-1645
英空軍爆撃
1930-1950
『フォーミダブル』
第三次雷撃
1520-1700
英空軍爆撃
1510-1525
『フォーミダブル』
第二次雷撃
1420, 1450
英空軍爆撃
1205
艦隊航空隊
雷撃
1120-1130
『フォーミダブル』
第一次雷撃
1058-1130
ガウド島沖の海戦
第２フェーズ
0812-0855
ガウド島沖の海戦
第１フェーズ
1245～
伊空軍雷撃
28日0000
29日0000
29日0200
28日0143
28日0600
28日0800
《イタリア》
『ヴィットリオ・ヴェネト』
第3戦隊
第1・第8戦隊
第1戦隊
第8戦隊
無線方向探知による敵位置
航空機による目撃位置と針路
《イギリス》
戦闘艦隊（A部隊）
軽快部隊（B部隊）
第14・第2駆逐艦戦隊

CONTENTS

プロローグ

メイヴィス・リーヴァー、18歳。彼女はロンドン大学でドイツ語を学ぶ学生だったが、戦争が始まると、祖国のために自分にも何か役に立てることがあるのではないかと居ても立ってもいられず、学業を中断して外務省の仕事に応募した。秘密情報部（いわゆるＭＩ６）に採用されて、最初の職場はロンドン地下鉄のセント・ジェイムズ・パーク駅近くにある暗号解読の拠点ブロードウェイ・ビルになり、そこでスパイが個人広告に擬装してタイム誌に掲載した暗号通信の解読に当たった。１９４０年4月にはブレッチリー・パークに異動になり、その年の夏からはイタリア海軍エニグマの暗号解読班に配属された。

ブレッチリー・パークは、ロンドンの北およそ80km、イングランド中南部のバッキンガムシャー（現在のミルトン・キーンズ市付近）の小さな町ブレッチリーにある大邸宅であり、後期ヴィクトリア朝風の赤いレンガ作りの古い大きな母屋が立っていた。そこには第一次世界大戦直後から政府暗号学校が置かれ、広い敷地内にはいくつもの木造の仮兵舎が建てられて、日夜、暗号解読員たちがエニグマ暗号の解読に取り組んでいた。

エニグマ――古代ギリシャ語で「謎」を意味するその言葉は、かつてナチス・ドイツ軍が使用し、解読不可能と豪語した暗号機、あるいは暗号そのものの名称として有名だが、ナチスが開発したものではない。エニグマは、１９１８年にドイツの発明家アルトゥール・シェルビウスが発明した電気機械式の暗号機であり、市販されて商用にも供されており、ドイツ軍ではナチスが実権を握る前の１９２５年からこれを改良して使用していた。

エニグマ暗号機の外見は、大仰なタイプライターのようなものであり、キーボードから入力されたアルファベットを別のアルファベットに置き換える機械である。一つの文字から別の文字への変換装置として、3枚1組のローターと呼ばれる円盤と、機種によっては昔の電話交換機のような形をしたプラグボードが内蔵されていた。キーボードから入力された文字は、電流に変換されて、これらの装置の中を順々に流れて行き、それぞれの装置では入力された文字を別の文字に置き換えて出力し、次の装置の入力とした。最終的に置き換えられた文字は、キーボードの上に配置されたランプボードに並んだアルファベットが一つ光ることで示された。エニグマ暗号の解読に際して厄介なのは、キーボードから文字を一つ打ち込むたびにローターが回転するため、続けて同じ文字を入力しても異なる文字に変換されて出力されることであり、ローターとプラグボードの文字変換設定や3枚のローターの組み合わせ、その他各種設定が変更可能であるため、それら全てを知らなければ、事実上解読は不可能だった。また、エニグマ暗号機の優れた点の一つとして、正しく設定した上で、暗号化された文をキーボードから入力すれば、それに対応する平文が出力されるということがあった。このため、エニグマ暗号機を持っていて、その設定を知っていれば、暗号文を受け取った側は容易に暗号を解読することができた。

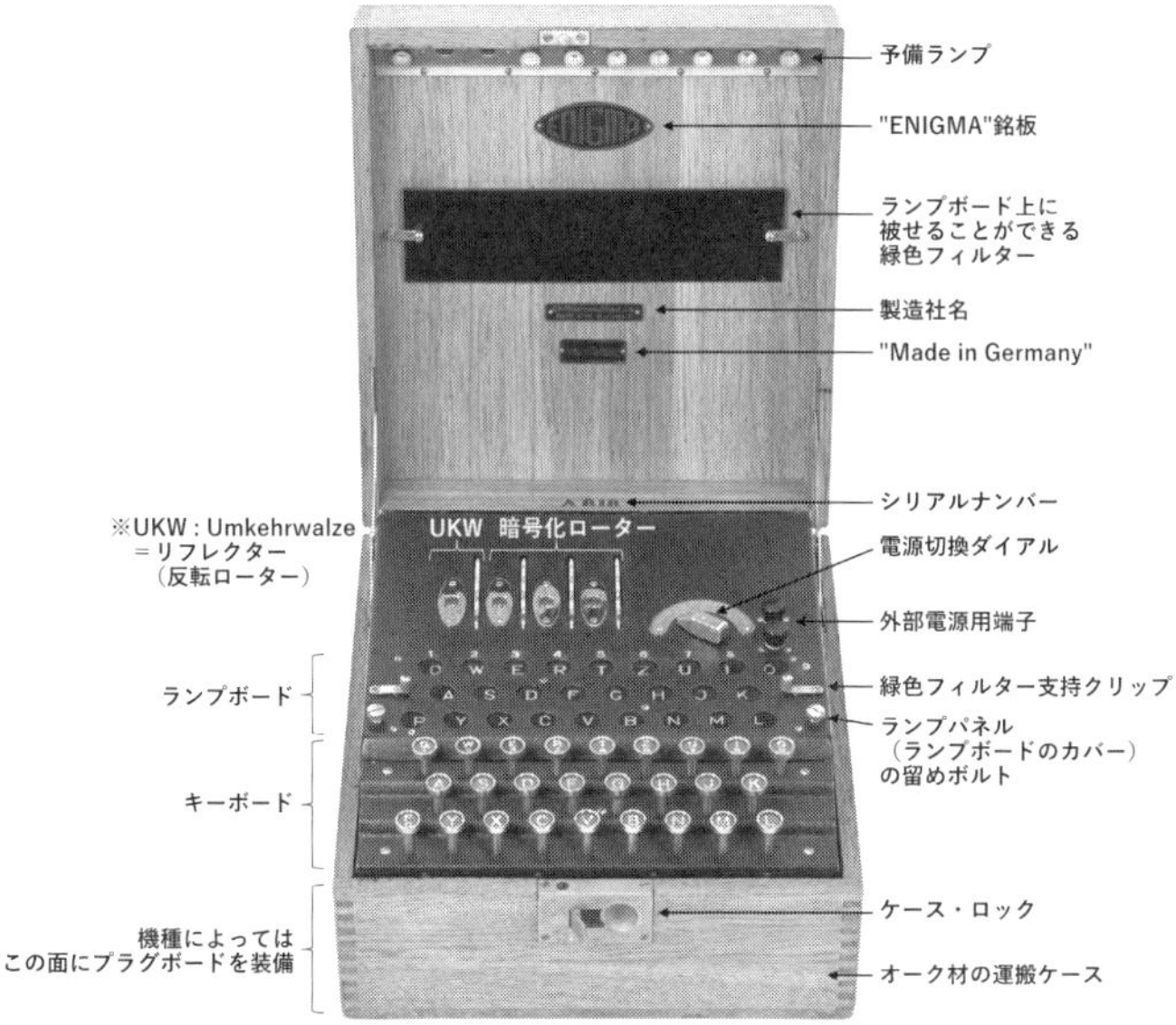

イタリア海軍が用いたエニグマK暗号機の各部名称。ドイツ軍が用いたエニグマ暗号機では、キーボードの手前の縦の面にプラグボードという別の暗号化装置が装備されていた。（Crypto Museum）

エニグマ暗号機は、ドイツ軍の中でも陸軍や空軍で使用されたものと海軍で使用されたものでは各種の仕様や設定方法が異なっており、ドイツの同盟国であるイタリア軍で使用していたものも、それらとはまた異なっていた。このためブレッチリー・パークでは、ドイツ陸・空軍、ドイツ海軍、イタリア海軍（大戦初期にはイタリア陸軍と空軍は使用していなかった）のエニグマ暗号について、それぞれ異なる暗号解読班が対応しており、各班が別々の建物で作業に従事していた。

イタリア海軍エニグマの解読は、敷地内の馬場の向かいにある、平屋の畜舎を改装した通称「コテージ」で行われた。ドイツ軍が使用したエニグマとは異なり、イタリア軍のエニグマには、文字変換装置のうちのプラグボードがなかったため、その分だけ解読作業の難易度は低かったが、その一方でイタリア海軍はエニグマ以外の暗号を用いることが多かったため、解読班は数少ないエニグマ通信文に基づいて暗号を解読しなければならなかった。

エニグマ暗号を解読した人物と言えば、コンピュータ科学の父として知られるアラン・チューリングが有名であり、もちろん彼の果たした役割は大きいのだが、彼一人の頭脳だけでエニグマ暗号解読の全てが達成されたわけではない。そもそも初期のエニグマ暗号は、１９３２年には既にポーランド情報局が解読に成功しており、彼らは暗号機そのものの複製品を造ることにも成功していた。その後、ドイツ軍が４枚以上のローターの中から３枚を選択して使用するなど、運用上の改良を施したことと、ドイツ軍の侵攻によってポーランド国内での暗号解読作業が困難になったため、ポーランド情報局は、それまでに得た情報をエニグマの複製機と共にイギリスとフランスに引き渡し、爾後《じご》のエニグマ解読を委ねたのだった。

イギリスにおけるエニグマ暗号の解読は、ブレッチリー・パークに集められた暗号解読の専門家たちによって遂行されたのだが、ひとたび解読法を編み出したからと言って、それ以降は常に簡単に解読できたというわけではない。暗号解読アルゴリズムが確立された後も、定期的に変更される各種設定を知らなければ実際の暗号文を解読することはできず、例えばドイツ海軍エニグマの各種設定を知るためには、海上でUボートや武装トロール船を拿捕《だほ》し、艦内にあるエニグマ暗号機やローターを入手する必要があったのである。

当時、ドイツ陸軍と空軍では5枚のローターの中から3枚を選んでエニグマにセットしていたが、ドイツ海軍では8枚の中から3枚を選ぶようにするなど、機密度を高めるために様々な工夫を施していた。このため、陸軍と空軍のエニグマ暗号が比較的早い段階で解読されたのに対して、ドイツ海軍エニグマの解読は難航し、最終的には1940年8月に8枚目のローターを海上で捕獲し、さらにエニグマの設定をドイツ海軍が暗号員に伝達する方法をチューリングが推測できたことによって、ようやく解読が達成されたのである。とは言え、その後も解読を続けるためには、次々と変わる暗号設定を入手し続けなければならないという点に変わりはなかった。

チューリングらドイツ海軍エニグマ解読班の若い数学者たちが用いたのは、のちのコンピュータ・アルゴリズムにも通じる、厖大《ぼうだい》な計算に基づく総当たり的な手法だった。彼らの暗号解読機は、ごく簡単に言えば複製されたエニグマ暗号機を何台も並べて接続したもので、傍受した暗号通信文に対応する平文そのものを出力したり、暗号化の際に用いられた各種設定を直接導き出すのではなく、何兆という数にのぼる設定の組み合わせについて推論を行い、互いに矛盾する結論を出力する設定をチェックして自動的に排除する仕組みになっていた。こうしてほとんどの設定の組み合わせを除外し、数個に絞られた候補の中から、実際に使われたものを、最終的には手作業で判断するのである。

これに対してイタリア海軍エニグマ解読班では、通信文としてあり得るイタリア語の単語や文章と暗号文の対応を、解読員が経験や勘、あるいは閃《ひらめ》きに基づいて推測するという、古典的な暗号解読法を採用していた。

その班長であるアルフレッド・ディルウィン（ディリー）・ノックスは元々は古典学者であり、第一次世界大戦では、ドイツ海軍司令長官が使用する暗号を解読するという輝かしい成果を挙げた古参の暗号解読員だった。第二次世界大戦前には、失敗には終わったものの、ドイツ陸軍と空軍のエニグマを解読しようと試みた計画の中心人物でもあった。一見対照的なノックスとチューリングは、どちらも暗号解読の仕事を始める前はケンブリッジ大学キングス・カレッジの特別研究員であり、さらに二人とも、エキセントリックな性格の持ち主であるということにかけては人後に落ちないという共通点を有していた。天才的な人物にはありがちなことで、ノックスは日常生活に支障を来すほどのぼんやり屋であり、その種のエピソードには事欠かなかったのだが、その一方でいわゆるスピード狂でもあった。自動車を運転中に交差点に差し掛かると、スピードを落とすどころか、むしろスロットルを踏み込むという始末だったが、彼に言わせれば、その方が何かを撥《は》ねる確率が下がるのだそうである。けれども、かつてバイクの運転中に大きな事故を起こして足の骨を折り、片足をひきずって歩くようになってからは、二輪に乗ることは渋々あきらめていた。戦争が始まる前には癌《がん》を患っており、治療によって一時的に症状は収まっていたものの、いつ再発するかもしれないという不安に付きまとわれていた。

ノックスは女好きでもあったが、それは女たらしというほどのものではなく、自分の班に次々と若い美女をスカウトするという行動になって現れていた。メイヴィスはノックス好みの若い美人であり、当時56歳のノックスとは親子ほどの年齢差があったにもかかわらず、ともに文学と抒情詩を愛するという共通の趣味のおかげで、すぐに意気投合した。ノックスは、たびたび彼女を食事に連れ出したが、その関係はプラトニックなものに終始し、男女の仲に至ることはなかった。仕事の上でメイヴィスはノックスから、暗号解読に際しては、あらゆる角度から問題を見なければならないということを叩き込まれた。

ノックスのイタリア海軍エニグマ暗号解読班で用いていた解読手法は、エニグマの入出力パターンを、

３枚のうちの右ローターに応じて分析し、実際に傍受した暗号文と、それに対応して推測した平文、通称「クリブ」から、当該日のエニグマで用いられたローターの並びと、暗号文の1文字目におけるローター設定とを人手によって特定するというものだった。入出力パターンの分析結果は、当初は文字ごとにボール紙を棒（ロッド）のように細長く切ったものに書き込まれていたため、「ロッド法」と呼ばれていた。のちにロッドはローターごとにまとめられ、ボール紙を横並びにした一覧表が作成されて、これを「ロッド表」と称するようになった。プラグボードのないイタリア海軍エニグマを解読するには、ロッド法が最も優れていると見なされていて、ロッド表を使って特定の日のローター配列が判明すれば、その日の通信文は全て解読することが可能だった。しかし、ロッド法が有効なのは、暗号文と対応する箇所が判明しているクリブがある場合か、暗号文の意味を、ある程度まで推測可能な場合に限られていた。

　イタリア軍の通信文は、平文でＰＥＲＸから始まることが多かったが、ＰＥＲは「〜へ」という意味のイタリア語であり、Ｘは空白文字の代わりである。ノックスの班では、まず暗号通信文に対応する平文としてＰＥＲＸを試すのが常套《じょうとう》手段になっていた。

　１９４０年９月のある夜、コテージで独り暗号解読に取り組んでいたメイヴィスは、最初の四文字がＰＥＲＸではなくＰＥＲＳではないか、そして最初の単語は「親展」を意味するＰＥＲＳＯＮＡＬＥではないかということに思い至った。この単語のアルファベットの変換を試してみると、さらに他の文字の対応候補が見つかり、すると次の単語のいくつかの文字が判明した。ある単語の欠けている文字を推測し、さらにまた次の文字の対応候補を見つけるということを繰り返していくと、日付が変わる頃には、通信文の冒頭がＰＥＲＳＯＮＡＬＥＸＰＥＲＸＳＩＧＮＯＲＸの後に宛名が続いていること、すなわち「親展○○殿へ」になっていることが判明した。その上、その暗号文で適用されたローター配列等の設定まで特定することができたのである。

彼女はすぐさま仲間の暗号解読員にその成果を伝え、それはただちに電話でノックスに報告された。翌朝、出勤したノックスはメイヴィスを優しく抱擁し、賞賛と感謝の意を伝えた。これで暗号解読作業は大いに捗《はかど》るようになった。

メイヴィスの活躍はそれだけではなかった。3ヶ月ほど後のこと、イタリア軍がエニグマのローターの一つを新しいものに交換したのだが、メイヴィスは再び暗号解読に繋がる手掛かりを発見したのである。彼女は、解読できない暗号文にLが一回も出て来ないことに気が付いた。エニグマでは、キーボードのキーを1回押すと、必ずそれとは異なる文字が出力されるが、メイヴィスはその暗号文が、実はLがいくつも並んでいるだけなのではないかと考えたのである。イタリア軍は、特別な作戦の前に急に通信量が増えて、何かことが起こる予兆を敵に察知されることがないように、普段の何もない時には偽の通信文を送って通信量を一定に保つようにしていたのだが、暗号員が不精をしてLを連続して打っていたのである。こうして、1941年夏にイタリア海軍がエニグマの使用を中止するまで、ノックスの班では毎日解読を続けることができるようになった。

1941年3月25日、一通の暗号通信文が傍受された。それを解読すると、イタリア海軍最高司令部からロードス島にいるイタリア軍司令官に宛てて、

24日付け暗号通信531448に関し、本日3月25日はX日マイナス3なり。

という通信文が現れた。イタリア海軍は（ダミー以外では）滅多にエニグマ暗号を使わなかったにも関わらず、この時は珍しく使用したということで、イギリス海軍省は警戒の度を強めた。

この通信文だけでは何を意味しているか分からなかったものの、ドイツ陸・空軍エニグマを担当する班

で解読した3月25日付けの別の通信文からは、リビアにいるドイツ軍戦闘機に宛てて、「特別作戦」のためにシチリア島のパレルモに移動するよう命じていることが判明した。

さらに翌26日には、3月24日付けの暗号通信文が解読されたが、それはロードス島司令官に対して、26日から3日間にわたって、アレクサンドリア、クレタ島、ピレウスを結ぶルート上空を偵察するよう命じるものであり、加えてクレタ島の飛行場を「X日」の前夜と「X日」当日の明け方に爆撃するよう命じていた。また、アレクサンドリアとギリシャの間を航行するイギリス船団の動きに関する情報を要求していて、これら全てが同じ作戦に関わる通信であるということを示す通信も解読された。

この時点で「特別作戦」が何であるかは不明だったものの、それが3月28日に実施されるということは明らかだった。

第1章　イタリア側の状況

　地中海を「我らが海」とすることをムッソリーニは標榜《ひょうぼう》したが、その実現を担うべきイタリア海軍の戦争準備は、まるで整っていなかった。同盟国である日本では、艦隊トップが「半年か1年の間は随分暴れてご覧に入れる」と——たとえその真意が長期戦には耐えられないという点にあったのだとしても——豪語したのに対して、1942年までに戦争準備を完了するよう政府から指示されていたイタリア海軍は、戦争を始められる状態には程遠かった。1940年6月10日にイタリアが参戦した時点で、イタリア海軍の石油備蓄量は180万トンでしかなく、これは戦時消費量の9ヶ月分に過ぎなかった。しかも、戦争はせいぜい3ヶ月で終わると高を括っていたムッソリーニが、そのうち30万トンを空軍と民間に割譲させたため、燃料事情は端から逼迫《ひっぱく》していたが、そもそもその石油を使う軍艦の中でも、主力艦たる戦艦の整備が、まるで間に合っていなかったのである。

　イタリア海軍は、第一次世界大戦当時の弩《ど》級戦艦に極めて大規模な近代化改装を施した4隻と新型戦艦4隻、合計8隻の戦艦を整備する計画だった。それが実現すれば、仮想敵である英仏の艦隊に対して主力艦同士の艦隊決戦で勝利し、戦争を短期間で終結させて、自らに有利な条件で講和条約を締結できるという目論見だった。しかしながら、参戦時点で作戦行動が可能だったのは、改装工事が完了した『コンテ・ディ・カヴール』と、その姉妹艦『ジュリオ・チェーザレ』の2隻に過ぎず、『カイオ・ドゥイリオ』と『アンドレア・ドーリア』は最終艤装《ぎそう》工事中だった。新型戦艦『ヴィットリオ・ヴェネト』と『リットリオ』は同年4月、5月に相次いで就役していたものの、まだ慣熟訓練中であり、1938年に起工された3番艦、4番艦の就役は42年になると見込まれていた。戦艦以外の艦隊勢力は、重巡洋艦7隻、軽巡洋艦12隻、駆逐艦約50隻、潜水艦108隻で、これらに加えて軽巡12隻と多数の小艦艇が建造中であり、巡洋艦については、数の上ではまず十分なものだったが、重巡洋艦は押しなべてやや旧式で、新型駆逐艦の数も少なかった。

だが、最も大きな問題は、航空母艦を保有していないことだった。戦前、海軍は何度も艦隊に空母を加えようと努力したのだが、その提案は常に、ムッソリーニを味方に付けた空軍の強い反対に遭った。軍が保有する全ての航空機は空軍の管轄下にあり、空軍の一部門である海軍補助航空隊には、陸上の基地にカントZ501飛行艇とカントZ506水上機が置かれ、戦艦と巡洋艦にIMAM・Ro43水上偵察機が配備されたのみだった。これらはいずれも旧式で、兵装は貧弱であり、偵察・索敵、対潜護衛、海上救難、弾着観測くらいにしか使い道がないうえに、そもそも数が少なかった。

イタリア海軍の艦隊司令長官は、理屈の上ではイギリス海軍地中海艦隊の何倍もの規模で自国空軍の支援を受けられることになっていたものの、その実態は、どこでどのように部隊を使ってほしいかを示すことができるだけであり、しかもこの海空協力はうまく機能していなかった。

参戦から1ヶ月の1940年7月9日、戦艦2隻、重巡洋艦6隻を主力とするイタリア艦隊と、戦艦3隻、空母1隻他から成るイギリス艦隊の間で戦われた史上初の伊英海戦であるプンタ・スティロ沖海戦（イギリス側呼称：カラブリア沖海戦）が痛み分けに終わると、マルタ島を発したイギリス軍爆撃機がシチリア島のアウグスタを爆撃するようになったため、イタリア海軍最高司令部は艦隊をタラント、メッシーナ、ナポリに分散して配置することに決めた。戦艦はタラントに、巡洋艦は他の2箇所に置くこととし、8月にイギリス空軍の注意がナポリに向けられると、ナポリを根拠としていた巡洋艦は、タラント、メッシーナ、ブリンディジに送られた。

11月11日の夜、英空母『イラストリアス』の艦載機によって、長靴の形をしたイタリア半島の土踏まずの位置にあるタラントが空襲を受け、戦艦『カヴール』が雷撃によって着底し（その後、完全喪失）、『ドゥイリオ』と新鋭戦艦『リットリオ』も修理に半年ほどを要する損傷を受けた。

イタリア海軍は、主力をタラントに集中するのを諦め、雷撃機による攻撃に強いと考えたイタリア半島西岸のナポリとシチリア島北東端のメッシーナに移動させた。ナポリでは対空防御が大いに強化され、煙幕が導入されたが、それには大きな隙間があって、空から船体とマストを容易に視認することができた。満月の夜は、マルタから飛来した爆撃機がこの欠点を衝き、12月14日にはナポリに停泊していた重巡洋艦『ポーラ』に爆弾が2発命中して同艦は大破、翌月には戦艦『チェーザレ』も機関室に被弾した。

11月27日、戦艦『ヴィットリオ・ヴェネト』、『ジュリオ・チェーザレ』他から成るイタリア艦隊が、戦艦『ラミリーズ』、巡洋戦艦『レナウン』、空母『アーク・ロイアル』他のイギリス艦隊とサルデーニャ島の南で遭遇し、テウラダ岬沖海戦（イギリス側呼称：スパルティヴェント岬沖海戦）が生起したが、双方ともに消化不良な結果に終わった。

その後イタリア艦隊は、北部のジェノヴァとラ・スペツィアに送られた。そこは危険に晒される可能性の低い場所ではあったものの、地中海中部から遠いため、艦隊の活動に支障を来すことになった。このため、41年1月10日に『イラストリアス』と戦艦、巡洋艦に護衛されたジブラルタルからの大船団に対して行われた攻撃には、空軍のみが参加した。そしてこの攻撃は、地中海にもう一つの敵が存在することをイギリス側に示すことになった。ドイツ空軍である。

10月にムッソリーニが始めたギリシャ侵攻は、イタリアにとって厄災に向かいつつあり、北アフリカはもはや壊滅状態と言ってよかった。イタリア海軍最高司令部の方針は、前述のように艦隊がその役割を全うすることを阻害するものであり、イタリア空軍は数的には優位でありながらも、制空権の確保に失敗しつつあった。これら全ての事柄が、イタリア軍にはドイツ軍の支援が必要不可欠であるということをヒトラーに示していたため、手始めにシチリア島とギリシャ前線にドイツ空軍が派遣された。

イタリアが参戦準備を進めていた頃から、既にドイツ海軍内には、イタリアをドイツの意向に従う国として格下に見る傾向が生まれ始めていた。１９４０年10月から41年1月にかけてドイツ海軍司令部（ＳＫＬ：Seekriegsleitung）は、イタリア軍のあらゆる作戦上の決定をドイツ側の意向に従わせるべきであると強く主張した。タラント空襲、ギリシャでの蹉跌《さてつ》、北アフリカにおけるイタリア陸軍の崩壊を経て、イタリア軍が弱体であることは今や明らかであり、その壊滅を避けるために大規模な支援を与える必要があると考えたのである。しかし、地中海でドイツ軍が指導力を発揮するためには、ヒトラーを説得するだけでなく、イタリア側の同意が必要だった。ドイツ海軍のイタリア方面連絡参謀長であるヴァイホルト提督（のちドイツ海軍イタリア方面司令官）は、41年1月1日付けのドイツ海軍司令部宛ての書簡において、ローマを服従させるのは不可能であると明言していたが、それでもドイツ海軍トップのレーダー元帥はヒトラーに対して、ドイツ軍の指揮の下で地中海にドイツ軍とイタリア軍の統一司令部を組織するよう訴えた。しかしヒトラーは、そのようなことをすればムッソリーニが枢軸国から脱退するという反応に出るのではないかと恐れ、また国家としての威信の観点からイタリアにそれを求めることはできないと認識していたため、この提案を拒否した。

1月10日のイギリス船団に対するドイツ空軍の攻撃は、ユンカースJu87「シュトゥーカ」急降下爆撃機を地中海で用いた最初の機会であり、この時『イラストリアス』がその攻撃によって大破した。以降、イギリス船団の航行は困難になり、逆にイタリア船団の航行は容易になって、マルタに対する爆撃が強化された。

1月20日、統領と総統がザルツブルクで会見した。会見の目的は、対外的には両国が強固な一枚岩であることを示してイタリアの世論を鎮めることにあったが、実務上はドイツ軍が具体的にどのような支援をイタリア軍に対して提供するのかを定めることにあり、ドイツ軍は時をおかずに会見の決定事項を実行に移した。ルーマニアとブルガリアが枢軸軍に無理やり合流させられると、ドイツ軍は極めて速やかにギリシャへの脅威となる部隊をそこに建設し始めた。2月には、ナポリを発ったドイツ陸軍が海路でリビアに到達した。北アフリカにおけるドイツ軍の活動は戦況を逆転しうるものだったが、ギリシャにおいてもイタリア軍を援助しなければならなくなるのは目に見えていた。

ドイツ軍は、3月初めにはギリシャ侵攻の準備を始めていた。ギリシャに向かうイギリス軍部隊と物資の輸送を抑制する必要があったが、イタリア空軍にはそれを実行する能力がないことが明らかになっていた。しかし、まだイタリア海軍がいた。タラント空襲以降、地中海における海軍力のバランスが大きく変化したのは事実であり、イタリアの戦艦部隊は、まだその半数が戦場に復帰できていなかったものの、何等かの試みをすることができるとドイツ軍は感じていた。

彼らは無作法にそれを押し付けることはしなかったものの、実態としてはほとんどそれに近かった。2月13、14日にイタリア北部のメラノで枢軸国海軍会議が開催され、ドイツ側はレーダー元帥、フリッケ少将、アッシュマン大佐が出席し、イタリア側の出席者は国務次官にして海軍参謀総長のリッカルディ大将、デ＝クールテン少将、ブレンタ代将、ジャルトージオ代将だった。ドイツ人たちは、東地中海でイタリア艦隊が攻勢的な行動に出るよう強く促した。これに対してイタリア側は、攻勢的作戦の実行は、新しく獲得したルーマニアの原油が十分に供給されることを確約されなければ、着手不可であると反論した。十分な石油の備蓄を欠いたまま戦争に突入したイタリア海軍では、燃料不足によって艦隊が港に蟄居《ちっきょ》しており、それが海軍最高司令部の腰が重い原因になっていた。逆に、燃料が与えられさえすれば、戦術を再検討することに吝《やぶさ》かではなかった。イタリア軍は、少なくともそのような素振りを見せなければならないことを分かってはいたものの、結局特定の約束は交わされず、ドイツ側は自分たちに何ができるかを検討すると約束した。

第2章　イギリス側の状況

イギリスは孤立していた。１９４０年の春、ドイツ軍が北海沿岸の低地帯諸国とノルウェーを蹂躙《じゅうりん》し、フランスが危機的な状態に陥って英仏連合軍がダンケルクから辛くも脱出すると、6月10日にイタリアが参戦した。ヒトラーは、イギリス諸島に直接侵攻するのは現実的ではないと判断したものの、それを支配下に置くことを諦めたわけではなかった。6月22日にフランスが降伏した時、枢軸国の手に落ちていなかったのは、イギリス諸島、スペイン、ロシア、スウェーデン、スイス、トルコ、ヨーロッパ大陸の南東部だけだった。もし東方の英連邦諸国と中東の原油を運ぶ、地中海とスエズ運河の短縮航路を使えなくなったら、イギリスが資源に窮して、早々に降伏せざるを得なくなるのは火を見るよりも明らかだった。とは言え、イタリアとの同盟がなければ、ドイツはこれを達成し得なかった。ドイツ海軍には、イギリス諸島を封鎖したり、ジブラルタル海峡を突破して地中海で行動するほどの力はなかったのである。英独陸軍が直接対峙する陸上の前線は存在しなかったため、フランスを短時間で陥落させた陸上の戦争は膠着状態になり、戦いを引き延ばして消耗させることがイギリスを屈服させ得る手立てだった。

そこにイタリアが参戦して、全ての状況を変えてしまった。イタリアが陸上部隊でキレナイカからエジプトとスエズ運河を脅かしたため、多数のイギリス兵と航空機がその方面に拘束された。加えて、イタリア艦隊の存在がこの脅威をより大きなものにしていた。イタリア艦隊は数と潜在能力において、イギリス地中海艦隊を遥かに凌駕《りょうが》していたが、フランスが陥落した今、その全勢力をイギリスに向けられるのである。

エジプトとスエズ運河を守るためには、人員と物資を地中海の西の端から東の端まで運ばなければならなかった。一方、イタリア軍はリビアに所在する部隊への物資供給を海上に頼っていた。イギリス船団が東西に航行したのに対して、イタリア船団は南北に行き交い、二つの航路は概ね「地中海の心臓」と呼ばれるマルタ島の近海で交わっていた。イギリス地中海艦隊の役割は、イタリア艦隊が船団輸送を妨害するのを食い止め、その一方でイタリア船団を妨害することにあった。

かれこれ1世紀半もの間、イギリス海軍はマルタ島が地中海を支配するための主要基地であると見なしていたが、イタリアが参戦すると、地中海艦隊がそこを根拠とすることはできなくなった。マルタ島は、シチリア島を発するイタリア爆撃機の攻撃圏内にあったからである。イタリアが参戦して僅か数週間のうちに、マルタでは食糧が欠乏し始めた。多くの民間人を養うための食料供給の大部分は、平時にはシチリア島やイタリア本土からやって来る小型の貿易船によってもたらされていたが、それを代替する手段が整えられることはなかった。

何年もの間、地中海においてマルタ島が果たす役割は、イギリスの海軍と陸・空軍の間で衝突の種になっていた。マルタはイギリス本土の主要港と同様の位置付けとされていたものの、その港の防衛については、様々な意見があった。海軍は、当然ながら艦隊の基地として港の優先度が高く、陸・空軍は人員と物資を海外に供給するために使っていただけだったので、それほど重要視はしていなかった。この温度差のために、戦争勃発時には対空砲やその他の防衛設備が絶望的に不足することになった。ムッソリーニが宣戦布告するや否や、本国にいるお偉方たちのマルタに対する態度は一変し、島は何としても守らなければならないと決定されたが、物資と要員の不足によって、対空砲と航空機の増強はごく限られたものでしかなかった。

空軍では、イタリア軍の航空攻撃に対してマルタを十分に防衛することはできないと確信しており、陸軍もこの見解を支持していた。開戦当初、島の防空はフランス軍に任されていて、ビゼルトやその他北アフリカの飛行場に展開するフランス軍戦闘機がこれに当たることになっていた。イギリス政権の中枢で、イタリアは参戦しないだろうと楽観視されていたことも相俟《あいま》って、書類上は島の対空砲と装備が不足しているわけではなかったものの、イタリア参戦時に島にある砲と探照灯の数は、その半分にも達していなかった。そしてフランスが降伏すると、島の空中防衛はほとんど失われることになった。

マルタでは、艦隊航空隊の予備機として6機のグロスター・グラディエイター複葉戦闘機を保有していた。予備やパーツ取りが必要だったため、同時に飛行できるのは3機のみだったが、「信頼《ファイス》」、「希望《ホープ》」、「慈善《チャリティ》」と名付けられたこれらの戦闘機は、何週間も島を守り続けた。1940年8月に12機のホーカー・ハリケーン単葉戦闘機が増援のために島にやって来ると、彼らの負担は随分と軽減された。

1939年4月にイタリア軍がアルバニアに侵攻した後、イギリス地中海艦隊はアレクサンドリアに移った。万が一、戦争がヨーロッパ全域に拡大した場合には、このエジプトの港を艦隊の主要港として使うことが決められていた。アレクサンドリアには大きな潜在能力があったものの、その設備はお粗末であり、それからほぼ1年が経過しても大した改善がなされなかったため、同地の防衛はマルタと変わらないほど貧弱だった。だが、イギリス海軍としては、アレクサンドリアを地中海における主要基地とせざるを得なかった。マルタには僅かな数の潜水艦のみが残されたものの、じわじわと締め付けるような包囲攻撃が開始され、昼と言わず夜と言わず激しい空爆に晒されるようになった。

1940年6月に独仏休戦協定が締結されると、イギリス海軍のH部隊が増強された。ジェイムズ・サマヴィル中将に率いられたH部隊は、ジブラルタルを根拠地とし、巡洋戦艦『フッド』、戦艦『ヴァリアント』、『レゾリューション』、空母『アーク・ロイアル』を基幹としていた。H部隊の当座の任務は、オランとメルス・エル・ケビールのフランス軍艦が敵の手に落ちないようにすることだった。また、イタリア艦隊が地中海から大西洋に出るのを阻止し、時にはイタリア軍に攻勢作戦を仕掛けたり、必要に応じて大西洋のドイツ通商破壊艦に対する作戦を実施し、さらにマルタへ向かう東向き船団の護衛を受け持った。

一方、東地中海におけるイギリス海軍の状況は絶望的なものに思われた。イタリア参戦当時の地中海艦隊は、戦艦4隻、空母1隻、巡洋艦9隻、駆逐艦25隻、潜水艦10隻から成っていたが、戦艦を除いて、イタリア艦隊は数の上では地中海艦隊とH部隊のどちらをも上回っていた。イタリア海軍の艦艇は概して新しく、速く、兵装でもイギリス海軍に勝っていた。

フランスの降伏後、同国艦隊の態度は未知数だったが、地中海艦隊の司令長官であるカニンガム提督は、長く困難な交渉の末、アレクサンドリアに在泊するフランス艦艇の中立を勝ち取った。戦艦『ロレーヌ』以下の各艦は、燃料を下ろし、砲の尾栓と魚雷の起爆装置をフランス領事に預けて、僅かな乗員のみが艦に残された。これで、フランス艦隊が敵の手に落ちる心配はなくなった。

カニンガムは、制海権を奪取し、それを維持しようと決心した。アレクサンドリアからマルタへの輸送船団は兵員と食糧を運び、逆行する船団は、あまり設備の整っていないアレクサンドリアに所在する艦隊を修繕したり、維持・整備するための装置や技術者を運んでいたが、司令長官は、これらの船団がイタリア艦隊をおびき出すための魅力的な餌になると考えた。

そのような機会はすぐに訪れた。イタリアの参戦から間もない1940年7月9日、マルタからアレクサンドリアへ向かう船団を護衛するイギリス艦隊と、北アフリカへの船団護衛に就いたイタリア艦隊が、シチリア島の東方海上で接触したカラブリア沖海戦（イタリア側：プンタ・スティロ沖海戦）と呼ばれる史上初の大規模な英伊海戦が生起したのである。

この海戦では、カニンガムの旗艦である戦艦『ウォースパイト』が、距離13浬（24km。1浬は1852mで、緯度1分に相当する。なお、地中海の緯度において経度1分は1・5km強である。また時速1浬が1ノットである。）でイタリア戦艦『ジュリオ・チェーザレ』に主砲の15インチ（381mm）砲を命中させた。ちなみに同年6月8日には、ドイツ戦艦『シャルンホルスト』が、ノルウェー沖でイギリスの空母『グローリアス』に同距離で主砲を命中させ、これを撃沈しているが、世界の海戦史上において、この二つの事例が運動中の艦艇同士による砲撃命中の最遠距離記録になっている。

海戦自体は短時間で終了し、イタリア側は『チェーザレ』以外に巡洋艦1隻が被弾し、イギリス側は軽巡1隻、駆逐艦2隻が損傷して、明確な勝敗は付かなかった。イギリスのチャーチル首相は、「この活発な戦闘によって、地中海におけるイギリス艦隊の支配的立場が確立され、イタリアの名声は損なわれて、そこから回復することはなかった」と記している。

10月にムッソリーニがギリシャへの攻勢を始めると、クレタとギリシャへ物資と部隊を移動するための船団の護衛と哨戒の仕事が増えたが、カニンガムは守勢に甘んじてはいなかった。イタリア戦艦が集結する軍港タラントに、史上初となる空母艦載機による攻撃を仕掛けたのである。

地中海艦隊には、9月初めまでに戦艦『ヴァリアント』、新鋭装甲空母『イラストリアス』他が増援のために派遣されていた。カニンガム提督は、作戦に参加する空母として『イラストリアス』と共に旧式空母『イーグル』を指名したが、『イーグル』は11月4日に起きた給油装置の不具合によって参加することができず、搭載していたフェアリー・ソードフィッシュ雷撃機のうち5機を、その搭乗員と共に『イラストリアス』に移乗させた。11月6日、戦艦『ウォースパイト』、『ヴァリアント』、『マレーヤ』、『ラミリーズ』と空母『イラストリアス』は、マルタに向かう船団を護衛するためにアレクサンドリアから出撃した。艦隊にはジブラルタルから来た戦艦『バーラム』等が合流し、11日1800時、『イラストリアス』は巡洋艦4隻、駆逐艦4隻と共にタラント軍港攻撃に分派されて、同地の南方約150浬の距離まで進出した。

その夜、タラント軍港には当時イタリア海軍が保有していた6隻全ての戦艦をはじめ、巡洋艦、駆逐艦、潜水艦が多数在泊していて、阻塞気球と、停泊した艦艇の周囲に張り巡らせた防雷網に守られていた。『イラストリアス』から、雷装したソードフィッシュ21機が2波に分かれて発艦し、深更前に軍港上空に到達して雷撃を敢行した。イギリス側は2機を失ったものの、旧式改装戦艦の『コンテ・ディ・カヴール』と『カイオ・ドゥイリオ』、新型戦艦『リットリオ』を着底させる戦果を得た。この攻撃によって、地中海を航行する船団にとって悩みの種だった数多くのイタリア艦艇が、より遠くの港に引き下がることになった。地中海は、事実上「カニンガムの池」になったのである。

北アフリカにいるウェーヴェル将軍の部隊に対する増強がこれまで以上に求められるようになると、強力な護衛を伴う船団をジブラルタルからマルタ、さらにアレクサンドリアに送る計画が立てられた。11月27日、船団を攻撃しようと出撃した戦艦『ヴィットリオ・ヴェネト』と『ジュリオ・チェーザレ』を主力とするイタリア艦隊が、戦艦『ラミリーズ』、巡洋戦艦『レナウン』、空母『アーク・ロイアル』他のイギリス艦隊とサルデーニャ島沖で遭遇し、スパルティヴェント岬沖海戦（イタリア側：テウラダ岬沖海戦）が生起したものの、またも決戦には至らなかった。

12月初めにウェーヴェル将軍が西方の砂漠地帯で反攻を開始すると、地中海沿岸にあるイギリス軍拠点の状況は目に見えて改善された。オコーナー将軍に率いられた部隊は、対地攻撃モニター『テラー』や河川砲艦の艦砲射撃に支援され、北アフリカ沿岸のイタリア軍陣地を次々に撃破して、翌年2月5日にはベンガジを占領し、捕虜13万人と、多数の戦車、野砲を撃破し、あるいは捕獲した。

１９４１年1月、４隻の商船から成る西方からの輸送船団を航行させる機会が訪れた。そのうちの3隻はギリシャに所在する連合国軍に対する緊急支援物資を積んでおり、もう1隻にはマルタ向けの荷物が積まれていた。船団は戦艦『ウォースパイト』、『ヴァリアント』、空母『イラストリアス』とマルタ島北西の狭水域で会同した。その直後、『イラストリアス』がドイツ空軍の急降下爆撃機による激しい集中攻撃を受けた。同艦は激しく損傷して火災が発生し、のろのろとマルタに入港したものの、そこでもまた爆撃を受けた。その後、何とかアレクサンドリアへの帰還に成功したものの、もはや作戦行動は不可能だった。

そこで、『イラストリアス』の代替として、姉妹艦の空母『フォーミダブル』を大西洋から回航することになった。フェアリー・フルマー単葉復座戦闘機の第803飛行隊と、フェアリー・アルバコア複葉雷撃機およびフェアリー・ソードフィッシュ複葉雷撃機の第826、第829雷撃・偵察飛行隊を載せた同艦は、アフリカ南岸を回ってスエズ運河経由で地中海に入り、3月10日にアレクサンドリアに到着した。

ギリシャ政府はイギリスから、その海・空軍および物資の支援を受け入れており、もしドイツ軍が侵攻してきた場合には、イギリスに軍事支援条約の締結を求めることを決めていた。イギリスには、これに賛同する以外の選択肢はなかったものの、実際にできることと言えば、リビアでドイツ軍に挑まれて、既に戦力不足に喘《あえ》いでいるウェーヴェルの部隊から捻り出すことだけだった。それでもイギリスは、ギリシャが必要とする支援を行うことに決めたが、これはエジプトからギリシャへの船団輸送を保護する地中海艦隊の仕事が増えるということを意味していた。バルカン半島におけるドイツ軍の動きを見ると、3月の半ばには、ヒトラーがギリシャへの攻撃をいつまでも待つつもりがないことは明らかになっていた。

第3章　イタリア軍の作戦計画

2月13、14日のメラノ会議を受けたイタリア海軍の最初の動きは、21日にリッカルディ大将がイアキーノ中将をローマに呼び出して、タラントへの戦艦部隊の帰還の可能性に関する報告を受けたことだった。参戦から半年が経った1940年の末、リッカルディ提督はカヴァニャーリ提督から国務次官と海軍参謀総長職を引き継ぎ、イアキーノ提督はカンピオーニ提督に代わって艦隊司令長官に任命されていた。

イアキーノは、ラ・スペツィアをイタリア戦艦の基地として、他の艦をジェノヴァに置いたことに強い不満を感じており、関係者たちも皆、タラントに戻ることを熱望していた。だが、航空魚雷による攻撃から港の防衛が十分なレベルに達するまで、艦隊をタラントに置くことはできなかった。そのため、稼働できる3隻の戦艦を防雷網で守る停泊地を早急に建設することが決定された。また損傷した2隻に対しても、修理が完了して再就役することができれば、ただちに同様の停泊地を作ることが決定された。戦艦の停泊地はマール・グランデとして知られるタラント軍港外側の湾内にあり、駆逐艦や小型艦艇は内側の湾であるマール・ピッコロに停泊することとされたが、そこは自然の状態のままで空中からの魚雷攻撃を免れることのできる良好な泊地だった。だが、タラントの改善計画は思うようには捗《はかど》らなかった。イアキーノは、3月末までに3隻の戦艦を受け入れ、その数ヶ月後には残りの艦についても航空魚雷攻撃から守れる泊地を整えることを望んだが、工業力の限界がそれを阻んでいた。

2月21日のリッカルディとイアキーノの会見では、防御された泊地が利用可能になったら、一度に1隻ずつの戦艦をタラントに送ることが決定された。『ヴィットリオ・ヴェネト』を受け入れるタラントの泊地が準備できれば、他の無傷の戦艦2隻を、防御が改善されたばかりのナポリにただちに移動させるということが合意されたが、そこはイギリスの活動が増大しつつある地中海中部に近かった。

エジプトからギリシャに向けたイギリスの軍需物資輸送船団に関する報告が、かつてないほど頻繁に入るようになっていた。地中海の西をジブラルタルからマルタに向かうイギリス船団を妨害することはできないにしても、せめて東地中海では何がしかできることがあるのではないかと考えられた。イアキーノはそれを、少数の高速で強力な艦に、十分な数の駆逐艦を伴わせ、ベンガジとクレタ島の間では飛行機に護衛させて、攻勢的な掃討を行う作戦として具体化した。彼が考えたこの部隊構成は、北アフリカからギリシャへの船団護衛のために、イギリス海軍が駆逐艦か、せいぜい軽巡のみを用いているという航空偵察報告に依拠していた。

これまでの経験から、司令長官は、近代化改装により27ノット程度を発揮できるようになっていたとは言え、比較的低速な改装戦艦はそのような作戦に不向きであると確信していた。その時点で、速力30ノットの新鋭戦艦『リットリオ』級のうち、作戦行動が可能なのは『ヴィットリオ・ヴェネト』のみであったため、これに3隻の最も高速な巡洋艦と護衛駆逐艦を随伴させることにした。

イアキーノは、できる限り秘密を保持できるよう、自身で作戦の概要をタイプして、2月末にリッカルディ提督に送付した。リッカルディは、それを受け取ってから数日の内に、イアキーノの計画は海軍最高司令部がしばらく前から温めていた計画と非常によく似ていると返信した。彼らは、戦艦部隊がタラントに集結できるようになってから、作戦を実行することを考えていた。しかし状況に変化があり、それによってイアキーノの計画の主要目的が台無しになってしまいそうになった。ベンガジに対するドイツ軍による大規模爆撃により、イギリス軍はもはやそこをギリシャ向け船団のために使うことができなくなっていて、今ではトブルクとアレクサンドリアだけが機能していたのである。作戦の主要目的が失われつつあったため、彼らは作戦を実行に移すことができるタイミングが訪れるまで待つことにした。

イアキーノが、やきもきしながら過ごしていた3月16日、唐突に状況が変化した。可及的速やかにローマに出頭するよう命じられた彼は、海軍最高司令部の態度が180度変わっているのを感じ取った。どうやらその急転換は、もしイタリア海軍が動かないなのであれば、それは怯懦《きょうだ》によるものであると見做すという、ドイツ軍からの圧力に起因しているようだった。

実際14日には、ドイツ海軍のイタリア方面連絡参謀長であるヴァイホルト提督からイタリア海軍最高司令部に対して、エジプトからギリシャに向かうイギリス軍の輸送部隊をあらゆる手段を用いて攻撃するよう求める書簡が届けられていた。リッカルディ参謀総長は18日に返信を送り、これまでに利用可能だった潜水艦や魚雷艇によって達成された成果は貧弱なものだったが、近い将来には戦艦に支援された強力な巡洋艦部隊によって、より大きな成果が得られる可能性があると主張した。

19日には、ＳＫＬからイタリア海軍参謀本部宛てに下記の通信が送られてきた。

表題：地中海における海軍戦略状況

ドイツ海軍参謀部は、東地中海において戦闘準備を完遂せるイギリス戦艦は現下1隻（『ヴァリアント』）のみであると認む。近き将来において大西洋から回航される大型艦はないものと予測す。H部隊もまた地中海には出現せぬものと思料す。

かように東地中海の状況は、現下かつてなきほどイタリア艦隊にとりて好適なり。アレクサンドリアからギリシャ諸港への大規模輸送により、ギリシャ軍が兵員および装備を恒常的に増強されつつあるため、これはイタリア海軍部隊にとりて特段に価値ある標的なり。

ドイツ海軍参謀部は、クレタ島南方海域へのイタリア艦隊の出撃によりイギリス海上輸送が大いに阻害され、就中《なかんずく》これら輸送に対する護衛が不十分なる現下において、兵員輸送を完全に遮断し得るものと思料す。

「東地中海において戦闘準備を完遂せるイギリス戦艦は現下1隻（『ヴァリアント』）のみ」という観測は、ドイツ空軍の第10航空軍団第26爆撃航空団第Ⅱ飛行隊に所属する4機のハインケルHe111爆撃機が、3月16日にクレタ島の南西海域でイギリス艦隊に雷撃を仕掛け、戦艦『バーラム』と『ヴァリアント』の2隻を行動不能にしたという戦果報告に基づくものだった。とは言え、この2隻に損傷を与えたにもかかわらず、『ヴァリアント』のみが戦闘準備ができているとした先の通信内容は不可解である。実は、16日にはイタリア海軍最高司令部に英戦艦2隻に魚雷を命中させたというニュースが既に届けられていたものの、翌日にはその戦果は正確でないことが判明していたのだが、SKLはHe111からの報告の通り、2隻損傷の前提で19日の通信を送ったのである。イタリア海軍も、14日のヴァイホルト提督からの書簡に基づいて既に作戦を立案し始めており、何等かの攻勢作戦を決行することは既定路線になっていたため、独伊両軍とも、損傷した戦艦がどれであろうと、あるいは何隻であろうと、もはや取るに足らないことだったのかもしれない。

リッカルディ提督と海軍参謀次長であるカンピオーニ提督は、これまでのドイツ軍の発言にイタリア海軍に対する隠れた侮蔑を感じ取っていて、それを払拭するためには何等かの攻勢的な作戦の実行が、どうしても必要だと考えていた。この状況を利用して、もし作戦が成功すれば、ギリシャを圧迫してその抵抗を弱体化させ、ユーゴスラヴィアを三国同盟に合流するよう促すことができるかもしれないということにも考えが及んでいた。

ようやく出撃できる見通しを得られたイアキーノは、晴れ晴れとした気持ちになり、すぐさま海軍最高司令部が実行するよう提案してきた計画の詳細を検討し始めた。計画は、二つの部隊による攻勢掃討作戦を同時に実行するというものだった。一つの部隊はクレタ島南西海岸の30浬沖にあるガウド島の南方に、もう1隊はクレタ島の北のエーゲ海西部に、それぞれ進出するのである。もしドイツ空軍が日々送って寄越す空中偵察報告を信じるなら、それはイギリスの重要な軍事輸送船団が常日頃航行している二つの海域を掃討するということを意味した。作戦計画には、クレタ島北側のスダ湾を攻撃することが含まれていたが、そこはイタリアがギリシャ侵攻作戦を開始した後にイギリスが占領し、巡洋艦と駆逐艦の基地とされていて、船団の中継港にもなっていた。

イアキーノと海軍最高司令部は、最後の瞬間まで作戦を厳に秘匿することを合意した。イタリア軍上層部は、イギリス諜報部がイタリア国内全体に情報網を張り巡らせているということを確信しており、特に大きな港や海軍基地についてはそれが顕著だった。

ラ・スペツィアに戻ると、司令長官は第2艦隊参謀長アコレッティ提督と作戦参謀コリーナ中佐だけに秘密を打ち明け、二人と共に作戦の詳細を詰めて、必要な命令文を起草した。

ローマでの会談で、作戦に参加する部隊は戦艦『ヴィットリオ・ヴェネト』、第1、第3、第8（巡洋艦）戦隊およびそれらの護衛駆逐艦と定められた（付録1参照）。『ヴィットリオ・ヴェネト』は、ワシントン海軍軍縮条約の規程に従って建造された、いわゆる条約型戦艦である『リットリオ』級の1隻である。公称された基準排水量は3万5000トンながら、実際には4万トンを遥かに超える巨艦であり、主砲として高初速の381㎜砲9門を3連装砲塔3基に搭載し、巨体に似合わぬ30ノットの高速力を誇っていた。

クレタ島南方海域の掃討を担当する『ヴィットリオ・ヴェネト』は、第13駆逐隊の駆逐艦4隻を護衛として、サンソネッティ少将が率いる第3戦隊の重巡洋艦『トリエステ』、『トレント』、『ボルツァーノ』と、その護衛の第12駆逐隊3隻を伴う。

第1戦隊は、カッタネオ少将の将旗を掲げた重巡洋艦『ザラ』とその姉妹艦『ポーラ』、『フューメ』から成り、第8戦隊はレニャーニ少将が座乗する軽巡洋艦『ルイージ・ディ・サヴォイア・ドゥカ・デリ・アブルッツィ』と同型艦『ジュゼッペ・ガリバルディ』である。これら二つの戦隊は、第9駆逐隊4隻、第6駆逐隊2隻の駆逐艦をそれぞれ伴って、クレタ島北側のエーゲ海を掃討することとされた。

イタリア海軍は3艦級7隻の重巡洋艦を保有していたが、上記の艦隊編成には『ザラ』級の『ゴリツィア』を除く6隻が含まれていた。イタリア海軍の重巡には、重防御で比較的低速の艦と、防御の薄い高速艦の2タイプがあり、『ザラ』級は前者、残りの艦は後者に属していたため、『ヴィットリオ・ヴェネト』に随伴する第3戦隊は、先に示したイアキーノの構想通りの高速艦に相当した。

この時、『ヴィットリオ・ヴェネト』はイタリア北西岸のラ・スペツィアに停泊していて、作戦海域からは遠かったが、作戦開始ぎりぎりにナポリに到着するよう手配された。第1戦隊はタラント、第8戦隊はブリンディジ、第3戦隊はメッシーナにそれぞれ所在していて、作戦に参加する艦艇は広い範囲に分散していた。このため、イアキーノと各部隊を率いる提督たちが迅速なやり取りを行ったり、密な連携を取り合うのは困難だった。

他にも問題があった。麾下《きか》の提督たちの中で、これまでにイアキーノが海上で行動を共にしたことがあるのは、サンソネッティ少将だけだったのである。カッタネオ少将、レニャーニ少将と同じ作戦に参加するのは初めてだったが、前者とは親しい友人であり、イアキーノは彼を第一級の海軍軍人と見なしていた。イアキーノは、もし部下の提督全員を自分の下に集めたりしたら、各所で様々な憶測を呼ぶことになり、すぐに噂が広まるのは必定だろうと考えた。そのためカッタネオ少将のみと3月23日にナポリで会うことにした。

ラ・スペツィアを発つ前に、『ヴィットリオ・ヴェネト』の主砲である３８１㎜砲を試験するちょっとした訓練が実施された。結果は満足のいくもので、同艦は22日夜にナポリに向けて出港した。

一方イアキーノは、外部からの疑念を呼ばないように列車でラ・スペツィアからローマに移動して、海軍最高司令部と最終的な詳細検討を行った。彼はタラントでイタリア艦隊が被った破滅的な経験に基づいて、このような作戦は艦隊が十分な上空援護を受けられないと成功するチャンスはないと確信していて、それを得られることが保証されないのであれば、作戦は中止されるべきだと主張した。イギリス軍がクレタ島を奪取して飛行場を建設したため、そこから第1・第8戦隊が掃討する海域に到達できるようになっており、さらに最近はリビア海岸にも新しい飛行場ができていて、そこからは『ヴィットリオ・ヴェネト』の担当海域が航続圏内に入っていた。リッカルディ提督は、イタリア空軍が上空援護を行うだけでなく、シチリア島に基地を置くドイツ空軍第10航空軍団が協力すると確約した。航続距離の短いイタリア機では、作戦期間中に基地から遠く離れて行動することはできなかったが、ドイツ軍機にはそれが可能だった。

ローマで二度目の会合が行われることになり、イアキーノはその会合で、詳細な命令についてイタリア空軍およびドイツ空軍第10航空軍団と一緒に検討することを望んだ。イタリア海軍最高司令部は彼の考えに全面的に賛同したものの、まだまだ多くの部署の承認というお役所仕事が待っていた。

少々の不安を感じながらも、イアキーノは第10航空軍団が最終的には彼の艦隊と共にあってくれるだろうと考えることにした。これまでにイタリア海軍とドイツ空軍が協力したことはなく、連絡体制は整っていなかったが、それを克服するための海空協力の方法について彼と直接協議し、飛行機と艦の間の手早く確実な信号伝達システムについて検討するために、第10航空軍団の将校がシチリア島東岸のタオルミナにある彼らの司令部からナポリにやって来ることが合意された。

その一方でドイツ軍は、作戦開始が予定される3月24日には準備が間に合わないとして、2日間の延期を要求してきた。『ヴィットリオ・ヴェネト』は既にナポリに向けてラ・スペツィアを発っており、ナポリには23日に到着する予定だった。2日の遅れは、イギリス機の攻撃圏内にあるナポリで、その間、戦艦

3月23日、ナポリ港に停泊する『ヴィットリオ・ヴェネト』。ドイツ軍側の作戦準備の遅れにより、予定より2日も長くここに留まったことで、イギリス機の空襲に晒される危険性や、イタリア艦隊出撃の情報が漏洩する怖れが高まることになった。(USMM)

が姿を晒すことを意味した。だが、ドイツ空軍の協力が必要不可欠だと考えていたイアキーノは、仕方なくドイツ側の要求を容れ、戦艦の乗組員がナポリ市民と接触しないようにするために、サン・ヴィンチェンツォ防波堤から最も遠い沖合に戦艦を停泊させて、防雷網で艦を保護することにした。

イアキーノは列車でナポリに向かい、23日午後に到着すると、『ヴィットリオ・ヴェネト』に将旗を掲げた。既にカッタネオ提督との会見を翌日に延期していた。これまで可能な限り秘密を守っていたが、のちに彼自身が記したところによると、「ナポリから出港することや作戦について市民から秘密を維持することに、ほとんど希望は持っていなかった」。実際に彼が望むことができたのは、せいぜい作戦の目的と具体的な実施手順、作戦決行の正確な日付についての秘密を守り抜くことだけだった。

24日0200時、イアキーノは海軍最高司令部からの電報を艦上で受領した。二つの部隊は、作戦決行日にガウド島南方海域とエーゲ海西部でそれぞれイギリスの海上輸送船団に攻撃を仕掛けよとの命令

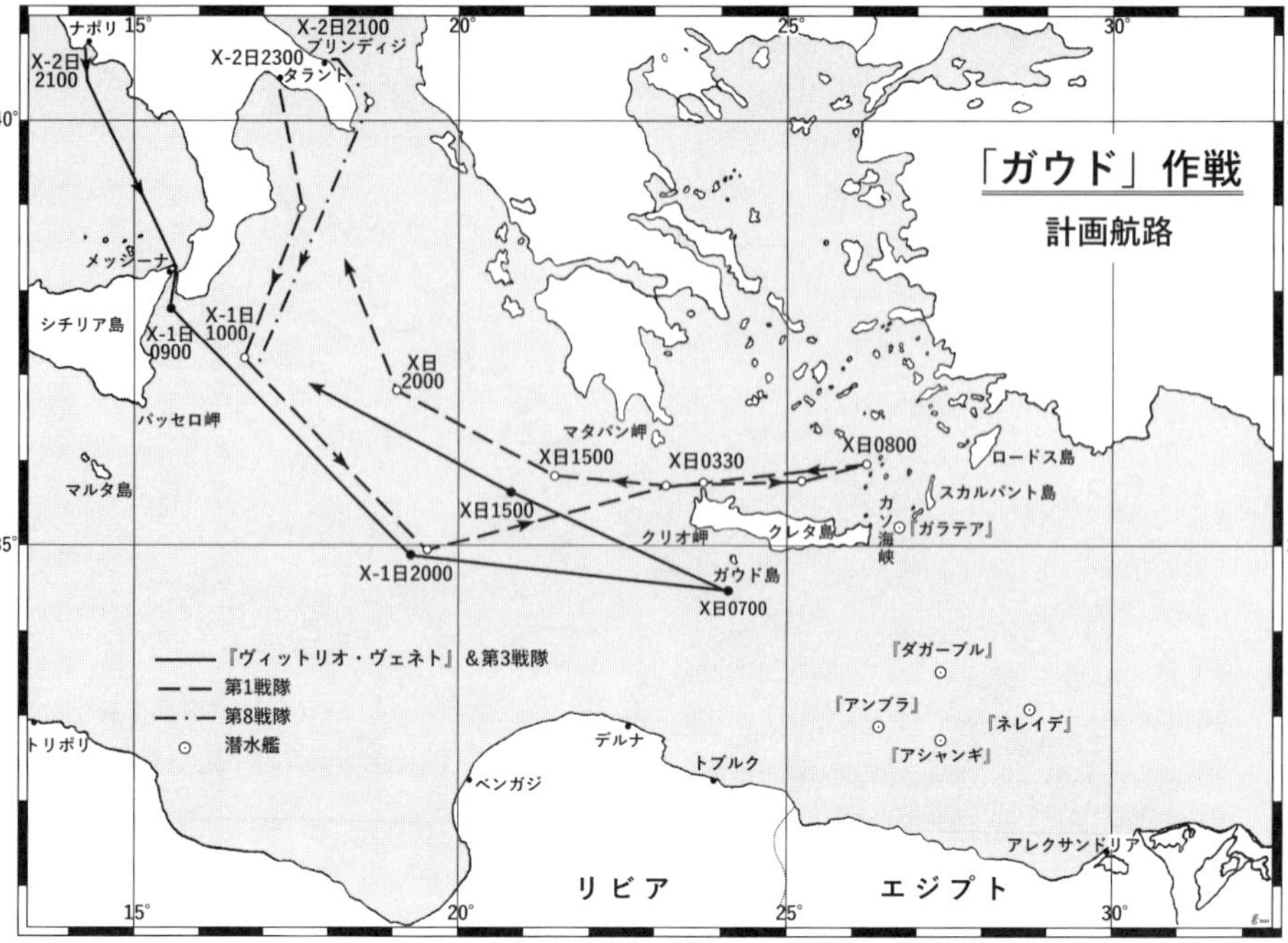

だった。『ヴィットリオ・ヴェネト』と第３戦隊は、ナポリとメッシーナからそれぞれ出撃し、決行日前日の０６３０時に、イタリア半島の長靴の先端とシチリア島の間のメッシーナ海峡で会同し、南東に向かうことになっていた。２０００時に針路を少し東向きに変え、作戦決行日０７００時にガウド島の南20浬に到った後、１３３０時にクレタ島南西端にあるクリオ岬の西１００浬に到達するよう針路を北西に変え、そのまま基地に戻ることになっていた。第1および第8戦隊は、『ヴィットリオ・ヴェネト』と同じ頃にそれぞれタラントとブリンディジを出撃し、決行当日０４００時にチェリゴット島（アンティキティラ島）とクレタ島の北西端に位置するスパダ岬の間を通過する。そこから東に向かってトリピティ岬と同経度に到ると、東北東に変針して０８００時にカラヴィ岩礁に到達する。そこで反転して西に向かい、１３３０時にチェリゴット島の西90浬の位置に到達し、そこから基地に帰投することとされた。

なお、イギリス艦隊と遭遇した場合、どちらの艦隊も彼我の勢力バランスが好ましい場合にのみ「徹底的に」攻撃することとされた。イタリア空軍とドイツ第10航空軍団には、それぞれ偵察と護衛任務のための別の命令が与えられた。イアキーノは、詳細な作戦命令を仕上げて、麾下提督と各級指揮官に送付した。

１０００時、海軍参謀次長カンピオーニ提督がローマからイアキーノに電話をかけ、イオニア海で両方の部隊がドイツ軍戦闘機による護衛を受けられるように、第１・第８戦隊の針路を少し『ヴィットリオ・ヴェネト』寄りに変えさせた。それ自体はさして重要なものではなかったが、カンピオーニ提督は重大な情報を付け加えた。作戦決行日にはドイツ戦闘機による上空援護を受けることができない、なぜなら彼らはシチリア島からそんなに離れた場所でそのような長時間にわたって活動することができないというのである。ローマでは、ドイツ戦闘機はロードス島で再給油することができると聞かされていたが、カンピオーニはその実行は不可能だと言った。イアキーノは、作戦に参加する両部隊ともにイギリス軍制空権の近くを航行するのだと、激しく抗議した。特にエーゲ海深くに進入する第１・第８戦隊にとっては、大きな危険が伴うことになる。

イアキーノは１１００時にリッカルディ提督に電話をかけ、上空援護無しで作戦を決行すれば重大な損失を招く可能性があると訴えた。リッカルディは、司令長官の熱烈な発言に感銘を受け、上空援護の問題について、もう一度検討することを約した。するとその夜、イアキーノはナポリの基地司令長官ピーニ提督からの通信を受け取った。リッカルディ提督がピーニ提督に電話をしてきて、作戦決行日に上空援護できることをイアキーノに確約してくれと頼んだということだった。そのことは上層部の間で合意に達していて、詳細な内容ができるだけ早くイアキーノの下に届けられることになった。この通信を受けて、彼の心配は幾分か和らいだ。

一方、この日、ドイツ空軍が洋上でイギリス地中海艦隊に攻撃を仕掛けており、その目撃情報により、19日の「地中海における海軍戦略状況」通信とは異なり、３隻の戦艦が稼働していることが明らかになっていた。この情報はイタリア海軍にも伝えられたが、それが作戦計画に影響を及ぼした形跡は見られない。

翌25日、2人のドイツ空軍将校、第10航空軍団のヴィートゥス大佐とモーゼル大尉が『ヴィットリオ・ヴェネト』に乗艦して来たことで、イアキーノは元気付けられた。彼らは、イタリア海軍とシチリアに所在するドイツ空軍の間の連絡将校であるコルッシ大尉を伴っていた。これは、ドイツ空軍がイタリア海軍と協力する初めての機会であり、連絡手段や信号識別その他の方法について確立する必要があった。残念なことに時間的な余裕がなく、できたのは即興的な手立てだけだったものの、ヴィートゥスとモーゼルは機転が利く知的な人物であり、数時間以内には第10航空軍団とイタリア艦隊の海上での協力計画を練り上げた。

ヴィートゥス大佐は、彼らの紙上の計画が、作戦決行前日にメッシーナ海峡を通過する『ヴィットリオ・ヴェネト』部隊と第10航空軍団の飛行機の間で実地に検証されるよう手配すると約束した。ドイツ戦闘機は護衛任務を引き受け、午後の間は大編隊が艦隊上空を飛行して、艦の識別と信号の確認を行うこととされた。また、モーゼルとコルッシが、ドイツ軍の電信士と共に、作戦期間中『ヴィットリオ・ヴェネト』に乗艦することも合意された。

その一方で、イタリア海軍と空軍の間の協力関係は、書類上は存在していなかった。ローマにいる両軍の参謀たちによって調整された概略ルールは存在したものの、実際にそれが試されたことはなかったのである。海軍と空軍の間に緊密な連絡体制はなく、経験豊富な海兵や航空機搭乗員たちの間では、概略ルールは実際にはほとんど機能しないものと見なされていた。

25日の夜、海軍と空軍の最高司令部間で交わされた、本作戦に関する合意の写しを携えたローマからの急使が、イアキーノの旗艦に到着した。それはイタリア、ドイツ両空軍が、作戦決行の2日前と1日前にアレクサンドリアとスダ湾を空中偵察するというもので、さらにイタリア艦隊が通過するタラントの南とシチリア島東方の海域を綿密に偵察するということも含まれていた。同日、シチリア島からのドイツ機もマルタ島の東方海域を哨戒し、夜間は島に爆撃を行うこととされた。

また作戦当日にイタリア空軍は、クレタ島のイギリス軍飛行場に対して払暁爆撃、スダ湾を含むエーゲ海の偵察、クレタ島の東に位置するカソ海峡とアレクサンドリアの間の海上輸送路と同島南方の偵察、東経22度にあるマタパン岬とクレタ島北西端のスパダ岬の間で艦隊の上空援護と攻勢偵察、ガウド島周辺海域で戦闘機による『ヴィットリオ・ヴェネト』グループの上空援護をそれぞれ行い、さらにドデカネス諸島のスカルパント島（カルパトス島）を根拠とする爆撃機と雷撃機を待機させることになった（付録3参照）。

同日ドイツ空軍は、ユンカースJu88爆撃機を地中海西部に2機、シチリア海峡に1機、北緯32度から36度、東経15度から26度の海域に3〜6機を飛ばして、それぞれ偵察することとされた。上記緯度・経度範囲の南東端は、クレタ島の東端から南に約340km、アフリカ北岸から約40kmの位置であり、シチリア島東端にあるカターニアを離陸した同機の航続限界に相当する。また、ドイツ空軍機は日没2時間前まで艦隊の上空援護を行い、シチリア島には爆撃機20機が待機することとされた。

イアキーノはこれらの詳細を受け取るやいなや、熟練の飛行士で一級の戦術家でもある先任空軍連絡将校フォンタナ少佐と共に検討を始めた。フォンタナはすぐに、攻勢偵察機とドデカネス諸島の爆撃機では、必要な上空援護を得られないという見解を述べた。それらは敵目標を攻撃するための爆弾を搭載した飛行機であり、イギリス軍の爆撃機と雷撃機による攻撃を撃退することはできないというのである。

フォンタナの言葉を受けて、イアキーノはすぐに参謀次長に電話をかけた。彼はカンピオーニ提督に、航空機に対する指示は彼が望んだ上空援護を確約するものではないと直言した。カンピオーニは苛立《いらだ》った様子だったが、イアキーノは命令文の曖昧さを指摘し、攻勢偵察するよう指示されている飛行機はイギリス軍機の攻撃に対して艦隊を守る能力は全くないと繰り返し、戦闘機による護衛を強く求めた。カンピオーニは、全体を再検討して、『ヴィットリオ・ヴェネト』が出撃するまでには電話をすると約束した。だがイアキーノはまだ気が気ではなく、参謀総長リッカルディ提督にもカンピオーニに話したことを繰り返した。リッカルディは、イアキーノが求める規模の上空援護が用意できないなら、作戦を中止すると約束した。

それでも、イアキーノは疑念を拭い切れなかった。午後の間に彼はリッカルディ参謀総長に宛てて、上空援護に関するあらゆる考えを記した書簡を認め、もし自分が望む上空援護が得られないなら、作戦を中止すべきだという結論を記した。イアキーノがこの手紙を書いたのは、出撃前に海軍側が空軍に確約させることができるかどうか、あるいは確約が得られなかった場合に、出撃後の彼をリッカルディが呼び戻すことができるかどうかは疑わしいと感じていたためだった。

カンピオーニ提督が、ロードス島を根拠とするフィアットCR42戦闘機が燃料増槽を搭載して、作戦決行日に戦闘機による護衛を提供すると電話した時には、イアキーノは既に書簡を艦から発送した後だった。カンピオーニからの電話の内容はまだ曖昧過ぎてイアキーノは満足できず、これらの戦闘機は、それぞれどれくらいの時間、艦隊に随伴できるのかを尋ねた。増槽を搭載したところで、CR42の航続距離が大して長くはないのを知っていたからである。カンピオーニは即答できなかったが、すぐに確認して、できるだけ早く折り返すと請け合った。

26日2010時、海軍最高司令部から『ヴィットリオ・ヴェネト』と『ザラ』に宛てて、東地中海のアレクサンドリアの西には、イギリス艦隊が出港すれば通ることになる航路上に、5隻のイタリア潜水艦を展開させるという旨の連絡が届けられた。北緯34度より南のクレタ島南東海域に潜水艦『アシャンギ』、『アンブラ』、『ダガーブル』、『ネレイデ』の4隻を約60浬間隔で配置し、カソ海峡には潜水艦『ガラテア』を配置して、それぞれ半径20浬の範囲で、行き交う艦船を監視して報告するのである。実際、この5隻の潜水艦のうち『アンブラ』は、28日0245時と0511時に、水中聴音機でイギリス艦隊の発するタービン音を検知したのだが、目視確認はできなかったため、それを報告するための発信を控えた。これらの潜水艦は、今回の作戦について何も知らされておらず、特別な注意を払うようには命じられていなかったため、通常の攻勢偵察任務と同様、自らの位置を露《あらわ》にすることを避けたのである。

イアキーノは、2030時に『ヴィットリオ・ヴェネト』の舫《もやい》を解くよう命じた。すると、陸上との電話線が断たれる直前に待望の電話が来た。カンピオーニは、CR42は艦隊上空に約20分間だけ留まることができ、艦隊がイギリス軍の基地に最も近付いた作戦当日の午前中は、継続的に上空援護を提供できるよう、交代してこれに当たると伝えた。電話を切ると、イアキーノは急いで参謀総長への書簡の輸送を止めさせて、それを艦に戻させた。だが彼は、後々それを後悔することになる。

第4章　イギリス軍の作戦計画

3月25日、カニンガム地中海艦隊司令長官は、かなりの確度を持った諜報報告によって、イタリア艦隊が地中海東部における作戦のために出撃しそうだということを知らされた。それは、イタリア海軍およびドイツ空軍のエニグマ暗号通信を解読した「ウルトラ」情報によるもので、地中海の東部で枢軸軍が何かを計画しているという疑念を起こさせた。この日以降、クレタ島の西とアレクサンドリアでドイツ軍による空中偵察が大いに増加したことが、何か重要なことが起こりそうだという確信を後押ししていた。

26日になると、追加の「ウルトラ」情報によって、イタリア軍の作戦決行日が28日であることが明らかになった。当然、イギリス艦隊もそれに合わせて出撃することになるが、どんぴしゃのタイミングで大規模な艦隊がイタリア側の作戦海域に現れれば、エニグマ暗号を解読されたという疑念を敵に抱かせることになるかもしれない。今後も戦争が続くことを考えると、それだけはどうしても避けなければならなかった。そこで、カニンガムは一計を案じた。イタリア側の作戦決行日の前日である27日に、アテネの西にあるスカラマガスを根拠とする第230飛行隊のショート・サンダーランド飛行艇に、シチリア島とその東部のイオニア海全域で哨戒飛行を行わせ、故意にイタリア艦隊の上空でその姿を見せつけることによって、イギリス艦隊が出撃してきたのは、その目撃情報のためであると思わせようとしたのである。もちろんこの哨戒飛行には、「ウルトラ」情報だけでは分からない敵軍の詳細な規模や動きを掴《つか》ませるという意図もあった。

カニンガム提督は、イタリア軍が、弱体な護衛しか付いていないギリシャへの兵員・軍需物資輸送船団を襲撃するつもりかもしれないと考えた。しかしそれ以外にも、ドデカネス諸島に向かう自国の船団を護衛することが目的である可能性もあるし、ギリシャあるいは北アフリカへの上陸や、マルタ島への侵攻の陽動作戦かもしれない。

27日、カニンガムはアレクサンドリアに停泊中の旗艦『ウォースパイト』に先任参謀10名を呼んで最終戦略会議を開き、情報源を明かさずにイタリア軍の作戦決行が迫っていることが判明したと告げた上で、先に記した選択肢の中から、どれが最もあり得そうかを検討するよう命じて、いったん散会した。会議が再開すると、参謀たちの意見は、イタリア軍が輸送船団を襲うに違いないということで一致していた。考えを同じくしていたカニンガムは、予《あらかじ》め用意していた命令書を彼らに手渡した。

カニンガムは、ピレウスとスダ湾の間の輸送船団をできるだけ長時間にわたって航行させて、枢軸軍への餌として使うことにした。イタリア艦隊が大挙して出撃したという信頼すべき情報が得られるまで待つつもりだった。クレタ島とエジプトの間のほとんどの商船を港に戻させたが、敵艦隊が完全に出撃したと分かるまで、全ての輸送船を引き揚げさせることはできなかった。急に全ての輸送船団がいなくなってしまうと、自分たちの動きに勘付いているのではないかとイタリア側に疑われるリスクが高まるため、一つの船団のみを海に残すことにした。それは、エジプトからピレウスに向かうＡＧ９船団で、６隻の輸送船が兵員を運んでいた。護衛には軽巡2隻と駆逐艦３隻が付いて、26日にアレクサンドリアを出港した。

27日の正午過ぎ、サンダーランド飛行艇から待ちに待った敵艦隊発見の報が届いた。

最緊急。巡洋艦3、駆逐艦1、270度方向、距離5浬に見ゆ。我が機位パッセロ岬沖、方位100度、80浬。

ＡＧ９船団は、疑念を呼ばないように暗くなってから南に向けて反転し、28日の夜明けにはイギリス艦

3月27日の正午過ぎ、イタリア艦隊第3戦隊を発見したイギリス空軍第230飛行隊のサンダーランド飛行艇。同機の目撃情報により、イタリア艦隊の出撃が確かめられただけでなく、イギリス艦隊が「ウルトラ」情報に基づいて出撃したという事実を隠蔽することができた。（IWM CM 294）

隊の東方に位置するよう命じられた。ピレウス発の南向き船団ＧＡ８はキャンセルされ、ギリシャはエーゲ海を航行する全ての自国船舶を退避させて、海域を開け放しておくよう警告を受けた。提督は、夜陰に乗じて出撃できるよう、艦隊に準備を命じた。

当時イギリス軍部内では、アレクサンドリアの日本領事が、同港におけるイギリス艦船の動きを同盟国に逐一、伝えていると信じられていた。この人物に作戦を嗅ぎ付けられないように、その日の午後カニンガムは、ゴルフクラブとスーツケースを持って上陸し、あたかもその週末をゴルフコースで寛《くつろ》いで過ごすつもりかのように見せかけた。クラブハウスから出ようとした時に、日本の領事が茂みの中で自分たちの話に耳をそばだてていることに気が付くと、わざと聞こえるように、その夜の晩餐《ばんさん》会の準備状況について声高に話した。空のスーツケースをさも重たそうに運んで車に乗り込むと、念には念を入れて、いったん大使公邸に戻った上で、１８００時過ぎに暗くなってから艦に戻った。これだけ手の込んだ芝居を打っていながらも、カニンガムはイタリア艦隊を捕捉できるとは楽観していなかった。作戦参謀のマンリー・パワー中佐を相手に、敵艦が現れない方に10シリングを賭けていたくらいだったのである。

なお、この日本領事が、アレクサンドリア港のイギリス艦がいなくなったことを、イタリア海軍最高司令部に知らせたという記録は見当たらない。もし彼がそうしたなら、海軍最高司令部は、イアキーノにそれを伝えたことだろう。イタリア側の記録やイアキーノ自身の記述によると、海軍最高司令部は海上のイギリス艦隊の配置について、何ら確かな情報を掴んでいなかった。

この作戦に参加したイギリス艦隊は、大きく三つの部隊に分かれていた（付録1参照）。

主力となるA部隊は、戦艦『ウォースパイト』、『バーラム』、『ヴァリアント』と航空母艦の4隻で構成される戦闘艦隊（注：原語でbattle fleet。僅か4隻では「艦隊」と呼べる規模ではないが、戦艦と空母から成る強力な部隊であることからfleetの語を当てたようである）で、カニンガム大将は『ウォースパイト』に将旗を掲げた。A部隊には、フィリップ・J・マック大佐（D14）が率いる第14駆逐艦戦隊の4隻の駆逐艦が護衛に就くこととされた。装甲空母『フォーミダブル』は、エジプトからギリシャへ連合国軍部隊を輸送した「ラスター作戦」の護衛から3日前にアレクサンドリアに帰還したばかりだった。

3隻の戦艦は、いずれも第一次世界大戦中に建造された『クィーン・エリザベス』級戦艦であり、排水量3万1000トン、主砲として15インチ連装砲塔4基8門を備えていた。速力は24ノットで、建造当時は「高速戦艦」と呼ばれたが、第二次世界大戦当時の水準では低速艦に類することは否めなかった。いずれも1916年のジュットランド沖海戦に大艦隊《グランド・フリート》の一角として参加したヴェテランであり、『ウォースパイト』と『ヴァリアント』は大規模な近代化改装を受けて艦容が一新していたが、『バーラム』の改装は間に合わず、背の高い三脚檣を有する古めかしい外観を保っていた。なお、『バーラム』は地中海を根拠とする第一戦艦戦隊の旗艦である。

B部隊は、軽快部隊中将（VALF：Vice-Admiral Light Forces）H・D・プライダム＝ウィッペルが座乗する軽巡洋艦『オライオン』と、同じく軽巡『エイジャックス』、『パース』、『グロスター』に、ヒュー・St・L・ニコルソン大佐（D2）麾下《きか》の第2駆逐艦戦隊4隻が随伴する。

C部隊は、オーストラリア海軍のウォーラー大佐（D10）が率いる5隻の駆逐艦から成る第10駆逐艦戦隊である。

26日、巡洋艦と駆逐艦に対して、緊急出動に向けた準備命令が発行された。それによると、B部隊は28日払暁にガウド島の南西でC部隊と合流することとされた。その日の午後、カニンガムはプライダム＝ウィッペル中将に「決して明かすことのできない情報源」から得た情報の概略を伝えた。

海軍の艦隊航空隊に所属するクレタ島とキレナイカの雷撃・観測・偵察飛行隊は増勢され、ギリシャに所在するイギリス空軍は、28日にクレタ島の西方海域で最大限の偵察機と爆撃機を展開するよう要請された。また、駆逐艦『ジュノー』と、ＡＧ９船団を護衛した駆逐艦『ジャガー』、『ディフェンダー』が、Ｄ部隊としてピレウスで緊急の要請に対応できるように待機し、潜水艦『ローヴァー』がスダ湾沖のエーゲ海を哨戒、潜水艦『トライアンフ』は同様の任務をミロス島沖で実施することとされた。ＡＧ９船団に対する護衛の1隻だった防空巡洋艦『カーライル』は、スダ湾に赴いて同地の防空を強化する。さらにギリシャ海軍とその所属艦艇も、緊急出動に備えるよう指示された。

航空機に関しては、空母『フォーミダブル』が固有の第８０３飛行隊と、損傷修理のためにアメリカに向かった『イラストリアス』から移乗した第８０６飛行隊のフルマー戦闘機を合わせて13機、第８２６、第８２９飛行隊のアルバコア雷撃機10機およびソードフィッシュ雷撃機4機を搭載していた。クレタ島北岸にあるスダ湾の数浬西に位置するマレメの英空軍基地は、ソードフィッシュ5機を有していた。戦艦『ウォースパイト』と『ヴァリアント』は第７００飛行隊に所属するソードフィッシュ２機ずつをそれぞれカタパルト発進させることができた。巡洋艦『グロスター』は、やはり第７００飛行隊のスーパーマリン・ウォーラス水陸両用偵察機を1機搭載していた。

カニンガム提督は、以上の合計37機を直接指揮することができ、それに加えて、ギリシャに所在する英空軍に対して、アテネの北にあるメニディ（現アハルネス）の第84飛行隊の12機および第１１３飛行隊の12機と、パラミティアの第２１１飛行隊６機、合計30機のブリストル・ブレニム爆撃機を準備しておくよう要請した。ブレニム爆撃機は５００ポンドあるいは２５０ポンド半徹甲爆弾を搭載することができた。

また、アレクサンドリアとギリシャ本土の第２０１航空団に所属するサンダーランド飛行艇が、作戦海域の偵察を引き受けた。

第5章　イタリア艦隊出撃

アンジェロ・イアキーノは、イタリアが参戦する数ヶ月前に中将に叙されていた。痩身中背で、刺すような淡い青色の瞳をしていて、すぐに興奮してしまいがちな典型的なラテン系の人物ではなかった。滅多に声を荒げることはなかったし、海軍の指揮官として必要とされる素早い決断力を持っており、その人間性とも相俟《あいま》って、士官や兵たちから慕われていた。

1931年から34年にかけてイタリア海軍駐在武官としてロンドンに駐在し、34年から35年には軽巡洋艦『アルマンド・ディアツ』の艦長だった。またイタリアによるスペイン内戦への介入にも参加した。砲術を専門とし、世界の海軍の権威者たちから、際立った専門家の一人と見なされていた。

3月26日2100時頃、第10駆逐隊の『マエストラーレ』、『リベッチオ』、『グレカーレ』、『シロッコ』に伴われた戦艦『ヴィットリオ・ヴェネト』は、ナポリ港から離れつつあった。戦艦の姿があった停泊地が、夜明け前に空になっていることが明らかになっても、それまでに10時間は稼げるだろう。ほぼ同時刻、カッタネオ少将の将旗を掲げた重巡洋艦『ザラ』をはじめとする第1戦隊の3隻が、第9駆逐隊の『ヴィットリオ・アルフィエリ』、『ヴィンチェンツォ・ジョベルティ』、『ジョズエ・カルドゥッチ』、『アルフレード・オリアーニ』を伴ってタラントから出撃した。レニャーニ少将の第8戦隊軽巡『アブルッツィ』級2隻も、第6駆逐隊『ニコロソ・ダ・レッコ』および『エマヌエレ・ペッサーニョ』と共にブリンディジを1900時に発っていた。

海面は凪《な》いでいて、風はほとんどなかった。前日は天気が良く、素晴らしい春の日だったが、老練な水兵たちは天候が変わる兆しを嗅ぎ取っていた。この時期には、イギリス軍はまだ夜間偵察技術を完全には確立しておらず、脅威は潜水艦だけだったが、戦艦も巡洋艦も夜間は潜水艦にとって容易《たやす》い目標ではなかったため、作戦初期のこの時間はいささか楽しいものになった。何週間も港内に閉じ込められた後で、再び外洋に出られる幸せを感じていない者は、イタリア艦隊の中に誰一人としていなかった。危険なレベルまで下がりつつあった士気は、矢のような速さで上昇していった。深夜の波静かな海面を切り開いていくにつれ、作戦成功に対する司令長官の自信が、艦隊全員に浸透しつつあった。

ナポリを出港すると、『ヴィットリオ・ヴェネト』はカンパネラとカプリ島の間の海峡を通過するよう南向きに針路をとった。随伴していた第10駆逐隊の4隻の駆逐艦は、互いに1浬の距離で単縦陣を成して戦艦に先行した。海峡を通過すると、戦艦の両舷に駆逐艦が2隻ずつ占位し、戦艦と内側の駆逐艦が2浬、内外の駆逐艦が1浬ずつ離れた夜間警戒隊形を成した。

この陣形ができるとすぐ、深い海霧が立ち込め始め、視程が減少して駆逐艦からは戦艦を視認できなくなったため、適切な距離を保つのがとても難しくなった。それでも司令長官は速力を緩めず、20ノットを維持した。

27日0615時、霧によって操艦の技量の程を試された以外には何事もないまま一夜が明け、戦隊はメッシーナ海峡のサン・ラニエリ灯台沖に至った。そこでは、燃料の尽きた第10駆逐隊と交代すべく、メッシーナで燃料を補給した第13駆逐隊が待っていて、『グラナティエーレ』、『フチリエーレ』、『ベルサリエーレ』、『アルピーノ』が戦艦の近接護衛の位置に就いた。戦艦の司令部艦橋からは、霧越しに7浬ほど離れた位置にぼんやりと、サンソネッティ提督が座乗する『トリエステ』以下3隻から成る第3戦隊が見えた。同戦隊は第12駆逐隊の『コラッツィエーレ』、『カラビニエーレ』、『アスカリ』を随伴させて、0530時にメッシーナから出撃していた。

イアキーノは、サンソネッティの旗艦『トリエステ』が見えると、すぐに視覚信号でメッシーナを発つ

3月27日1100時頃に『ガリバルディ』から撮影されたイタリア海軍第1・第8戦隊の各艦。隊列の前（画面左）から『ザラ』、『ポーラ』、『フューメ』、『アブルッツィ』で、翌晩に全滅する『ザラ』級3隻を捉えた最後の写真と言われる。（USMM）

おそらく『アブルッツィ』から撮影された『ザラ』級の3隻。（USMM）

前に海軍最高司令部が潜水艦からの情報を伝えなかったかを尋ねたが、ローマからは何の報告も受け取っていないとの答えだった。

１０１０時、第1戦隊が戦艦の東10浬の所定の位置に就いた。１１００時には、第8戦隊も合流して第1戦隊の後方に占位し、これでイタリア艦隊全艦の集結が完了した。

なお、この間１０２０時には、空母『フォーミダブル』が航海中であることを示すイギリスの通信を傍受していた。

『ヴィットリオ・ヴェネト』が巡洋艦と駆逐艦を随伴してメッシーナ海峡を進んでいると、この季節にはほとんどないことだが、暖かい南寄りの風が吹き始めた。それはシロッコと呼ばれる高温の風で、低気圧の前触れとなることが多いのだが、案の定すぐに天候が悪化し始めた。海面が大きくうねり、風力は４に到って、濃くなっていく霧のせいで視程が7・5浬に下がった。戦艦から7浬しか離れていない巡洋艦も、朧《おぼろ》気《げ》な輪郭が見えるだけになった。

司令長官は、少々航行が阻害されはするものの、霧が空襲から艦隊を守ってくれるこの状況を歓迎したが、その一方で駆逐艦が高速を発揮するのが難しくなって、陣形の位置を保てないほどには、海象が悪化しないよう願った。もしそうなれば艦隊は速力を落とさざるを得ず、ガウド島沖に到着するのが遅れて作戦時間が短くなり、成功のチャンスが小さくなってしまう。だが、駆逐隊が航行に支障なしと信号して来て、平然と付いて来ている今の状態では、作戦成功の大きな鍵となる奇襲を達成する可能性が大いに高まるのである。

しかしながら、霧はちょっとした問題を生じさせた。イアキーノとドイツ空軍士官ヴィートゥスおよびモーゼルは、メッシーナ海峡通過中に艦隊と航空隊の協力をテストするよう事前に調整していて、ドイツ空軍機が１０００時から日没まで護衛訓練を実施することになっていたのだが、その計画が霧によって妨げられたため、午前中、艦隊からはドイツ空軍機を目にすることができなかった。午後になって霧が幾分薄くなっても、海上からはドイツ第10航空軍団の戦闘機1機と爆撃機3機がしばらく見えただけだった。艦艇の識別と信号交換の訓練のために艦隊の上空を飛行することになっていた第3夜間戦闘航空団第Ⅰ飛行隊のメッサーシュミットBf110戦闘機11機は、濃い霧に阻まれていずれもその目的を達しなかった。夕刻に第1訓練航空団第Ⅲ飛行隊のJu88爆撃機6機がカターニアから離陸し、そのうち2機は、戦艦の左側を飛行しているところを『ヴィットリオ・ヴェネト』から視認されたが、所定の識別信号を発することはなかった。それを除けば、午後遅くに至るまで艦隊から見えていたのは、サン・ラニエリから日没まで対潜護衛の配置に就いていたイタリア空軍の旧式機、2機のZ506水上機だけだった。彼らが艦隊上空を離れる少し前には、北東方向、霧の彼方のごく低空に、艦隊とは逆方向に向かっている大編隊が目撃された。それは第10航空軍団であると識別されたが、彼らは午後のほとんどを艦隊を探して飛び回っていて、まだ見つけられていないのだった。あれほど航空支援に拘《こだわ》ったにもかかわらず、イアキーノの計画は早くも崩れ始めていた。

しかも、彼の思いとは裏腹に、霧が艦隊を隠すベールにはならなかったことが明らかになった。1225時、第3戦隊のサンソネッティ司令官から『ヴィットリオ・ヴェネト』に向けて、イギリス軍のサンダーランド飛行艇を目撃したとの信号が発せられたのである。その飛行艇は、艦隊を半時間ほど追跡してから、北の方に飛び去ったという。この報告を聞いて、イアキーノの心は沈んだ。これで、奇襲という作戦成功のための最も重要な要素が失われてしまったに違いない。アレクサンドリアにいるイギリス艦隊の司令長官は、大規模なイタリア海軍部隊が、海上に出たことを知ったはずだ。

だが、このできごとには、もっと別の側面があった。イタリア海軍が、エニグマ暗号が解読されているかもしれないという可能性について考えが及ぶきっかけの一つが、失われてしまったのである。イアキーノは、カニンガムが撒《ま》いた餌に、まんまと喰《く》い付いてしまった。

旗艦『ヴィットリオ・ヴェネト』には、優秀な暗号解読の専門家が乗り組んでいた。イアキーノは、彼らがただちに解読した電信のコピーを渡された。それはサンダーランドがアレクサンドリアに向けて1220時に発したもので、次のような内容だった‥

最緊急。巡洋艦3、駆逐艦1、270度方向、距離5浬に見ゆ。我が機位パッセロ岬沖、方位100度……浬。

これを聞いて、イアキーノの心はいくらか持ち直した。通信は『ヴィットリオ・ヴェネト』の存在に触れておらず、駆逐艦は1隻しか見つかっていない。だがそこに、サンダーランドが1235時に発した第2の通信が届いた。

最緊急。1220時の弊信に追加。敵針120度、敵速15ノット。

第3戦隊の実際の針路は134度、速力は20ノットだった。速力の誤りはともかくとして、針路についての誤差はイタリア艦隊にとって好ましくないものだった。彼らは、クレタ島の南という真の目的地を糊《こ》塗《と》するために、わざとそれより南寄りの針路をとっていたのだが、サンダーランドの報告では、まさにクレタ島の方向に向かっているような印象を与えるのである。

そこで1400時過ぎ、イアキーノは全艦隊に150度への変針を命じて、あたかもキレナイカを目指しているかのように見せかけようとした。だが、サンダーランドがそれ以上の通信を発しなかったため、これは徒労に終わった。しばらくすると飛行艇が見えなくり、目的地の欺瞞《ぎまん》に失敗したイアキーノは、

1600時に針路130度を命じた。

午後の間中、アレクサンドリアの英海軍司令部からサンダーランドにさらなる報告を求める信号が発せられていたが、イタリア側の知る限り、飛行艇がその要求に応えた様子はなかった。イアキーノはサンダーランドの無線機が故障したのだろうと考えたが、それは1800時に同機から発信された別の信号が傍受されたことによって補強されることになった。その通信は、単にコリントスに無事着陸したことを述べただけであり、イタリア艦隊についてのより詳細な報告を求める、アレクサンドリアからの通信に答えるものではなかったのである。実際は、二つの信号を発したすぐ後に、海上にかかる靄《もや》によって視程が悪くなったせいで、サンダーランドはイタリア艦隊を見失っており、それゆえ無線封止を維持しただけのことだった。

これ以外に『ヴィットリオ・ヴェネト』では、1519時と1643時の二度にわたって、ロードス島の無線局が発した通信を傍受していた：

1300時、エーゲ海第1戦略偵察機、戦艦3、空母2、隻数不詳の巡洋艦を目撃せり。2298方区、敵針0、敵速0。

16日の航空攻撃によって地中海艦隊の戦艦2隻が行動不能になったということだったが、その2隻が実際に損傷を受けたのかどうかに関わらず、今やドック内で修理を受けているのではなく、もう1隻と共にアレクサンドリア港に停泊しているということが、この通信によって確認された。

1830時には、ローマの海軍最高司令部からの通信も受領した。それはローマでもサンダーランドの通信を傍受したというもので、「1300時に3隻の巡洋艦と9隻の駆逐艦からなるイタリア部隊を目撃した」という内容だった。このちょっとした出来事で、暗号解読の専門家を乗せたイアキーノの判断が、実に賢明だったということが分かる。艦隊がサンダーランドから直接受信した通信と、海軍最高司令部から同じ通信が転送されて来るまでの間には6時間近くが経過しており、しかもそこには誤った情報が含まれていた。サンダーランドの通信は１２２０時に発信されていて、駆逐艦は1隻であって9隻ではなかったのである。

その一方、海軍最高司令部から司令長官への通信には別の情報も含まれていた。それによると、気象条件が悪いため、計画されていた27日午後のアレクサンドリアの空中偵察は実施されない予定だという。偵察を行わないと、サンダーランドの報告に対するイギリス側の反応を知ることができなくなってしまう。

その夜は膨大な数の無線通信が飛び交っていたが、そのうちの一つは、第10航空軍団の偵察機が実施した写真偵察の結果に関する報告で、１９３０時に海軍最高司令部から『ヴィットリオ・ヴェネト』に届けられた。その内容は、26日１８００時の時点で、戦艦3隻、空母2隻他がアレクサンドリアに停泊していたというものであり、午後に二度受信したロードス島からの通信を裏付けていた。27日正午過ぎにも、第１７２戦略偵察飛行隊のカントＺ１００７ｂｉｓ爆撃機1機とドイツ第１２３長距離偵察飛行隊第２中隊のJu88爆撃機1機が、写真偵察を実施し、戦艦3隻が健在であることについて注意を喚起していた。

１９００時、第1・第8戦隊はチェリゴット海峡を抜けてエーゲ海に向かうために東向きに変針し、速力を23ノットに上げた。１９３０時には、『ヴィットリオ・ヴェネト』と第3戦隊も、クレタ島の南に向けて東寄りに針路を変え、増速した。

２２２４時、海軍最高司令部からの通信が届いた。イアキーノの戦隊には計画を変更させない一方で、第1・第8戦隊にはエーゲ海での掃討作戦を中止させるという。両巡洋艦戦隊は、まだ当初計画ほど深くはクレタ島の北のエーゲ海に侵入していなかったので、翌28日の夜明け直後に同島南方で『ヴィットリオ・ヴェネト』に合流することとされた。

２３１６時には、海軍最高司令部から27日１１３０時の状況として、依然としてアレクサンドリアに戦艦３、空母２他が在泊しているという暗号通信が届いた。また別の通信によると、１３００時（１４００時説あり）と１４４５時にアレクサンドリアの偵察を実施し、やはり３隻の戦艦と２隻の空母、隻数不明の巡洋艦を目撃したという、ロードス島からの通信と同じ内容だった。これらはいずれも、実質的にイギリス地中海艦隊の全艦艇が港にいるということを示していたが、それがイアキーノを悩ませることになった。この通信は、午後に偵察は実施されないという先程の海軍最高司令部からの情報が誤りであることを証明したものの、それでは実際には何が起こっているのか、また海空協力はどこまで信頼するに足るのかという疑問が生じたのである。

イアキーノは、サンダーランド飛行艇からの報告を受け取ったイギリス軍が、東地中海の全輸送船団を引き上げさせてしまうだろうと確信していたが、それは本作戦の最大の目標が失われるということを意味していた。おまけに、サンダーランドを騙《だま》すために行ったキレナイカに向けた変針は、同機が沈黙を守ったために無駄に終わったということが、彼の憂鬱に輪をかけていた。

旗艦の通信室では、その日のうちに傍受した全てのイギリス側の信号を照合し、２０３０時にその要約と評価をイアキーノに伝えていた。それによると、サンダーランドの二つの通信は、海上にいると思しき未知の受信者に向けてマルタから再送信されたという。また、「飛行艇によるイタリア艦隊の目撃後に、アレクサンドリアのイギリス海軍司令部が多数の通信を「緊急」カテゴリーで、スダ湾の先任海軍士官、第７巡洋艦戦隊（軽快部隊）、地中海駆逐艦隊司令部、スダ湾とスカラマガスの飛行場、その他、数多くの識別不能の宛先に発信しているということだった。

これらの通信を傍受して、それらが「緊急」であることも識別できていたが、旗艦に乗っている暗号解読専門家たちは、マルタからの信号を解読することはできなかった。それでもイアキーノは、一つの結論を導き出した。「緊急」はあっても「最緊急」の信号がないということは、イギリス軍にそれを出させることになるはずの彼の戦艦がまだ発見されておらず、もっと真剣に対抗すべきであるとイギリス側が考えていないことを示しているというものである。彼は、東地中海にいるイギリスの全海空部隊が警報を受けていると考えたが、作戦を計画通りに進めることを決意した。海軍最高司令部でもこれらの通信を傍受し、おそらく解読できたであろうと考えられるが、もし実際に危機が迫っていると見なしたのであれば、艦隊を呼び戻すだろうという判断もあった。

海軍最高司令部とイアキーノの関係は、イギリス海軍省とその司令長官の関係とはかなり異なっていた。後者は、ロンドンに事前に照会することなく、必要な場合には自律的に戦略上の対処を行うことが許されていて、ひとたび作戦が始まれば、戦術も含めて単独で責任を負う。一方、イタリアの海軍最高司令部は、戦略に関する権限を常に掌握していて、海上の司令長官は、接敵した後で初めて戦術上の決定を行うことが許されるのだった。

二つの組織には、さらに重要な違いがあった。海軍補助航空隊に所属する僅かな数の飛行機を除いて、イアキーノは、彼に協力することになっている空軍に直接指示を出すことはできなかった。彼の全ての要求は、海軍最高司令部を通じて、煩わしくて時間のかかる、しばしば災厄すらもたらす仕組みを介して空軍側に伝えられた。一方、カニンガムは艦隊航空隊の全機を直接指揮できるだけでなく、地域の味方空軍に直接要求を伝え、空軍は運用上の困難によって協力できかねる場合を除いて、艦隊司令長官の要求を尊重するのである。

その日の午後、海軍最高司令部では、作戦を継続するか中止するかについて、長い議論が戦わされていた。サンダーランド飛行艇に目撃されたことで、奇襲という要素が失われ、本来の目的であった輸送船団が、海上に出て来ることがないのは明らかだった。その一方で、26日のうちには空母2隻（1隻は『イーグル』）

に加えて、３隻の戦艦がアレクサンドリア港に停泊していることが分かっていた。すなわち、ドイツ空軍による16日の航空攻撃成功という情報の真否に関わらず、今やイギリスの戦艦は３隻とも出撃可能だということである。27日午前にはイギリス地中海艦隊に所属する軽巡洋艦の１個戦隊が駆逐艦を伴ってピレウスを出港したと推定され、同部隊は28日の朝にクレタ島の南に到りそうだという感触が得られていた。また１３００時には、空母１、巡洋艦１、駆逐艦１がアレクサンドリアの北西20浬の海上に出ていると探知されており、１７００時になると、その空母が『フォーミダブル』であり、タオルミナから方位１０２度に所在していることも確認された。さらに、１９００時の状況として、少なくとも１隻の戦艦と１隻の空母に加えて、１個巡洋艦戦隊が海上にあることが確認された。２００５時には、ドイツ第10航空軍団から、イギリス地中海艦隊司令長官が、おそらく重巡洋艦に座乗して海上に出ているという情報ももたらされた。

カニンガムの実際の座乗艦は、重巡ではなく戦艦だったが、いずれにせよ司令長官自らが率いて、空母や巡洋艦だけでなく戦艦までもが出撃して来るとなれば、もはやイタリア艦隊は優勢とは言えなかった。しかしながら、彼らには引くに引けない事情があった。イタリア海軍が、今回の攻勢作戦のためにドイツ空軍の支援を要請した結果、ドイツ空軍司令部は、第26駆逐航空団第Ⅲ飛行隊のBf１１０重戦闘機をシチリア島に移動させる許可をベルリンに求め、これらの戦闘機を６日間もリビアに向かう船団の護衛から外すことになっていた。さらに、第30爆撃航空団第Ⅲ飛行隊のJu88爆撃機もカターニアに拘束されていて、クレタ島近海での偵察任務や、敵輸送船団への攻撃に支障を来していた。計画された作戦を放棄することに対して、ドイツ軍がいい顔をしないのは明らかだったのである。イタリア海軍最高司令部は第１・第８戦隊を、獲物となる輸送船団がいないのが明らかなエーゲ海ではなく、敵艦隊が向かっているであろうクレタ島の南に向かわせ、『ヴィットリオ・ヴェネト』および第３戦隊と合流させて、敵に当たらせようと考えたのである。

合流命令を発した後の2235時、無線方向探知によって、アレクサンドリアを発したイギリス艦隊が高速で北西、つまりイタリア艦隊がまさに向かっているクレタ島南方海域に向かっていることが判明した。しかし何故か、この重要な情報が洋上にいるイアキーノ提督に伝えられることはなかった。

天候は午後を通じて改善し、シロッコが弱まって北東の微風に変わり、海のうねりも小さくなって、海面はすっかり穏やかになっていた。この気象の改善によって小さな心配が取り除かれて、イアキーノは少し機嫌を持ち直した。駆逐艦が速力を上げるのに難儀することがなくなり、戦艦に先行して夜間配置に就くことができるようになったのである。夜間は敵偵察機に付きまとわれる心配もなかった。

夜明けが近付く頃には、視程がまた悪くなった。『ヴィットリオ・ヴェネト』の艦橋からは、護衛に就いた駆逐艦をどうにか視認できるだけで、随伴しているサンソネッティ提督の第3戦隊も、こちらに近付いてきているはずの第1・第8戦隊も見ることはできなかった。

第6章　イギリス艦隊出撃

アンドリュー・ブラウン・カニンガム大将は、イギリス海軍ではその頭文字を連ねてＡＢＣの通り名で知られていた。彼はいつも常識的な装いをしていて、正しい服装や儀式といった規律と軍隊の習慣に大いに拘《こだわ》る人物だったが、それが軍務の利益に適っている場合には、そのような事柄をすっぱり捨て去る臨機応変さも持ち合わせていた。ことに当たって「さっさと片付けてしまおう」という実践的な態度で臨んだため、部下たちから慕われていた。愚か者に対しては容赦せず、参謀たちには常に最高の状態にあることを求め、かつ特定の分野に関する問いかけに対して、その道の専門家として常に迅速に回答することを欲していた。その軍歴の大部分を駆逐艦に乗って過ごしたが、戦艦『ロドネー』の艦長を務めたこともあり、巡洋戦艦『フッド』に将旗を掲げた後、海軍参謀次長を経て１９３９年６月に地中海艦隊司令長官の任に就いた。

ＡＢＣは最新式の装備を大いに信奉してはいたが、どんな新奇なものでも実用に耐えることが示されなければ、そのお眼鏡に適うことはなく、またどんなものにも有効期限があると考えていた。

戦艦『ウォースパイト』でカニンガムの艦隊砲術長を務めたジェフリー・バーナード中佐は、カニンガムについて次のようにコメントしている‥

ＡＢＣは兵器としての艦砲に対して、もしそれが適切に使われるのであればという条件付きで、かなりの敬意を払っていました。そして、真っ当な理由で発射された砲の音を耳にすると、それはもう少年のように大喜びしたものです。ですが、彼はその軍歴の中で、熱心な砲術士官たちに悩まされてきたに違いありません。その結果、地球の曲率や砲耳の傾き、その他諸々についての「黒魔術」を用いた長射程砲を用いた戦闘の匂いのするものは、彼にとっては受け入れ難いものになりました。彼は、この戦争の初めの頃、それぞれが勇猛果敢な砲術長に指揮された4隻のイギリス巡洋艦がイタリア駆逐艦を長距離にわたって追撃した時に、その思いを強くしました。東地中海にある6インチ（152㎜）砲弾薬の備蓄が、僅か1時間のうちに全て消費され尽くしてしまい、その後の作戦に重大な影響を及ぼしたのです。

バーナード中佐の言葉の中にある長距離追跡戦とは、40年6月28日に生起したエスペロ船団海戦を指す。この海戦に参加したイギリス巡洋艦は5隻だが、４隻としたのは単なる勘違いや誤記か、１隻がオーストラリア海軍に所属する艦だったためかもしれない。この海戦で巡洋艦が多数の弾薬を消費したために、マルタからエジプトへ向かう船団を護衛する「ＭＡ３作戦」が中止され、船団の出航が延期された結果、７月９日のカラブリア沖海戦が生起することになった。

当時の地中海艦隊は頻繁に出撃していたため、艦の整備や修理が疎《おろそ》かになっており、速力や作戦遂行能力の低下を招いていた。一方、砲を発射する機会がしばしばあったため、各装置の動作は頗《すこぶ》る良好であり、乗組員たちも経験を積んでいた。しかしながら、戦艦部隊が夜戦訓練をする機会は、これまでついぞ訪れなかった。夜間戦闘の複雑さや探照灯の操作手順、照明弾の扱い、素早い標的変更の方法について、平時にそのような訓練を受けたことのある者は、あらゆる戦闘の状況に備えるために暗闇の中での迅速な動作を訓練することや、厳密な規則が必要であるということが身に染み付いていたが、大半の若い士官や下士官兵は、まだそのことを理解できていなかった。この時代には、夜は戦闘をする時間ではなく、どちらかと言えば寛《くつろ》いでいる時間帯だと見なされていたのである。

当時の艦隊を覆っていた雰囲気は、カニンガムの決意を反映したものだった。バーナードは記している：

彼は、司令部艦橋の中の敵に近い側を、いつも行ったり来たりしていました。戦艦の航行スピードが彼の満足する速さであった試しはなく、空母の飛行機を離発艦させるために戦隊が針路を変えなければならない一秒一秒を惜しんでいました。彼の醸し出すこの雰囲気は幕僚の間で「檻《おり》の中の虎の動き」と呼ばれていて、私たちは虎の尾を踏まぬように気を付けなければなりませんでした。ＡＢＣは、部下の参謀が「差し出口をする」のを大抵は許していましたが、そのような時には、必ずしもそうではありませんでした。敵に喰《く》らい付くという一つのことに打ち込むその集中力は、それを見る全ての者をいつも鼓舞したのでした。

27日の昼過ぎにサンダーランド飛行艇からの信号を受領して出撃を決した時、カニンガムは艦隊編成について少々変更が必要であることに気が付いた。準備命令の通りにすると、軽快部隊には十分な援護がないことになり、その一方で戦闘艦隊の駆逐艦護衛は不足する。そこで新しい配置として、Ｃ部隊の5隻の駆逐艦は、Ｂ部隊と合流するために単独で出港するのではなく、戦闘艦隊と共に行動することとされた。一方、プライダム＝ウィッペル軽快部隊中将は、当初計画より遥か東のガウド島沖に28日０６３０時に到達させることとされた。また雷撃／爆撃／偵察機をキレナイカに移動させることを止め、空軍に対しては、28日はイオニア海南部およびエーゲ海南西部とクレタ島南部の偵察を怠らぬよう依頼した。

27日１３００時、『オライオン』に座乗した軽快部隊中将は、燃料補給を終えた軽巡洋艦4隻と駆逐艦『ヒアワード』、『ヴェンデッタ』を率いてピレウスを出港した。前日、『グロスター』では推進軸のベアリングに不具合が生じ、ピレウスで予備品と交換しなければならなくなっていた。その作業を行った潜水士

フルマー戦闘機から撮影された戦闘艦隊の大型艦4隻と『ジャーヴィス』以下の駆逐艦戦隊が交錯する瞬間。

3月28日の朝、『グロスター』から撮影された英軽快部隊の巡洋艦。艦列の前（画面右）から順に『オライオン』、『エイジャックス』、『パース』。

が、さらにA字型ブラケットが緩み過ぎているのを見つけたため、同艦は速力を落とさざるを得ず、安全に発揮しうる速力は24ノットが限界だった。

第２駆逐艦戦隊の残りの２隻、『アイレクス』と『ヘイスティ』はスダ湾に所在していて、28日０６３０時にガウド島の南30浬、北緯34度20分、東経24度10分で軽快部隊と会同するよう指示された。

空母『フォーミダブル』は、アレクサンドリアの南西３浬ほどのデケイラ飛行場からやって来る飛行隊を迎え入れるために、戦艦たちより一足早く１５３０時に出港した。この季節の東地中海では典型的な、うら暖かい春の日の午後で、僅かなすじ雲がそこここに見られる以外、空はどこまでも青く澄みわたり、風はほとんどなかった。

辺りを暗闇が覆い始めた１９００時、戦艦『ウォースパイト』、『バーラム』、『ヴァリアント』の３隻は、第10、第14駆逐艦戦隊の９隻の駆逐艦を伴って、ほとんど誰にも気付かれることなくアレクサンドリア港から出撃し、海上で『フォーミダブル』と合流した。ちなみに『ヴァリアント』には、20歳の誕生日まで３ヶ月という若い士官候補生であり、ギリシャおよびデンマークの王子でもあるフィリップが乗り組んでいた。

幸先の悪いことに、港を出る際に『ウォースパイト』が浅瀬に近付き過ぎて堆積した泥を撒《ま》き上げてしまい、その泥を吸い込んで復水器が不調を来したため、北西に向かう艦隊の速力は20ノットに制限された。後々、このことが大きな意味を持つことになる。

それ以外には何事も起こることなく、司令長官率いる戦闘艦隊の航行は平穏そのものだった。28日０４００時、彼らは軽快部隊中将との会合点の概ね２０５浬南東を北西に向けて航走していた。

第7章　イタリア機による払暁索敵

28日の夜が明けても視程はとても悪い状態が続き、『ヴィットリオ・ヴェネト』からは護衛の駆逐艦が見えるだけだった。７浬以内の前方にいるはずの第３戦隊も、夜明けと共に合流するはずの第１・第８戦隊もまだ見えていなかった。０５２７時、イアキーノはRo43水上偵察機を『ヴィットリオ・ヴェネト』からカタパルトで射出し、ガウド島からアレクサンドリアの方向に１００浬の範囲を、幅20浬で偵察させた。この旧式機の能力は知れたものだったため、艦隊の大きな助けにはならなかったものの、無いよりは増しだった。単発エンジンで最高速力は時速３００kmでしかなく、航続距離も短く、ひとたび発進すると洋上では揚収することができないため母艦に戻ることができず、陸岸の基地に着水するしかなかった。兵装は貧弱で、局地偵察や弾着観測に使えるだけであり、戦闘機に対しては極めて脆弱《ぜいじゃく》だった。イアキーノは、索敵範囲内にイギリス艦を見つけられなかったら、レロス島に行って、そこに下りるよう指示した。

０５３７時には、第３戦隊の『ボルツァーノ』も艦載機を発進させた。このRo43は艦隊の北側を偵察して、敵の船団や艦隊をクレタ島沖で探すよう命じられた。同機はエーゲ海全体を徹底的に索敵した後、やはりレロス島に着水することになっていた。

０６３０時頃、夜が明けて辺りが明るくなってくると、『ヴィットリオ・ヴェネト』からは第３戦隊が想定通りの位置にあり、第１・第８戦隊は旗艦の北西15浬を航行しているのが見出された。針路１３０度で航行していた艦隊は25ノットに増速し、第１・第８戦隊は『ヴィットリオ・ヴェネト』の北側10浬に移動するよう命じられた。

イタリア艦隊は、海軍最高司令部が攻勢掃討を行うと決めた海域に到達した。しかし、２機の偵察機から敵発見の報告はなく、イアキーノは０７００時までに何も発見できなければ、基地に帰投しようと決めた。イギリスの輸送船が見つからないということは、前日のサンダーランド飛行艇の目撃報告を受けて、イギリス側が東地中海の全船舶を引き上げさせたというイアキーノの推測が裏付けられたということを意味していた。

『ヴィットリオ・ヴェネト』のカタパルトに載せられたRo.43水上偵察機。『ヴィットリオ・ヴェネト』、『ボルツァーノ』、『アブルッツィ』から発艦した3機のうち2機が、英軽快部隊を視認して接触を維持したことにより、サンソネッティ提督の第3戦隊が交戦に持ち込むことができた。

『ボルツァーノ』に搭載されたRo.43水上偵察機。『トレント』級や『ザラ』級が艦首に航空施設を設けたのとは異なり、艦中央部に射出機を備えていた。

じりじりしながら待っていると、『ヴィットリオ・ヴェネト』のRo43から通信が入った。

0635時、巡洋艦4、駆逐艦4見ゆ。5618-1方区、針路135度、18ノット。

その位置は北緯34度17分、東経24度26分であり、『ヴィットリオ・ヴェネト』から50浬の距離だった。イアキーノは、それが船団を護衛しているイギリス艦隊だと考えた。0657時、彼はサンソネッティ少将の第3戦隊に針路135度、速力30ノットとして、この艦隊と接触するよう命じた。『ヴィットリオ・ヴェネト』には、第3戦隊を支援させるために、事実上の最大速力である28ノットに増速させた。同時にカッタネオ少将の第1・第8戦隊には、彼の麾下《きか》にある重巡が実際に発揮できる全速である29ノットを命じた。

報告にあった敵巡洋艦4隻が軽巡洋艦であることは明らかだったので、戦術的にはサンソネッティの重巡洋艦3隻でも、そう見劣りするものではなかった。イギリス軽巡の主砲が152㎜砲であるのに対して、イタリア重巡の主砲口径は203㎜であり、砲力では勝っていたが、イタリア艦の方がやや旧式であり、その装甲防御は弱体で、砲兵装や射撃指揮装置は旧態なものだった。イアキーノはこれら全てを考慮して、サンソネッティ提督の巡洋艦にイギリス巡洋艦と戦わせるよりも、『ヴィットリオ・ヴェネト』の主砲である381㎜砲の射程内に誘い込む方が得策であると考えた。そこで0734時、彼はサンソネッティ提督に「敵艦を視認したら、こちらに退却せよ」と信号を発した。

イギリス艦は南東方向に見出されるはずだったため、イアキーノは、戦艦の右舷にいた第13駆逐隊が戦艦の射線に入ることのないよう左舷に回るように命じ、0743時全艦に戦闘配置を下令した。

最初の敵発見報告を発したRo43の操縦士は空軍のルイージ・グゥエリエーリ軍曹であり、観測員はフランコ・M・バラテッリ海軍大尉だった。彼らは勇敢で粘り強かった。視程は悪かったが、イギリス艦に接近して、軽巡『ネプテューン』級2隻、『パース』級1隻、『グロスター』級1隻が、4隻の「トライバル」級駆逐艦を随伴していると識別した。『ネプテューン』は、『オライオン』と『エイジャックス』を含む『リアンダー』級の1隻であり、駆逐艦の艦級は誤りであったものの、それ以外は巡洋艦の識別、敵針、敵速も含めて、その報告は完璧だった。彼らは、イギリス艦がすぐに攻撃してこないことに驚いていた。イギリス側は最初は同機を味方のウォーラス偵察機だと勘違いしていたのだが、もちろんRo43の搭乗員はそれを知る由もなかった。Ro43はいったんそこを離れて、南東から南、南西と半径30浬の範囲を索敵し、その範囲に他のイギリス艦がいないことを確かめると、再び敵巡洋艦の近くに戻った。すると、今度は発砲してきた。退避せざるを得なくなったものの、距離を置いて見張りを続け、敵が針路を290度に反転して速力が20ノットになったと、0728時に報告した。これを聞いたイアキーノは、イギリス軍はイタリア水上部隊が近くにいることに気付いて、それを発見しようとしているのだと判断した。だが傍受されたイギリス艦隊の無線には、イタリアの戦艦がこんなにも近くにいることに気付いている兆候はなかった。

Ro43がもう一度イギリス艦隊に接近すると、また発砲してきたが、同機はイギリス艦の距離と方位を伝え続けた。短時間ののち、Ro43はイギリス部隊が再び針路を変え、第3戦隊から方位250度（後に270度に訂正）、距離20浬であることを伝えた。最後に、0802時に敵針が120度であることと、自身は燃料が足りないため指示されたレロス島ではなく、より近いロードス島に向かうことを伝えると、深い霧や低い雲に悩まされながら向かい風の中を飛行して、1220時にロードス島に無事到着した。

一方、『ボルツァーノ』から飛び立った偵察機は、何も見つけることができなかった。0756時には『アブルッツィ』から3機目のRo43が発艦し、『ヴィットリオ・ヴェネト』の偵察機の後を継いで0915時までイギリス巡洋艦部隊と接触を保った後、『ボルツァーノ』機と同様1200時にロードス島に着水した。

この朝、各陸上基地の空軍機も、それぞれ活動を開始していた。ロードス島のガドゥーラからは、第34

爆撃群に所属するサヴォイア・マルケッティＳＭ79爆撃機が、０３４０時に３機、０４１５時に２機、それぞれクレタ島の飛行場爆撃のために飛び立った。最初の編隊はスペリア、二つ目はイラクリオンを目指したが、クレタ島上空が雲に覆われていたため、爆弾を抱いたまま虚しく帰投した。

０４１５時には、同じくロードス島のマリッツァから第92爆撃群の２機のＳＭ79と第56爆撃群の２機のサヴォイア・マルケッティＳＭ81爆撃機が偵察のために離陸し、レロス島からも２機のＺ５０６偵察機が飛び立って、エーゲ海南部を偵察した。ガドゥーラからは、前述のものとは異なる第34爆撃群のＳＭ79が２機と、第２８１独立雷撃飛行隊のＳＭ79が２機、夜明けとともに離陸して攻勢偵察を行った。

スカルパント島では、２機のフィアットＣＲ32戦闘機が０６３０時に離陸して、同島の上空警戒に当たった。海面はすっかり穏やかになって北寄りの微風が吹いており、艦隊周辺の天候と視界は良好だったが、カソ海峡ではその限りではなかった。このため、同島から３機ずつのグループに分かれて順次離陸して、交代

28日の朝、『ヴィットリオ・ヴェネト』を直衛する第13駆逐隊の『フチリエーレ』（画面手前）と『グラナティエーレ』。

で艦隊の上空援護に就くことになっていた第１６２戦闘飛行隊のＣＲ42戦闘機は、０６２５時に飛び立ったグループを皮切りにクレタ島の南に向かったが、なかなかイタリア艦隊を見つけられずにいた。結局、28日の午前中に計５回に分かれて発進した延べ15機のＣＲ42のうちで、実際に艦隊の上空に到達できたのは３機だけに過ぎなかった。これらのＣＲ42は燃料増槽を搭載していたが、それでも艦隊上空で護衛に就ける時間は僅か10分間でしかなかった。

０７１０時には、ガドゥーラから攻勢偵察に出た第34爆撃群第68飛行隊に所属する２機のＳＭ79が艦隊上空に到ったが、敵機と間違えられて対空砲火を浴びせかけられ、１機に弾片が命中したところでようやく砲撃が止んだ。ヴィットリオ・カンナヴィエッロ少佐とジョルジョ・グロッシ大尉が操縦するこの２機は、０８１５時まで、戦闘機よりも長時間にわたって上空援護に就いた。彼らは『ヴィットリオ・ヴェネト』と第３戦隊の上空を飛行した後には、第１・第８戦隊の上空に到達しているが、この間に、索敵のために英空母『フォーミダブル』から発艦して、イタリア艦隊を発見、追尾していたアルバコア５Ｆ機を追い払った。

第8章　イギリス機による払暁索敵

28日0445時、第815飛行隊の4機のソードフィッシュが雷装をしてクレタ島のマレメを離陸し、ギリシャ沿岸を60浬にわたって索敵した。そのうちの1機はエンジン・トラブルを起こして基地に戻らなければならなくなったが、残る3機は索敵を続け、何も発見できずに0845時にマレメに着陸した。

一方、北西に向けて20ノットで航行していた戦闘艦隊では、明け方に戦闘配置に就き、敵を求めて『フォーミダブル』から偵察隊を飛ばすことになった。搭載機を発艦させる前には、気象情報、視程、雲の状況、各高度における風向・風速をパイロットに伝える必要がある。様々な高度の風の情報は、大型の気象観測用風船を上げて、その方位と仰角を毎分観測することで得られた。その日の朝、海面の風はかなり強く風速24ノット、空母の右舷艦尾方向から吹いていた。周辺の気象概況が天気図上に描かれたが、それは少し前の時間のもので、しかも地図上には多くの空白領域があり、特に敵の領土の近くでそれが顕著だったものの、艦自身で記録した風と気象の観測記録と組み合わせて専門家が検討すれば、作戦計画の基礎となる情報を得ることができた。

艦載機を発艦させるために、『フォーミダブル』は向かい風になるよう向きを変えなければならなかったが、空母だけが他の艦と違う動きをすると、駆逐艦による対潜警戒陣形の効果が低くなったり、意味を成さなくなるため、艦隊全体が変針せざるを得ず、北西に向かう進行速度が遅れることになった。

0555時に、艦隊はクレタ島のやや東、約150浬南に到った。その頃にはもう十分明るくなっていて、飛行甲板を見渡すことができた。『フォーミダブル』は艦首を風に立て、第826飛行隊のアルバコア雷撃機4機とソードフィッシュ雷撃機1機が、クレタ島とキレナイカの間、クレタ島西端の少し西に当たる東経23度まで、できるだけ西方に向けて索敵するよう命じられて、次々と発艦していった。もう１機のソードフィッシュが対潜哨戒に就き、フルマー戦闘機２機も哨戒のために相次いで発艦した。１機、また１機と唸《うな》りをあげて飛び立って行く飛行機が艦橋の横を通り過ぎる時、搭乗員たちは親指を立てるなどして合図を送った。曇ってはいたが、東の空が徐々に明るくなってきており、雲はゆっくりと高くなって、やがて散っていった。視程はおよそ15浬あった。

だが、偵察隊が発艦して１時間もすると、膨らみかけた期待はみるみる萎《しぼ》んでいった。敵発見の報告が来なかったのである。イタリア艦隊は、ほんのちょっと出撃しただけで基地に戻ってしまったのかもしれない。

一方プライダム＝ウィッペル軽快部隊中将は、０６００時過ぎに自分たちを追跡していると思われる飛行機を発見していた。その時の針路は南東で、速力18ノットだった。最初は味方の戦艦か巡洋艦から発進したウォーラスだろうと思われたが、０６３０時少し過ぎに、イタリアのRo43偵察機であると識別された。Ro43は主に戦艦や巡洋艦からカタパルト発進するが、その時の位置は陸上のイタリア基地からは遠く、足の短い同機には届かない距離だったので、そこから導き出される唯一の結論は、戦闘艦隊との予定会合点の近くに敵艦がいるということだった。スダ湾から来た『アイレクス』と『ヘイスティ』が０６３０時に合流すると、プライダム＝ウィッペルは敵偵察機から離れるように、０６４５時に針路を２００度に変え、速力を20ノットに上げた。

０７２０時、航空偵察範囲の中で最も北のエリアを担当していた『フォーミダブル』のアルバコア５B機が、巡洋艦と駆逐艦の部隊を発見したという信号を発した。２分後、同機はその非常警報を補足して、北緯34度22分、東経24度47分を、針路２３０度で４隻の巡洋艦と４隻の駆逐艦が航行中であると報告した。戦闘艦隊からはまだ１００浬以上の距離があったが、戦闘配置が令せられた。

15分ほど後に、5B機の僚機でその南側を飛行していたアルバコア5F機から続報が届いた。0739時、巡洋艦4、駆逐艦6が針路220度で北緯34度05分、東経24度26分にありとのことである。これら二つの報告にあった座標間の距離は24浬以上あったが、艦の速力と経過時間を考えると、一つの部隊が移動したと考えるには離れ過ぎていた。しかしながら、偵察機が発艦してから1時間半が経過しており、もはやその航法が正確だとは言えなかった。機器の誤差や、観測および位置推定の際の人的エラーに加え、各高度における風向・風速の誤差だけでなく、時間経過によるそれらの変化も、航空機の自己位置推定誤差を増大させる要因となる。そもそも母艦から100浬も離れた位置の風について、信頼できる観測情報がない状態で発艦前に出したそれぞれの値も、推測の域を出ないものだった。もっと言えば、視程は全般的に15浬ほどはあったものの、ところどころに靄《もや》が出ていた。一つの敵部隊に関する両機の位置情報が食い違っている可能性は捨て切れず、報告を鵜《う》呑《の》みにすれば、20浬かそこらの位置に二つの敵部隊がいるということになるが、1隊の敵を両機が別々に報告したということも考えられた。

ところで、そもそもプライダム＝ウィッペル提督の率いるB部隊の巡洋艦はまさに4隻で、駆逐艦4隻を伴っているのである。『フォーミダブル』機は、自分たちのことを敵と誤認したのではないのか？　しばらくの間、事態は混沌としたが、軽快部隊中将は自分の部隊が敵と間違えられたとの見方に傾き、やがてそれは確信に変わっていった。この見解には『ウォースパイト』のカニンガム司令長官と、『フォーミダブル』に乗る艦隊航空隊の指揮官デニス・ボイド少将も同意した。彼は、1月に急降下爆撃を受けて損傷した『イラストリアス』を、何とかアレクサンドリアに帰還させた同艦の艦長だった人物であり、その後、地中海に所在する全航空母艦の指揮官に任命されていた。

しかし、どっちつかずの状態は長くは続かなかった。0745時、飛行機からそれ以上の報告が来る前に、『オライオン』の見張りの一人が、艦尾の方向、方位010度に煙を発見したのである。前日サンダーランド飛行艇がイタリア巡洋艦部隊について報告していたので、プライダム＝ウィッペルは彼の見張りが見つけたのはそれに違いないと思った。1分後には煙が明瞭になり、0755時に巡洋艦3隻、駆逐艦複数から成る敵部隊であると識別された。以降この敵部隊は、X部隊と呼称されることになった。

軽快部隊中将は、敵の重巡洋艦が彼の6インチ砲軽巡をアウトレンジすることができる203㎜砲を搭載しており、少なくとも書類の上では2・5ノット優速であることに思い至った。彼は、優勢な敵巡洋艦部隊を味方の戦闘艦隊の方向に誘引しようと、100浬南東にいる司令長官の方にまっすぐ向かうことに決め、針路を140度として、28ノットに増速した。

0802時、『オライオン』は不明艦3隻が方位009度、18浬にありという敵発見の報告を発信した。これはサンソネッティの第3戦隊のことであるが、プライダム＝ウィッペルは、自分のすぐ近くにいる、もう一つ別の強力なイタリア艦隊の存在にはまだ気付いていなかった。それは、0720時に5B機によって極めて正確にその位置が報告されたにもかかわらず、軽快部隊中将の部隊を間違えて報告したのだろうと誤解されたカッタネオの第1・第8戦隊だった。5B機は、巡洋艦4、駆逐艦4という最初の報告を、巡洋艦4、駆逐艦6に変更する訂正電を0746時に発信していた。これも巡洋艦の数を間違えているのだが、いずれにしても、それが受信されたのは『オライオン』が第3戦隊を発見した後になったため、もはや敵味方どちらの部隊を指しているのかは判断が付かなかった。その後、視程が悪かったために5B機も敵を見失っていた。イタリア戦艦が存在するかどうかについては不明だったが、近くにいる可能性を否定することはできなかった。

0812時、プライダム＝ウィッペルは、自らの最初の発見報告を訂正し、敵艦隊は3隻の巡洋艦と隻数不明の駆逐艦で、方位010度、距離13浬であると報告した。まさにその刹那、イタリア艦隊の巡洋艦が発砲を開始した。

第9章　ガウド島沖の巡洋艦戦

０７３８時、サンソネッティ提督の旗艦『トリエステ』が南の方角に何かを発見し、そちらに舳先《へさき》を向けた。だがすぐにそれは誤報であったことが分かり、旧針路に復した。

20分後、やはり『トリエステ』が、イギリス巡洋艦1隻と駆逐艦4隻を発見し、少し後に他の３隻の巡洋艦をも視認した。第３戦隊は、英艦を見つけたら『ヴィットリオ・ヴェネト』の方に戻って来るよう指示を受けていたが、イギリス艦隊は高速で明らかにアレクサンドリアの方に向かっていたため、サンソネッティは追跡することに決めた。『ヴィットリオ・ヴェネト』や第1・第8戦隊が近くにいることをプライダム＝ウィッペル軽快部隊中将が察していないのと同様、サンソネッティも、そう遠くない距離にいるイギリス戦闘艦隊の存在に気付いていなかった。それゆえ彼は、軽快部隊中将がアレクサンドリアに戻ろうとしているのではなく、戦闘艦隊の方に誘い込もうとしているのだとは思いもしなかった。

一方、プライダム＝ウィッペルは、イタリア艦隊を視認すると、自分の戦隊だけで満足できる結果を得られるチャンスはほとんどないと感じていた。イタリアの『トレント』級巡洋艦は、排水量1万トンで、舷側装甲の厚さは70㎜とやや薄いが、２０３㎜砲8門を搭載し、非常に高速だった。公試では35・6ノットを発揮していた。紙の上では、射程の短い6インチ砲を主砲とするイギリスの軽巡を一方的に攻撃できるだけでなく、優速を利して好きな戦闘距離を選ぶことができた。軽快部隊中将は、これらの艦が実用上は公試よりかなり遅く、せいぜい33ノットしか出すことができないという事実を知らなかった。

イギリス戦闘艦隊が、まだ70浬ほど東方だったのに対して、イタリア艦隊の戦艦『ヴィットリオ・ヴェネト』は第３戦隊の北西僅かの位置からこちらに向かって来ていたのだが、まだ見えていなかった。さらにその後方には、イタリアの第1・第8戦隊も迫って来ていた。敵の戦艦ともう一つ別の巡洋艦戦隊の存在に気付かないまま、自軍の戦闘艦隊の方に退却するという決定は、彼を大きな危地に陥れることになりそうだった。

『トリエステ』は、0812時に203㎜砲による射撃を開始した。最初の斉射（同種の複数の砲を同時に発砲すること。発砲する砲が同じ砲塔に搭載されているか否かは問わない）は全て手前に外れる近弾になったが、プライダム＝ウィッペルの6インチ砲巡洋艦は完全にアウトレンジされていた。しかしながら、イタリア巡洋艦が優速であったために両者の距離はゆっくりと詰まっていった。イタリア艦隊は最後尾の『グロスター』に射撃を集中していたが、同艦は蛇行しながら何とか命中を避けていた。サンソネッティ提督が提出した報告書の記述：

0756時、『コラッツィエーレ』から方位205度に巡洋艦4隻の目撃報告を受領した時、戦隊の針路は135度だった。すぐに60度一斉回頭して敵に接近し、これを識別するよう命じた。『エイジャックス』級2隻、『パース』、『グロスター』がこの順に並んでおり、我が方の針路と収束するコースに乗っていることをはっきりと確認して、戦隊を単縦陣に戻した。靄《もや》のせいで測距儀は使えなかった。砲術長が敵は射程内にいる（目視で1万8000〜2万m）と言ったので、射撃を開始した。弾着を見ると、その時の距離は2万4000m程だったに違いない。

ちなみに、『トリエステ』が最初の斉射を放った時、イギリス側では距離2万3500mであると推定していて、その測定はより正確だった。イタリア巡洋艦は速力を32ノットに上げた。距離が遠く、靄の影響もあったため発砲の間隔が意図的に長く取られたものの、その砲撃は規則正しいリズムで繰り返されて、次第に正確さを増していき、何回か夾叉《きょうさ》（斉射した複数の砲弾が着弾する範囲内に目標が入ること）を得た。

戦闘開始当初、『ボルツァーノ』は敵との距離を掴《つか》めず、僚艦より射撃開始が遅くなったが、発砲を始めてからの『ボルツァーノ』の攻撃は3隻の中で最も旺盛だった。同艦の主砲は、準同型艦である2隻のものより砲身が長い新型砲であり、旗艦『トリエステ』を上回る回数の斉射を放って、中には『グロスター』の艦首に命中したと見なされた砲弾もあった。しかし、これは誤りであったことが後に分かっている。『ボルツァーノ』は、弾着観測のためにRo43水上偵察機を発艦させたが、他の2隻の観測機は、艦首カタパルトに載せられた状態で、自艦の砲撃による爆風によって破壊されてしまった。

『ヴィットリオ・ヴェネト』の艦内では、第3戦隊の砲撃が開始された瞬間から熱狂が沸き起こっていた。イアキーノは、こう記している‥

『ヴェネト』の艦橋から、我々は『トリエステ』戦隊の3隻それぞれで、大きな赤味がかった閃光が霞《かすみ》の中で次々に明滅するのを、興奮しながら眺めていた。我が優秀な203㎜砲巡洋艦からの最初の斉射を、我々は喜びを以て迎えた。と言うのも、彼らが戦いで敵を狩るのは、これが初めてだったからである。

イタリア艦は、実用上の最大速力である33ノットで疾走していた。イギリス側で砲火を返せたのは『グロスター』だけだった。距離が1浬ほど縮まったと判断して、同艦が6インチ砲で発砲を開始したのは0829時で、後部砲塔から3回の斉射を放ったものの、射程2万1000mで発射しても先頭のイタリア巡洋艦に命中させるには遠過ぎて、いずれも近弾になった。『グロスター』は前日の機関トラブルで24ノット以上は出せないと報告していたが、彼我の速力差と経過時間から考えると、実際にはそれ以上の速力を

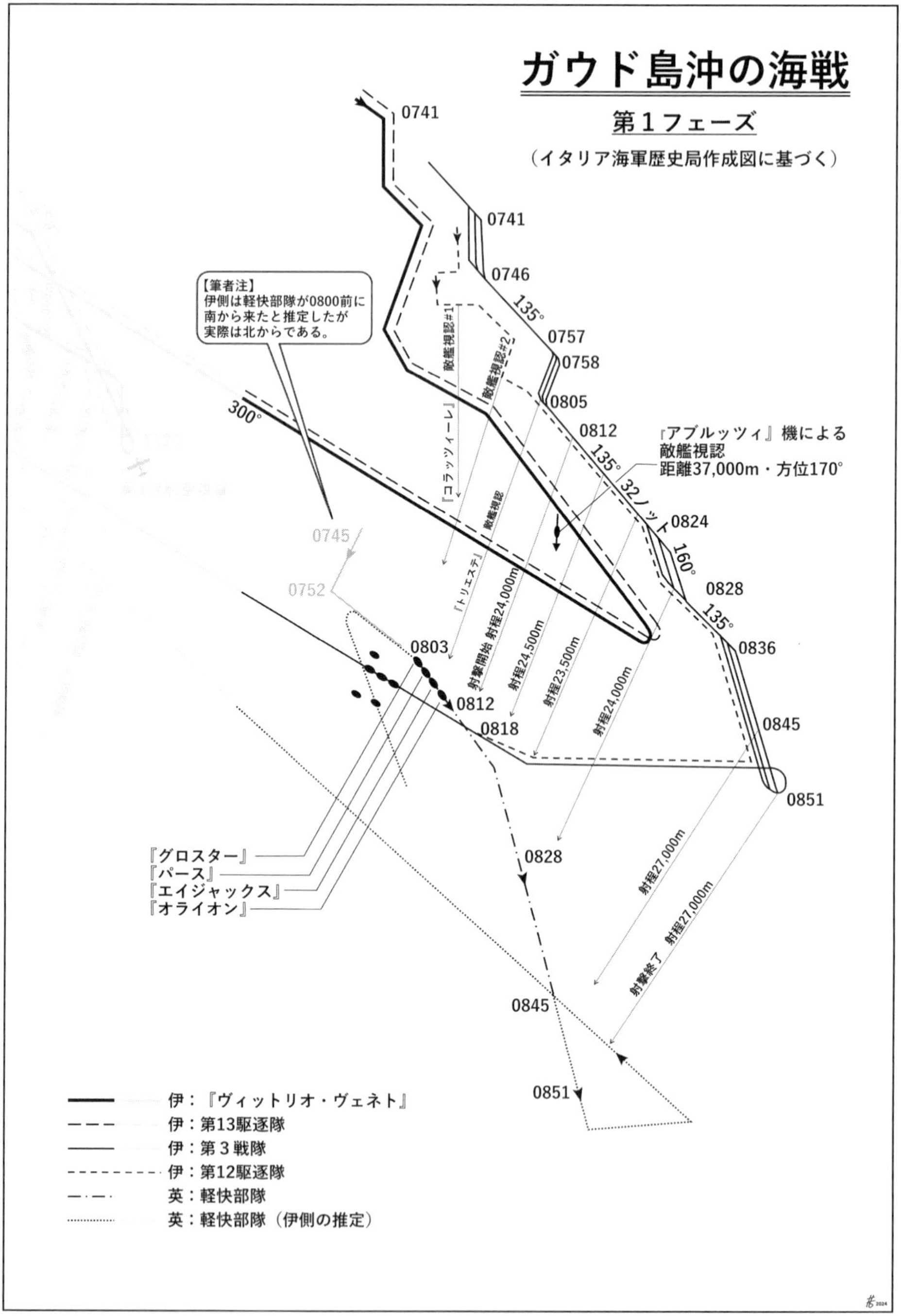

ガウド島沖の海戦
第１フェーズ
（イタリア海軍歴史局作成図に基づく）
【筆者注】
伊側は軽快部隊が0800前に
南から来たと推定したが
実際は北からである。
『アブルッツィ』機による
敵艦視認
距離37,000m・方位170°
『グロスター』
『パース』
『エイジャックス』
『オライオン』
伊：『ヴィットリオ・ヴェネト』
伊：第13駆逐隊
伊：第３戦隊
伊：第12駆逐隊
英：軽快部隊
英：軽快部隊（伊側の推定）
敵艦視認#1
敵艦視認#2
『コラッツィーレ』
敵艦視認
『トリエステ』
射撃開始 射程24,000m
射程24,500m
射程23,500m
射程24,000m
射程27,000m
射撃終了 射程27,000m
32ノット
135°
160°
300°
0741
0746
0757
0758
0805
0812
0824
0828
0836
0845
0851
0745
0752
0803
0818

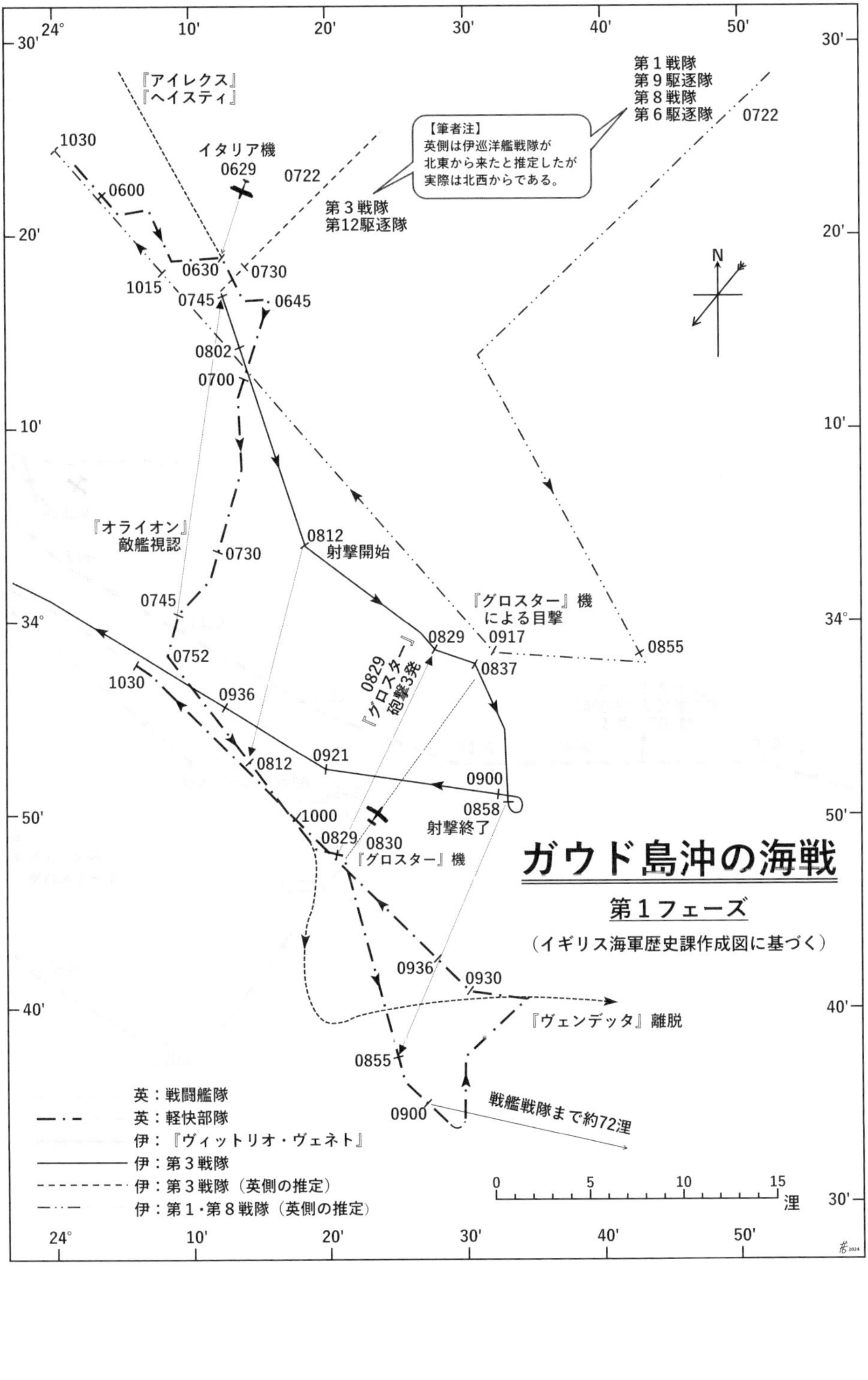

ガウド島沖の海戦
第1フェーズ
（イギリス海軍歴史課作成図に基づく）
【筆者注】
英側は伊巡洋艦戦隊が北東から来たと推定したが実際は北西からである。
第1戦隊
第9駆逐隊
第8戦隊
第6駆逐隊
『アイレクス』
『ヘイスティ』
イタリア機
第3戦隊
第12駆逐隊
『オライオン』敵艦視認
射撃開始
『グロスター』機による目撃
『グロスター』砲撃3発
射撃終了
『グロスター』機
『ヴェンデッタ』離脱
戦艦戦隊まで約72浬
英：戦闘艦隊
英：軽快部隊
伊：『ヴィットリオ・ヴェネト』
伊：第3戦隊
伊：第3戦隊（英側の推定）
伊：第1・第8戦隊（英側の推定）
浬

発揮していたようである。0830時、弾着を観測させるために『グロスター』もウォーラス偵察機をカタパルトから発艦させた。

この戦闘中に、駆逐艦『ヴェンデッタ』の機関にトラブルが発生し、0834時には3浬ほど後落していた。プライダム＝ウィッペルが同艦にアレクサンドリアへの帰投を命じたため、護衛の駆逐艦は3隻に減ってしまった。

『グロスター』の砲撃を受けたイタリア艦隊は数分間、向きを変えて離れていき、0836時に再び平行な針路に戻ったが、やはり英巡洋艦の射程の外にいた。イタリア側の斉射も全て近弾になっていた。その砲撃は『グロスター』に集中されていたが、命中はなかった。

すると0855時、驚いたことにイタリア艦が突如として取り舵を切り、ぐるっと旋回して西の方に離脱していったのである。

サンソネッティのその動きは、イアキーノの命令に従ったものだった。その時点でサンソネッティと彼の獲物は、『ヴィットリオ・ヴェネト』から遠く離れ過ぎていて、戦艦の速力ではこれに追い付いて戦闘に参加することができなかった。戦艦より遠い位置にいる第1・第8戦隊もそれは同様だった。

イアキーノ司令長官は、戦闘海域が彼に近付いて来るのではなく離れて行き、しかも味方艦が命中させられていないという事実にいささか不安を覚えていた。また彼は、イギリス側の戦術に困惑し、何か怪しいと疑ってもいた。これまで、この程度の少々の分の悪さで、イギリス海軍が立ち向かって来ることなく退避したという先例は一つもなかったのである。その一方で、『ヴィットリオ・ヴェネト』や第1・第8戦隊の存在に気付いたような無線通信もなかったため、イギリス艦隊が退いていく理由を理解できず、敵のこの動きは、イギリス航空戦力が支配する海域に第3戦隊を誘い込み、爆弾や魚雷で攻撃しようとしているのかもしれないと考えた。敵機は、既に北アフリカの基地を飛び立っていることだろう。このままガウド島の東の海域に留まるのは危険かもしれない。

０８３０時、彼はサンソネッティに「射程内に入れることができないのであれば、戦闘から離脱して、西に針路を変えよ」と信号を発した。０８３７時には、第８戦隊に随伴する駆逐艦『ペッサーニョ』がボイラーのトラブルにより25ノット以上出せないと言ってきた。

『トリエステ』では、司令長官の信号を解読するのに少々時間を要し、サンソネッティは０８５５時に撃ち方止めと反転の命令を発した。イアキーノは、全艦隊に旗艦の下への集結を命じ、『ヴィットリオ・ヴェネト』は針路を北西向きの３００度として、海軍最高司令部に次の通信を送った‥

第3戦隊、『ネプテューン』型巡洋艦2隻および『バーミンガム』型巡洋艦2隻と交戦せるも、敵はアレクサンドリアに向け高速で避退。40分経過するも有効なる結果を得る能《あた》わず、交戦を中止。我が艦位ガウド島162度・90浬。

海戦後に提出した報告書に、彼は次のように記している‥

敵対海域において初めて攻撃的な精神を以て行われた戦闘は熱狂を呼び起こし、皆の自信を蘇らせた。

この戦闘で、イタリア第３戦隊の巡洋艦３隻は、合わせて５４２発の２０３㎜砲弾の発射を準備し、そのうち５３５発が実際に発射された。それぞれの巡洋艦は８門の２０３㎜砲を搭載しており、仮に１回の斉射で平均して半数の４門が発砲したとすると、１３０回余りの斉射を行った計算になる。砲撃は０８１２時から０８５５時までの40分余り続いたので、１隻につき平均して1分に1回程度、仮に毎回の斉射が4門ではなく全8門だとすれば2分に1回程度の砲撃を行ったということである。イタリア巡洋艦の203㎜砲は、性能上は最大で1分間に3回以上の射撃が可能とされるため、かなり緩慢な射撃だったということになるが、先に記したように、これは意図的なものである。また、『トリエステ』と『トレント』では、それぞれ1基の砲塔で揚弾薬機の電気系統に故障が発生し、弾薬を手動で吊り上げる必要があった。『ボルツァーノ』では、2番、4番主砲塔で尾栓機構に不具合が発生し、手動で閉鎖しなければならなかった。発射された535発の内訳は、『トリエステ』が徹甲弾132発、『トレント』が徹甲弾204発と榴弾10発、『ボルツァーノ』が徹甲弾189発である。夾叉した射撃もあったものの、1発も命中していないが、イアキーノは第3戦隊の射撃精度が低かった理由として、『トリエステ』と『トレント』の測距儀が旧式の合致式の装置で、遠距離での測定誤差が大きかったことを挙げている。また『ボルツァーノ』の測距儀は新式で、僚艦より性能が良かったものの、その測定結果は2万8000mと、いささか長過ぎる距離を弾き出していたとされる。とは言え、巡洋艦の遠距離射撃が当たらないのは、イタリア海軍に限らず、当時はどこの国でも同様であり、この戦闘では何度か夾叉したということで、むしろ良くやったというべきかもしれない。

この時イギリスの戦闘艦隊は、針路310度、速力22ノットで、50浬ほどの距離まで迫っていた。イタリア巡洋艦は、速力と主砲の射程で有利な立場にあったにもかかわらず、敵に1発も命中させることができなかったが、西への反転によってイギリス戦闘艦隊からも遠ざかることになり、知らず知らずのうちに虎口を脱していた。

一方、プライダム＝ウィッペル軽快部隊中将は0854時に、『フォーミダブル』の5F機が0805時に発した、北緯34度、東経24度16分を南西に向かって20ノットで航行している戦艦3隻のイタリア海軍部隊を目撃したという報告を受け取っていた。5F機の目撃から、その報告の受領までに50分近い時間が経過していたが、その内容は「明らかな誤り」であると考えられた。と言うのも、プライダム＝ウィッペル自身が、報告にあるその位置から僅か7浬の距離にいたため、そんなに近くにいる3隻の戦艦を見逃すはずはないのである。海面は穏やかで、視程は15浬もあった。5F機が見た「戦艦3隻」は、サンソネッティ提督麾下《きか》第3戦隊の3隻の重巡洋艦だったと考えられる。ちなみに、レニャーニ提督の麾下にある第8戦隊の2隻の『ガリバルディ』級軽巡洋艦は、近代化改装後の『カヴール』級戦艦と外見が酷似していて、上空から両級を正確に識別するのは極めて難しいとされていたものの、第3戦隊の各巡洋艦は必ずしも戦艦と似ているわけではないため、これを誤認したのだとすると、5F機の艦型識別能力は優秀だったとは言いがたい。

「戦艦3隻」報告を送ってから半時間ほど後に、5F機は敵との接触を失ったと発信した。同機は、イアキーノ提督が自らを守って

第8戦隊の軽巡洋艦『アブルッツィ』(左)と戦艦『コンテ・ディ・カヴール』(下)(NH 85908)。どちらも長船首楼型の船型で、前後に3連装と2連装の主砲塔を各1基ずつ搭載したことや、艦橋の形状、2本の煙突とその後ろに立つ後檣等、こうやって写真を見比べてもなかなか見分けが付きにくいほどであり、上空からの識別が困難だったのも宜なるかなである。ちなみに艦の全長はほぼ同じだが、幅は1.5倍ほど戦艦の方が広い。

煙幕を展張するプライダム＝ウィッペル中将麾下の軽快部隊

煙幕を張りながら高速航行する『エイジャックス』。

くれると望んだ霧が妨げになって、間違いなく３隻の戦艦だと確認することができなかったため、条件が良くなるまで追跡を続けようとしていたのだが、ドイツ空軍のユンカースJu88爆撃機（イタリア空軍のＳＭ79爆撃機を誤認したもの）が突然現れたため、その場を離れざるを得なくなったのである。他方、母艦に戻りつつあった５Ｈ機が５Ｆ機の信号を受信して、５Ｆ機の方に機首を向けた。０９０５時、５Ｈ機はイタリア巡洋艦発見の報を発したが、位置を伝えることができなかったため、誰にとっても大した助けとはならなかった。

　０９１７時、弾着観測のために飛行していた『グロスター』の艦載機が、別のイタリア巡洋艦部隊を発見したという報告を送って来た。第3戦隊と同じく西方に退却中だというその部隊は、イタリアの第1・第8戦隊だった。だが、この報告は誤った周波数で送信されたため、母艦である『グロスター』でしか受信されず、同艦がそれを中継しなかったため、旗艦『オライオン』に届くことはなかった。

『パース』艦上から撮影されたとされる煙幕の中を進む軽快部隊。

『グロスター』から撮影された『パース』。

０９３６時プライダム＝ウィッペルは、敵の巡洋艦３隻と駆逐艦３隻が、自分の部隊から距離16浬にあり、針路３２０度、速力28ノットで航行中であると報告した。

プライダム＝ウィッペルの作戦参謀ラルフ・L・フィッシャー中佐が、「ぼんやりとした遠い記憶」として記したメモには、その時の様子が、まるで巡洋艦に乗り合わせているかのように活き活きと描写されている‥

巡洋艦に乗り組んでいた時の私のいちばんの思い出は、どちらかと言えば恥ずかしいことだが、いつも逃げてばかりいたというようなことである。

以下は、私が憶えていることだ。

まず、その朝ガウド島の沖に艦がいた時、私は艦橋にいて、小さな飛行機を見た。誰かが、それはイタリア巡洋艦から来たに違いないと言った。そのすぐ後に『トレント』が見えた。横に並んでいた我々の４隻の巡洋艦は、煙幕を張りながら死に物狂いでジグザグに逃げた。オーストラリアの4隻のV&W級駆逐艦が私たちの周囲に散開した。とても長い時間撃たれまくって、たくさんの斉射が近付いてきた。水飛沫《しぶき》が甲板にかかるほど近かった。だが、命中はなかった。逃げている間に、右舷にいた駆逐艦――『ヴェンデッタ』だったと思う――が、付いて来れなくなって、少しずつ遅れ出した。私は、提督にそれを告げた。取り残されてしまうと破滅するだけだったので、敵に気付かれないように同艦を針路から逸れさせましょうと進言した。

逃走中、私はほとんどの時間を海図室で航跡図と睨《にら》めっこをしていたが、たまに外に出て来ても、煙のせいで敵艦の姿を見ることはできなかった。弾着の水飛沫が止んでからも、しばらくは煙幕を張ったまま逃走を続けた。少し経ってから提督に、何が何でも敵との接触を保つのが我々の仕事であり、おそらくもう煙幕を止めてもいいだろうから、戻って何が見えるか確認しましょうと進言した。でも、それからもう少し――ほんの数分だと思われるが、そのまま走り続けたように思う。思い出せないんだが。いずれにしても、我々が反転した時には付近の海上に敵の姿はなく、私は少し後ろめたい気持ちになった。

『オライオン』艦上のプライダム=ウィッペルは、『フォーミダブル』5F機による「戦艦3隻」報告を「明らかな誤り」であると判断し、今まで戦っていた相手の後ろを付いて行こうと決めて、射程圏外から追い始めた。

日中の遭遇戦の第1フェーズは終わった。イタリアの巡洋艦戦隊がイギリスの巡洋艦戦隊を南東方向へ追う形で始まった戦闘は、イタリア側の反転により、追う者と追われる者、罠《わな》にかけようとする者とかけられる者の立場が入れ替わった。

この時、イタリア艦隊の全艦が針路を300度としていた。イアキーノ提督と彼の参謀たちは、あれほど念を押して約束したにもかかわらず、これまでのところイタリア空軍の戦闘機や偵察機が、ただの1機も支援のために姿を現さないことを苦々しく思っていた。そしてその感情は、0900時少し過ぎにロードス島からSM81爆撃機による目撃報告の通信を受けて、さらに強いものになった。

0745時、3836／0方区にてエーゲ海戦略偵察第1号機は空母1、戦艦2、巡洋艦9、駆逐艦14を発見せり。針路165度、速力20ノット。

もしこれが事実なら、それはイタリア艦隊にとって真に警戒すべき情報だった。彼らはこれまで、海軍最高司令部からも他のどこからも、イギリス戦闘艦隊は今でもアレクサンドリア港にいるという、事実とはまるで異なる情報を受け取っていたのだから。

イアキーノは、味方の飛行機搭乗員が軍艦の識別に長けているわけではないという事実を、これで思い知らされた。0745時にはイアキーノ自身が報告されたまさにその位置に在り、報告にあったのは彼の艦隊に間違いないのである。イアキーノはすぐにロードス島に向けて、大失態をやらかしている旨を告げた。

このガウド島沖の海戦第1フェーズでは、両陣営とも相手に1発も命中させることができず、どちらもまだ相手方の戦艦の存在には気付いていなかった。さらに、相手の勢力全体の規模も、まだ明らかではなかった。プライダム＝ウィッペルは、彼自身がイタリア艦隊に対して仕掛けようとしたのと同じ罠に逆に嵌《はま》まる格好で、北西に向かって突き進んでいた。

ここで、イギリス戦闘艦隊に目を転じてみると、出港後12時間が経過した28日0700時の位置は、アレクサンドリアから240浬だった。つまり平均速力は20ノットということになる。戦闘艦隊は、28日

０６３０時に予定されていた軽快部隊中将との指定会合位置からまだ１５０浬も離れていたのだが、速力を上げられなかったのは、前述した『ウォースパイト』の復水器不調が原因であり、その夜はずっと艦隊の速力が20ノットに制限されていたのである。『フォーミダブル』の艦載機を夜明けに発艦させるために北東に変針したことも、艦隊の前進を遅らせる要因の一つになっていた。また、プライダム＝ウィッペルの巡洋艦にとって手に負えないような脅威が存在するとは考えられていなかったため、特に急いではいなかったせいもあった。『オライオン』からの敵目撃情報を受信した後の０８２７時になって、カニンガム司令長官はようやく22ノットへの増速を命じた。

その20分後、５Ｆ機の「戦艦３隻」報告に接すると、カニンガムは『ヴァリアント』に最大速力で先行して、イタリア巡洋艦の砲火に晒《さら》されているプライダム＝ウィッペルと合流するよう命じ、第14駆逐艦戦隊の駆逐艦『ヌビアン』と『モホーク』を対潜警戒のためにこれに随伴させた。だが、カニンガムは事態をそれほど深刻に受け止めているわけではなかった。差し当たって軽快部隊中将が支援を必要としているようには思えなかったからである。『オライオン』から敵発見の報を受けて、カニンガムは『フォーミダブル』に雷撃隊の出撃準備を命じたが、敵の戦艦部隊を捕捉できることを確信できるようになるまで自らの戦力を明かすことを良しとせず、イタリア戦艦の存否とその正確な位置がはっきりするまで待機させることに決めた。

カニンガムは、『ウォースパイト』がそれ以上速力を上げられないことにとても苛《いら》立《だ》っていたが、艦隊機関長がその手腕を発揮したおかげで事態は好転した。同艦の最大速力である24ノットを発揮できるようになったのである。カニンガムは、自身の回顧録で述べている‥

『ウォースパイト』の速力が上がらないことが大きな問題だった。同艦の機関長中佐が病気で陸に残っ

たのは知っていたが、艦隊機関長B・J・H・ウィルキンソン機関大佐が乗艦していた。彼を下にやって、対処するように命じた。彼が降りて行って間もなく、後方から全速力で迫って来ていた『ヴァリアント』との距離が、それ以上詰まらなくなって、私は満足だった。我々は共に突き進んだ。

０９１８時、敵巡洋艦がプライダム＝ウィッペルの巡洋艦部隊との戦闘を放棄したという報告を受けて、カニンガムは『ヴァリアント』に最大速力での前進を中止するよう信号を発した。近代化改装を施された『ウォースパイト』と『ヴァリアント』は、何も問題がなければ24ノットを発揮できるが、改装されていない『バーラム』は、23ノットがやっとだったため、同艦が付いて来れるよう０９２７時に22ノットへの減速を命じた。『ヌビアン』と『モホーク』には元の位置に復するよう命令した。

貴重な時間が、『ウォースパイト』の復水器トラブルや偵察隊発艦のために失われてしまっており、今も艦隊の速力は『バーラム』によって制限されている。「檻《おり》の中の虎の動き」が『ウォースパイト』艦内を支配していた。

英伊両艦隊とも、いまだに敵艦隊の全貌や配置を把握できておらず、『フォーミダブル』５Ｆ機による「戦艦３隻」という誤情報以外、両軍共に敵戦艦に関する情報を持っていなかった。

第10章　『フォーミダブル』第一次攻撃隊発進

　巡洋艦たちが戦闘に入った直後の0833時、北西に向けて22ノットで航行していた『フォーミダブル』は、雷撃隊に準備をさせるよう命令を受けた。視程はとても良く、海面は穏やかで、このまま好天が続いて午後までには北西の風に変わるだろうという予報だった。そうなれば、発艦のために変針する必要がなくなり、多くの貴重な時間を節約することができる。

　最初の雷撃隊は、第826飛行隊のアルバコア6機（うち1機は第829飛行隊とする説がある）から成り、指揮官はジェラルド・ソーント少佐だった。アルバコア雷撃機は、40ノットで駛走《しそう》するマーク12型魚雷を1本搭載していた。当初、駛走深度は34フィート（10・4m）に調定されたが、発艦直前になって、敵の戦艦が存在する気配がなく、目標はきっと巡洋艦になるだろうと考えられたため、調定深度は28フィート（8・5m）に変更された。雷撃隊には、第803飛行隊所属のフルマー戦闘機2機が護衛に付くことになった。各機は飛行甲板の後部でエンジンを暖め始めた。

　アルバコア雷撃機は単発複葉機で、最高速力140ノット（時速260km）、経済速力は92ノット（時速170km）だった。だが実際上、魚雷や1500ポンド爆弾を搭載して、操縦士、観測員、機銃手という全搭乗員が乗り組み、4、5時間におよぶ長い飛行になると、実質的な速力は90ノットにも達しなかった。一方、フルマー戦闘機は、単発単葉機で、最高速力は高度1万フィート（3km）で222ノット（時速411km）に達し、同高度における経済速力は150ノット（時速278km）だった。操縦士1人と観測員1人が搭乗し、0・303インチ（7・7mm）機銃を8挺搭載していた。航続時間は4～5時間だったが、高速格闘戦をすると、その限りではなかった。

０９２２時に、敵巡洋艦がプライダム＝ウィッペルとの戦闘から離脱したという報せを受けたカニンガム司令長官は、しばらく空母艦載機の発艦を見合わせることに決めた。彼は、自身が指揮する戦闘艦隊の歩みが遅いことを最も憂いていた。こちらの空母、さらに戦艦の存在が敵方に明らかになる前に、艦隊航空隊の攻撃によって敵艦の速力を落とし、これを戦艦で撃破できるように、確実に距離を詰めておきたいと考えていたが、突然踵《きびす》を返した敵巡洋艦戦隊が速力を緩めない限り、しばらく水上戦が再開しそうにはなかった。

司令長官は、０８４９時にクレタ島西端にあるマレメ海軍飛行場に通信を送って、０８１２時に北緯33度50分、東経24度14分を針路１００度で航行していた敵巡洋艦部隊に雷撃隊を差し向けるよう下令した。その時は、まだイギリス巡洋艦戦隊の後を、イタリア巡洋艦戦隊が付いて来ていた。通信は、クレタ島のスダ湾に所在する重巡洋艦『ヨーク』を経由してマレメに伝送されたが、同艦は２日前にイタリア海軍のＭＡＳ魚雷艇による攻撃を受けて損傷し、浅瀬に横たわっていた。その通信は、１００５時になってようやくマレメに受信

3月26日未明、クレタ島のスダ湾でイタリア海軍のMAS魚雷艇による襲撃を受けて激しく損傷し、着底した英重巡洋艦『ヨーク』。同艦はこのまま行動不能になったが、艦隊とマレメの間の無線連絡を中継した。（Forsvarets Bibliotek）

第一次航空攻撃に向かうため、『フォーミダブル』を発艦しようとする第826飛行隊の最初のアルバコア雷撃機。（IWM HU 67448）

された。その日の早朝にクレタ島西方海域を索敵して、得るところなく帰投していた4機のソードフィッシュのうち、エンジンに不具合が出た1機を除く3機が再給油を行い、１０５０時に再び飛び立っていった。

司令長官は、０９２５時にアレクサンドリアの空軍第２０１航空団に、飛行艇を出してイタリア艦隊の構成と位置を掴《つか》み、それを追跡するよう要請した。前述の通り、『グロスター』の観測機がもう一つ別のイタリア部隊を発見したにもかかわらず、周波数の誤りによって伝わらなかったが、もしカニンガム提督がそれを受け取っていたら、状況を明らかにする助けになっていたことだろう。

０９３９時、カニンガム提督は『フォーミダブル』に雷撃隊を発艦させて、プライダム＝ウィッペルが追跡している部隊を攻撃し、また、もし5F機が言うところの「戦艦3隻」を発見したら、そちらを攻撃するよう命じた。まだ穏やかな北東の風が吹いていたため、『フォーミダブル』は風に向かって針路を変えなければならず、またもや艦隊の進行速度を損なうことになった。０９５６時にアルバコア6機と護衛のフルマー2機から成る最初の攻撃隊が飛び立った。また、1機のソードフィッシュが、戦闘観察の任務「J」を与えられて発艦した。
0959時、司令長官は軽快部隊に向けて、次の通信を発した。

雷撃隊が攻撃に向かいつつあり。

プライダム＝ウィッペルはこれを、敵の雷撃隊が自分を攻撃しに来ているのだと読み取ったに違いない。目標海域に到達したソーントのアルバコア隊は、1045時から1100時にかけてイギリス巡洋艦の砲撃を受けたのである。
ソーント機の観測員だったホプキンス大尉は、その攻撃について記している……

ブリーフィングでは、出撃したら、艦隊の80浬ほど前方にいるイタリア巡洋艦を攻撃するんだと指示されました。雷装したアルバコア6機で、フルマー戦闘機2機に護衛されて飛び立ちました。目標海域に近付くと、一列に並んだ4隻のイギリス巡洋艦の傍《そば》を通りかかりました。味方であることを繰り返し示したんですが、我々がすっかり通り過ぎて射程外に出るまで、彼らは絶え間なく対空弾幕を張り続けました。

第11章　『ヴィットリオ・ヴェネト』の砲撃

０９００時過ぎに、自分の艦隊をイギリス艦隊と誤認した報告をロードス島から受けた直後、イアキーノの下に別の通信が入った。ドイツ空軍第10航空軍団の４機のJu88が、イギリス艦隊の索敵を始めていると言う。イアキーノは、自分の艦隊が攻撃されてしまわないように、ロードス島に向けて０７４５時の報告は自らの艦隊を誤認したものだという無電を送ったが、ドイツ空軍機はそのまま飛行を続け、ほどなく軽快部隊中将の巡洋艦を発見したと報告してきた。彼らは、これが探していた敵部隊だと考え、それ以上東方に探しに行こうとはしなかったが、もし彼らがそうしていたなら、きっとイギリス戦闘艦隊を発見したことだろう。

結果としてイアキーノは、ほんの数十浬後ろにカニンガムの強力な部隊がいることを、いまだに気付いていなかった。イギリス戦艦はアレクサンドリアにいると信じていて、ドイツ空軍もそれを発見しておらず、彼の艦のRo43偵察機もプライダム＝ウィッペルの巡洋艦４隻、駆逐艦４隻以外に１隻のイギリス艦の報告も寄越して来ていないことで、その考えは強化されていた。

再び、イアキーノは失望に陥った。それは旗艦に乗り組んだ全員が共有していた感覚であり、艦隊全体がそうだった。彼らは、高い望みを持って出撃し、敵を見つけたにもかかわらず、そこから得られた成果はまだ何もなかったのである。

しかしながら、イアキーノはいつまでも意気消沈していたわけではなかった。プライダム＝ウィッペルがいまだに『ヴィットリオ・ヴェネト』が近くにいると気付いていないことに思い至り、そのことを利用できないかと考えたのである。彼は戦術的にはとても好ましい状況にあった。イギリス巡洋艦部隊は

『ヴィットリオ・ヴェネト』の南、指呼の距離にいるはずであり、北から敵の右舷後方に回り込んで有利な位置に到り、サンソネッティには追跡してくるイギリス巡洋艦の方に踵《きびす》を返させれば、イギリス巡洋艦戦隊を『ヴィットリオ・ヴェネト』と第3戦隊で挟み撃ちにすることができる。彼らを『ヴィットリオ・ヴェネト』の圧倒的な砲火の前に晒《さら》すことができれば、撃沈するには至らなくとも、最大限の損害を与えることができるだろう。この計画に基づいて部隊を動かすことによるリスクは大きなものではないだろうが、唯一難点があるとしたら、それは基地への帰投が遅れることだった。考えれば考えるほど、彼にはその点が重く感じられるようになっていった。

イアキーノがそのアイディアを参謀たちに話した時、参謀長のアコレッティ代将は、少しも気乗りした様子ではなかった。だが他の士官の大半が熱狂したため、参謀長は反対意見を引っ込めた。そこで1017時、司令長官はサンソネッティ提督に通信を送った。

敵の退路を遮断するため反転せんとす。別命あるまで現針路で航行せよ。戦闘準備を成せ。

転針した後に戦艦自身がイギリス巡洋艦と接触しやすくなるように、第13駆逐隊には『ヴィットリオ・ヴェネト』の北に移動させた。しかし、旗艦が針路変更位置に到った時、カッタネオ提督の第1戦隊旗艦『ザラ』が、北西に煙とマストを発見したとの信号を送って来た。イアキーノはこの情報について、いくらか懐疑的だった。『ザラ』が目撃報告をした海域は、夜明け後すぐに『ボルツァーノ』の艦載機によって哨戒済みであり、何もないと報告されていたのである。

1030時、カッタネオが先程の信号を取り消したため、司令長官は今度は完全に不安を払拭して、ただちに『ヴィットリオ・ヴェネト』に針路90度、つまり東に向けての転針を命じた。この動きは、戦艦を英巡洋艦部隊の東側に持って行くことを狙ったものである。それと共に、しかるべきタイミングでサンソネッティ提督にも反転を命じて、軽快部隊中将を戦艦と巡洋艦の砲火の間に追い込もうと考えていた。

『ヴィットリオ・ヴェネト』では、いまだにイギリス巡洋艦を発見できていなかったため、この動きが成功するかどうかはサンソネッティ提督が報告した敵の位置が正確かどうかに懸かっていた。結果的に、軽快部隊の位置は推定されたものよりずっと北で、『ヴィットリオ・ヴェネト』は予想よりもかなり早くに敵を発見した。それは１１００時数分前のことで、戦艦の右舷前方60度の方向だった。

イギリス艦も『ヴィットリオ・ヴェネト』に気が付いたが、それが何者であるかを理解していないことは、彼らが発した次の通信を傍受したことによって確かめられた。

未確認艦見ゆ。我、調べんとす。

先頭のイギリス艦『オライオン』が、『ヴィットリオ・ヴェネト』に対して誰何《すいか》信号を発したが、もちろん戦艦はそれに応えなかった。

互いにほぼ正対して進む彼我の距離はみるみる縮まっていき、2万５０００ｍになった。それは『ヴィットリオ・ヴェネト』の主砲である３８１㎜砲にとって、視程のいい時には最適な射距離だったが、イアキーノ提督はもっと近付いてから砲撃することに決め、距離が2万３０００ｍと測定された１０５６時、先頭の『オライオン』に向けて3回の斉射を「梯形《ていけい》」に放った。これは、数年前からイタリア海軍内で標準とされていた射撃法であり、戦艦に搭載された3基の3連装砲塔が立て続けに、それぞれが僅かずつ異なる仰角で、各3門の砲身から斉発（多連装砲塔に搭載された複数の砲から同時に発砲すること）し、ほぼ同時に落下する9発の着弾位置の偏差を観測することによって、射撃諸元を修正するのである。艦内電話を

英軽快部隊の巡洋艦を砲撃するため、右舷前方を指向した『ヴィットリオ・ヴェネト』の前部主砲。（USMM）

通じて、「国王万歳！」という射撃指揮官の叫びが戦艦の装甲司令塔内に響いた。

イアキーノは、発砲命令と同時にサンソネッティの第3戦隊に対して、できるだけ早く戦闘に加われるよう、こちらに針路を変えろと命じた。

サンソネッティ提督の第3戦隊の後方約16浬で追跡を続けていた軽快部隊中将の戦隊では、旗艦『オライオン』が、1045時から1100時の間に、かなり遠方にたくさんの飛行機がばらばらに飛んでいるのを目撃していたが、遠過ぎて識別できなかった。だが、プライダム＝ウィッペルは、大事を取って麾下《きか》の艦にそれへの発砲を命じた。それが先述した『フォーミダブル』の雷撃隊だったのだが、幸いなことに実害は生じなかった。

この時、プライダム＝ウィッペルはサンソネッティの尻尾にがっつりと喰《く》らい付いていて、イアキーノが計画した冷酷な罠《わな》には気付いてもいなかったが、北から迫り来る正体不明の戦艦が突如として火蓋を開いた。イギリス側の計測によると、その瞬間の相手までの距離は2万9500ヤード（2万70

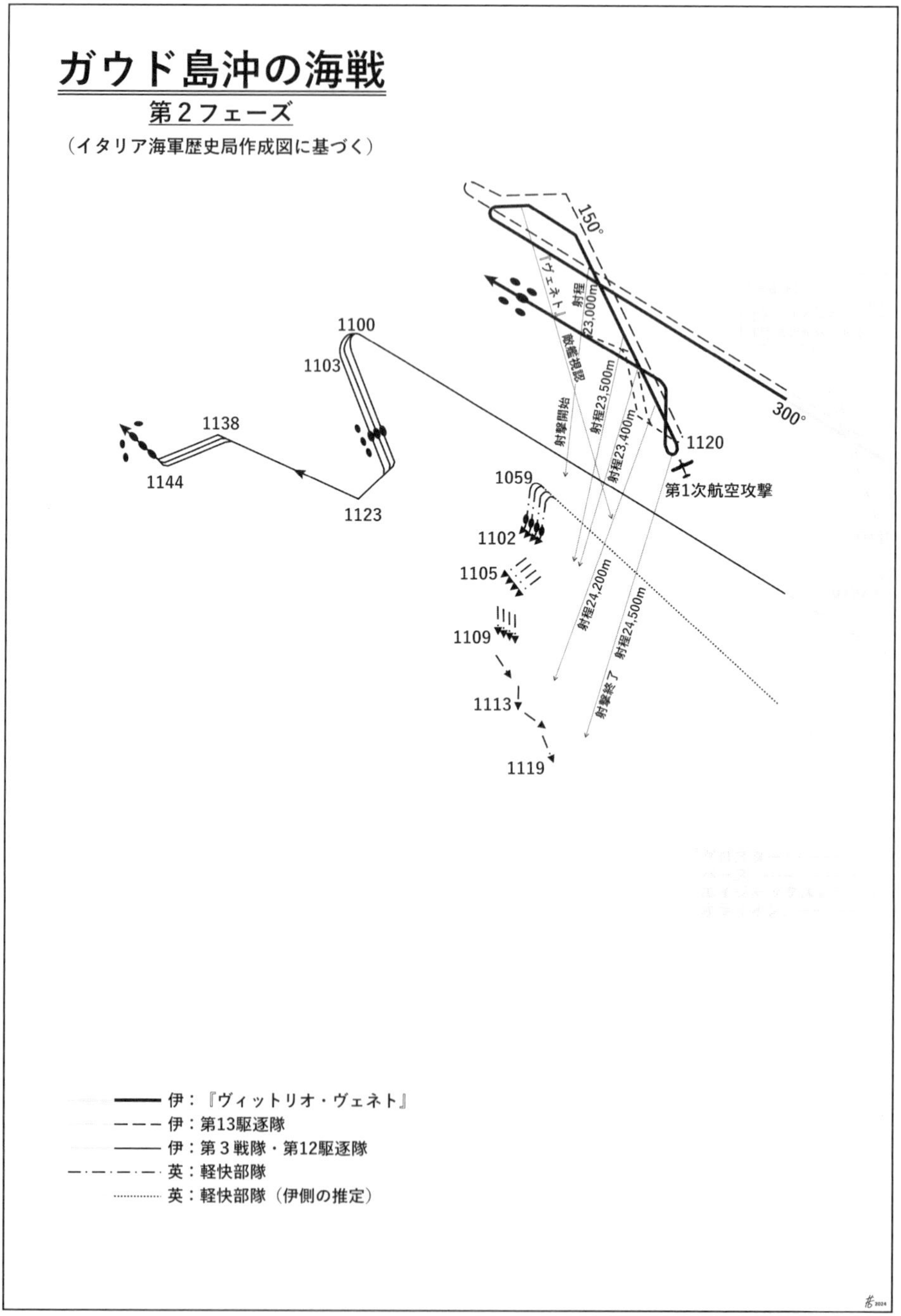
ガウド島沖の海戦
第2フェーズ
（イタリア海軍歴史局作成図に基づく）
150°
300°
『ヴェネト』
射程23,000m
敵艦視認
射撃開始
射程23,500m
射程23,400m
射程24,200m
射程24,500m
射撃終了
第1次航空攻撃
1100
1103
1138
1144
1123
1120
1059
1102
1105
1109
1113
1119
伊：『ヴィットリオ・ヴェネト』
伊：第13駆逐隊
伊：第３戦隊・第12駆逐隊
英：軽快部隊
英：軽快部隊（伊側の推定）

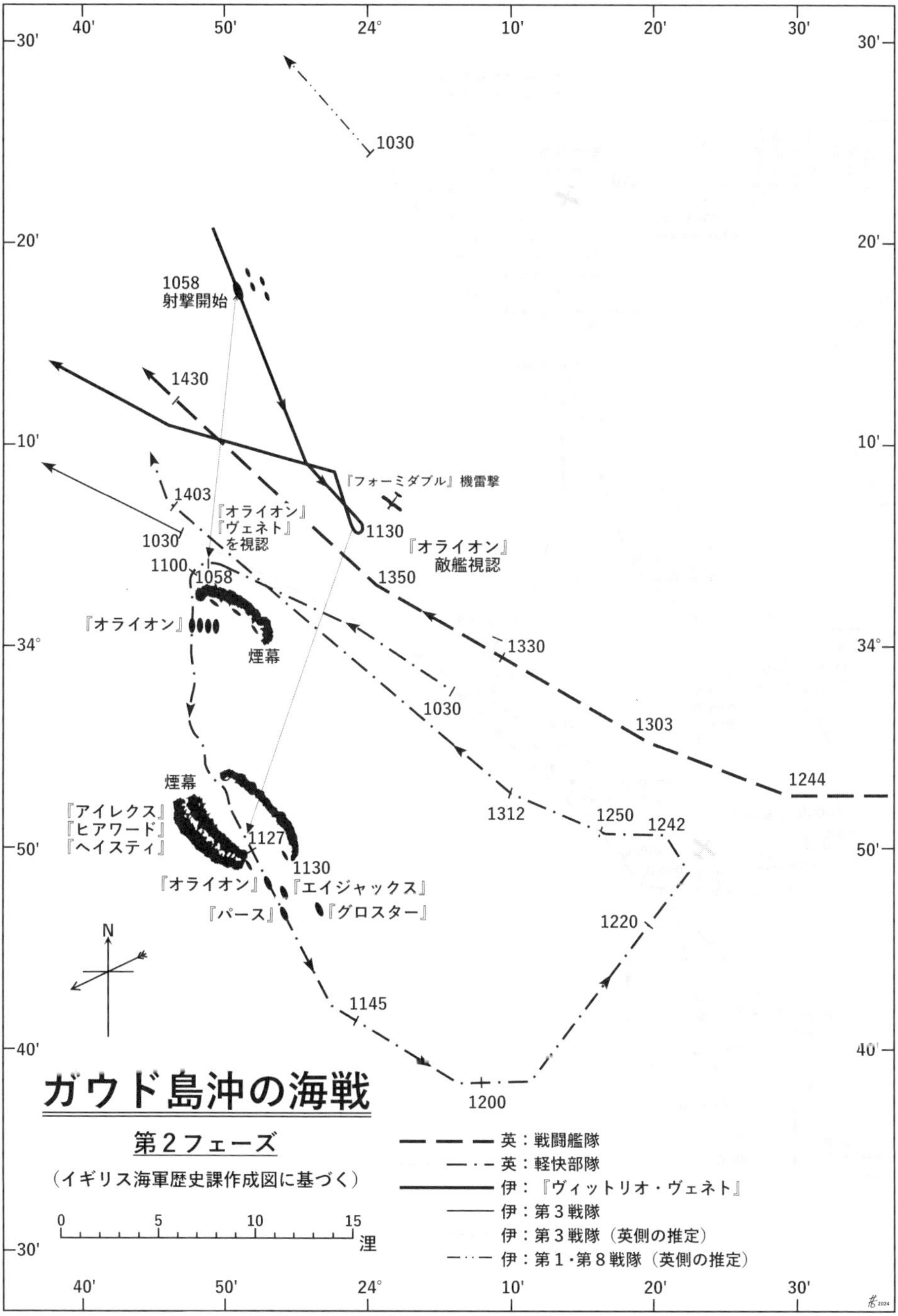
ガウド島沖の海戦
第2フェーズ
（イギリス海軍歴史課作成図に基づく）
英：戦闘艦隊
英：軽快部隊
伊：『ヴィットリオ・ヴェネト』
伊：第3戦隊
伊：第3戦隊（英側の推定）
伊：第1・第8戦隊（英側の推定）
0 5 10 15 浬
40' 50' 24° 10' 20' 30'
30' 20' 10' 34° 50' 40' 30'
N
1030
1058
射撃開始
1430
1403
1030
1100
1058
『オライオン』
『ヴェネト』
を視認
『フォーミダブル』機雷撃
1130
『オライオン』
敵艦視認
1350
『オライオン』
煙幕
1330
1030
1303
1244
1312
1250
1242
煙幕
『アイレクス』
『ヒアワード』
『ヘイスティ』
1127
1130
『オライオン』
『エイジャックス』
『パース』
『グロスター』
1220
1145
1200

００ｍ）とされるが、今回はイタリア側の計測精度の方が高かったようである。『ヴィットリオ・ヴェネト』の砲撃はきわめて正確で、プライダム＝ウィッペルは取り舵を切ってすぐさま南に変針し、実効上の最大速力である30ノットにスピードを上げて逃走しつつ、煙幕を展張した。

初めの10分間は旗艦『オライオン』が標的にされた。最初の斉射は、彼らの頭上を通り越した遠弾だったものの、『ヴィットリオ・ヴェネト』の砲撃はすぐに正確さを増し、ついに夾叉《きょうさ》すると、『オライオン』は至近弾による軽微な損傷を被った。『ヴィットリオ・ヴェネト』では、何発かが命中したものと考えられている。

フィッシャー中佐のメモ‥

我々は再び西に向かっていた。最初の大失敗から立ち直って、どんどん勇気が増していた。天気が良く、海上に敵は見えなかった。主砲の砲員たちは天蓋の上に座っていた。戦闘配食の缶詰牛肉のサンドイッチが艦橋に届けられた。（Ｔ・Ｃ・ウィン）中佐が艦橋にやって来て、口一杯にサンドイッチを頬張りながら、肘で私をそっと小突いて言った。「右舷にいるあの戦艦は何だっけ？　うちらのは何浬も東にいるはずなんだが」。北側にいる艦が何なのか確かめようと、私が自分の双眼鏡を手に取ると、ヒューッという音がして、『ヴィットリオ・ヴェネト』の15インチ砲の最初の斉射弾が、どこか近くに落ちた。我が艦は慌てて南に舵を切り（おそらく操舵信号に対して後続艦が応える前に）もう1隻が急いで煙幕を張りながら退避していった。

公式報告書には、事態がもっと厳密に記述されており、南への急激な転舵を行った時刻は１０５８時であるとされ、その時『オライオン』の見張り員は、北の方角、方位００２度、距離16浬に突如として現れた不明艦を見出していた。1分後、その艦が『リットリオ』級戦艦であると識別されると、プライダム＝ウィッペルは麾下の巡洋艦に向けて三つの緊急信号を発した。

あらゆる手段を用いて煙幕を上げよ。
全艦180度回頭。
全速で航行せよ。

この信号を傍受した瞬間、『ウォースパイト』艦上のカニンガム提督は衝撃を受けた。バーナードは記している‥

信号を受けた時、下の者たちは、いつものようにお喋《しゃべ》りをしていました。「いったい、VALFは何をしようとしてるんだ？」ABCは信号を一目見た途端に言いました。「馬鹿なことを言ってるんじゃない。彼は敵の戦艦部隊を見たんだ。もし君が長いこと駆逐艦に乗っていたのなら、次の報告を待たなくても、やるべきことは分かっているだろう。北にいる敵戦艦部隊を視認できる距離まで近付けさせろ」と。数分後に確認報告が届きました。

プライダム＝ウィッペルが張らせた煙幕は、折からの北東の微風のおかげで、みるみる巡洋艦の姿を隠し始めた。煙幕が効果を発揮し始めるその早さにイタリア側は目を見張った。イタリアの煙幕展張装置は、イギリスのものとは違う方式になっていて、煙幕を張るにはもっと時間がかかったのである。

『ヴィットリオ・ヴェネト』の視界は煙幕によって遮られたが、イアキーノは接触を失わないように南東に向かいながら射撃を繰り返させた。だが、10回目の斉射を放ったところで、敵艦が煙幕の向こうにすっかり隠れてしまったため、いったん中止せざるを得なかった。イギリス巡洋艦もイタリア戦艦に対して砲火を返したものの、アウトレンジされていたため、すぐに発砲を止めた。サンソネッティの第3戦隊はイアキーノの計画通り、プライダム＝ウィッペルの右舷後方から戦闘を仕掛けるために1100時に左に舵を切っていたが、その位置はまだ遠かった。

プライダム＝ウィッペルは、優速なイタリア巡洋艦戦隊に迫られて、遠からずその射程内に捕らえられそうであり、しかも砲撃を続けている『ヴィットリオ・ヴェネト』が苦もなく付いて来ているように見えたため、今やこの上なく剣呑《けんのん》な状況に陥っていた。煙幕の背後でジグザグ航行をしながら、南に向かって必死に逃げ続けた。

約3分後、イギリス巡洋艦の中で最も東寄りにいた巡洋艦『グロスター』が煙幕の風上に出てしまった。ちらりと見えたその艦首に向けて、『ヴィットリオ・ヴェネト』が砲撃を再開した。視界が悪いために距離が掴《つか》めず、最初の斉射は外れた。海面に棚引く煙幕によって弾着を観測するのは困難だったものの、それでも『グロスター』に砲撃を集中し、繰り返し夾叉を得た。5斉射目になると目標に命中した感触が得られたが、それは戦場にしばしば現れる幻想に過ぎなかった。敵艦は速力を落とすことなく、ジグザグ運動を続けていたのである。

この時『グロスター』は、ちょっとした奇跡を起こしていた。機関に不具合を抱えている同艦の最大安全速力は24ノットとされていたにもかかわらず、31ノットを出して他の巡洋艦に付いて行っていたのである。煙幕を張っている駆逐艦にとって、巡洋艦に追随するのは困難だったが、駆逐艦『ヘイスティ』が敵艦との間に割り込んで煙幕を張り始めると、巡洋艦『グロスター』の姿は『ヴィットリオ・ヴェネト』からすぐ

英軽快部隊の巡洋艦に対する『ヴィットリオ・ヴェネト』の主砲射撃。

『ヴィットリオ・ヴェネト』の381mm砲弾が『グロスター』(手前)と『バース』の間に着弾して生じた巨大な水柱。

に見えなくなった。

イアキーノは、『グロスター』の行き脚を止めたかったのだが、同艦の転針によって必要になった射撃諸元の再計算のために貴重な時間が失われ、なかなか思うようにはいかなかった。彼は記している：

目標の変更によって、我々の射撃がいったん困難に陥るのは避けられず、再び夾叉を得るまでにはいくらかの時間が失われた。それでも私は、ラッキー・ショットが敵艦を捉えることを望んでいた。３８１㎜砲弾が１発でも命中すれば、敵艦を停止させ、おそらく沈没させるのに十分だろう。


１１００時頃、『ヴィットリオ・ヴェネト』檣頭の烏の巣（見張り所）にいた見張り員が、艦尾方向から6機の飛行機が接近中であると告げた。イアキーノは、待ち侘《わ》びていたロードス島からのＣＲ43戦闘機（ＣＲ42に燃料増槽を付けた機体）だと思って、この時いかに勇気付けられたかを書き残している。だが、彼の喜びも束の間だった。それは友軍機ではなく、プンタ・スティロやテウラダ岬の戦いで既に遭遇したことのあるイギリスのソードフィッシュ雷撃機であると識別されたのである。実際にはアルバコアだったのだが、いずれにせよ敵であることに違いはなかった。敵機は、こんな海域でイタリア戦艦に遭遇するとは思っていなかったのか、こちらの正体を探るかのように低空で艦の左側を並んで飛行したが、すぐに敵であると確信した様子で、攻撃態勢を執るために離れていった。

１１１８時、敵艦との距離が2万６０００ｍに開き、正確な観測ができなくなったため、イアキーノは射撃を中止して、針路を反転することに決めた。最後の射撃は１１２３時だった。戦艦は、２機目のRo43観測機を飛ばそうと準備を仕掛けていたが、同機には燃料が入っていなかったため、適切なタイミングで使用することができなかった。なお、観測機に燃料が入っていなかったのは、戦艦の発砲によって火災が発生するのを避けるためであり、怠慢等によるものではない。万が一、給油された艦載機が艦尾カタパルト上にある状態で主砲の射撃が始まった場合は、搭乗員無しでカタパルト射出して、観測機を廃棄することになっていた。

20分余り続いたプライダム＝ウィッペルの戦隊に対する砲撃に関するイアキーノの報告によると、射距離は2万３０００ｍから2万６０００ｍで、『ヴィットリオ・ヴェネト』は、主砲の３８１㎜砲で29回の斉射を行った。合わせて94発が発射されるはずだったが、そのうち11発が不発に終わり、実際に発射されたのは83発だった。それでも何度も目標を夾叉して、多くの至近弾を与え、弾着観測員が「間違いなく命中して、橙色《だいだい》の炎が上がるのと見たと主張した」こともあったものの、実際に命中した砲弾は1発もなかった。

発射できなかった11発は、1番砲塔で7発（うち弾薬を砲身に装填する撞き棒《ランマー》の不具合により左砲6発、裁弾盤の不具合で中央砲1発）、2番砲塔で2発（中央砲で信管交換に失敗）、艦後部にある3番砲塔で2発（油圧で動作する尾栓の不具合）である。発射を試みた94発のうち、1割以上が実際には発射されなかったわけだが、これはイアキーノや部下たちにとって、何も目新しいことではなかった。弾薬の装填と点火のための機械的・電気的装置はかなりデリケートで、射撃が繰り返されると故障することが、ままあったのである。

他にもイタリアの技術者がどうしても克服できない問題があった。それは散布界、つまり斉射された砲弾が海面に着弾する位置のばらつきが大き過ぎるということである。散布界の中に敵艦を捉える、つまり斉射した砲弾が敵艦を夾叉した場合、実際に命中するかどうかは確率の問題であり、散布界が広ければ広いほど、その確率は低くなる。就役から1年にも満たず、逼迫《ひっぱく》した燃料事情により訓練もままならない中で、20㎞以上もの彼方を煙幕を張りつつ頻繁に変針しながら高速で逃げ回る敵艦に対して、何度も夾叉を得た『ヴィットリオ・ヴェネト』乗組員の術力そのものは、十分に誇っていいと考えられる。だが、目標を夾叉した砲弾が、実際に目標に命中する確率が低いということが、そもそもイタリア工業技術力の未熟さを表していた（付録4参照）。

これらの点は、イアキーノにはどうしようもないことだったが、この戦闘でも何一つとして明確な成功を収められなかったことに、彼は落胆せざるを得なかった。

それでも、イアキーノはこの時の砲撃について、報告書に次のように記している‥

この短い戦闘でも具体的な成果は得られなかったが、士官や兵たちの士気は大いに高まった。実際、これは我が国の近代戦艦が参加した最初の重要な射撃行動であり、敵がすぐに逃走したことは、誰の目にも明るい兆しと映った。

しかし、戦艦が反転しつつあった1121時（記録により数分の誤差あり）、大きな厄災に陥ってしまいかねない事態に直面することになった。空母『フォーミダブル』艦載機の攻撃が始まったのである。

第12章　第一次航空攻撃

高度9000フィート（2・7㎞）を飛行していた『フォーミダブル』の第一次攻撃隊は、軽快部隊中将の巡洋艦が見えて8分もしないうちに、駆逐艦4隻を率いて南東に向け高速で航走している『ヴィットリオ・ヴェネト』を発見した。攻撃隊はただちにその前方を横切るように機動した。彼らが『ヴィットリオ・ヴェネト』の攻撃に向かったのは、軽快部隊中将の艦が戦艦から砲撃される少し前のことで、戦艦の斉射のいくつかが英巡洋艦を夾叉《きょうさ》しているのが見えた。アルバコアが接近して行った時、どこからともなくドイツのJu88爆撃機が2機飛来した。しかし、すぐにフルマー戦闘機に迎撃されて、1機が撃墜され、もう1機は追い払われてしまった。

ソーント機の観測員ホプキンスの記述：

1隻の大きな軍艦が見えました。駆逐艦4隻に護衛されて我が軍の巡洋艦に迫っていました。その少し後で、我が巡洋艦を砲撃しているこの大型艦は『リットリオ』級の戦艦だということに気付きました。戦艦は30ノットで走っていたので、我が巡洋艦が困ったことになっているのは明らかでした。我が主力部隊は80浬も離れていて、助けてもらえそうにもなかったんです。

その頃、ドイツのJu88戦闘爆撃機が2機、自分たちの編隊目掛けて太陽を背に降下してきました。味方の2機のフルマーがすぐそれを見つけました。（Ju88のうち）1機はすぐに火だるまになって墜ちていき、もう1機は逃げて行きました。

フルマーの1機を操縦していたドナルド・ギブソン大尉は記している…

ソーントの飛行隊を護衛していたセオボルド兵曹と自分の機は、途中でユンカース88を1機撃墜した。正面攻撃を仕掛けた。自分は海面に落ちるところまでは見ていないが、ピンキー(マイク)・ハワースは見ていた。その後で、自分たちは『ヴィットリオ・ヴェネト』を機銃掃射したが、雷撃とはまるでタイミングが合わなかった。早過ぎたんだと思う。

1115時、アルバコアが戦艦の左舷を通り過ぎて、距離1000ヤード(0・9km)ほど前方で海面近くに降下した。『ヴィットリオ・ヴェネト』は主砲の射撃を中断して、随伴の駆逐艦と共に対空砲と機銃で撃ち始めた。イアキーノは、敵雷撃機がどのような戦術で来ようとも、素早くそれに対応した動きを取れるよう身構えた。

アルバコアは前方で密集隊形を取っていたが、やが

『ヴィットリオ・ヴェネト』の対空火器と、双眼鏡を覗く見張り員。画面奥には随伴する駆逐艦2隻が見えている。(USMM)

て『ヴィットリオ・ヴェネト』の周囲を回り始めた。突然、隊長機からの合図で一斉に攻撃を開始して、高度約30フィート（９ｍ）で戦艦に近付き、その艦首を目掛けて魚雷を投下した。イタリア側にとって、これは目新しい戦術であり、これまでイギリスがイタリア艦隊に対して用いてきたものより、ずっとまとまっていて、それゆえにずっと危険だった。

ホプキンスによると‥

自分たちがすぐに何もできなければ、『ヴィットリオ』の遠距離射撃で我が軍の巡洋艦が1隻、1隻狙い撃ちにされるのがはっきりしてきました。問題は、我が隊が『ヴィットリオ』の艦尾側にいたことで、奴は30ノットで走っていて、自分たちの高度の風は向かい風30ノットだったので、自分たちの対気速度90ノットでは、相対30ノットでしか近付いて行けないということでした。『ヴィットリオ』の前に回り込んで、適切な攻撃位置までのろのろと辿り着くには、たっぷり20分近くはかかると考えました。その間、奴と4隻の駆逐艦たちは、対空射撃を上げ続けましたが、幸い正確ではありませんでした。その一方で、奴は我が軍の巡洋艦を正確に砲撃していて、たびたび夾叉しているようでした。1発も命中しないたった一つの理由は、それぞれの斉射のばらつきが大き過ぎるからなんじゃないかと思いました。

ようやく攻撃位置に就くと、最初に攻撃する3機が目標の右舷艦首に向かって降下していき、魚雷を投下しました。『ヴィットリオ』が雷跡を梳《くしけず》るように向きを変えると、第二波の3機に舷側を晒《さら》しました。少なくとも1発が命中して、『ヴィットリオ』はその場で360度ぐるっと旋回しました。奴は巡洋艦への砲撃も止めました。しばらくすると、奴は巡洋艦との戦闘から離脱して、北西の方に逃げて行きました。

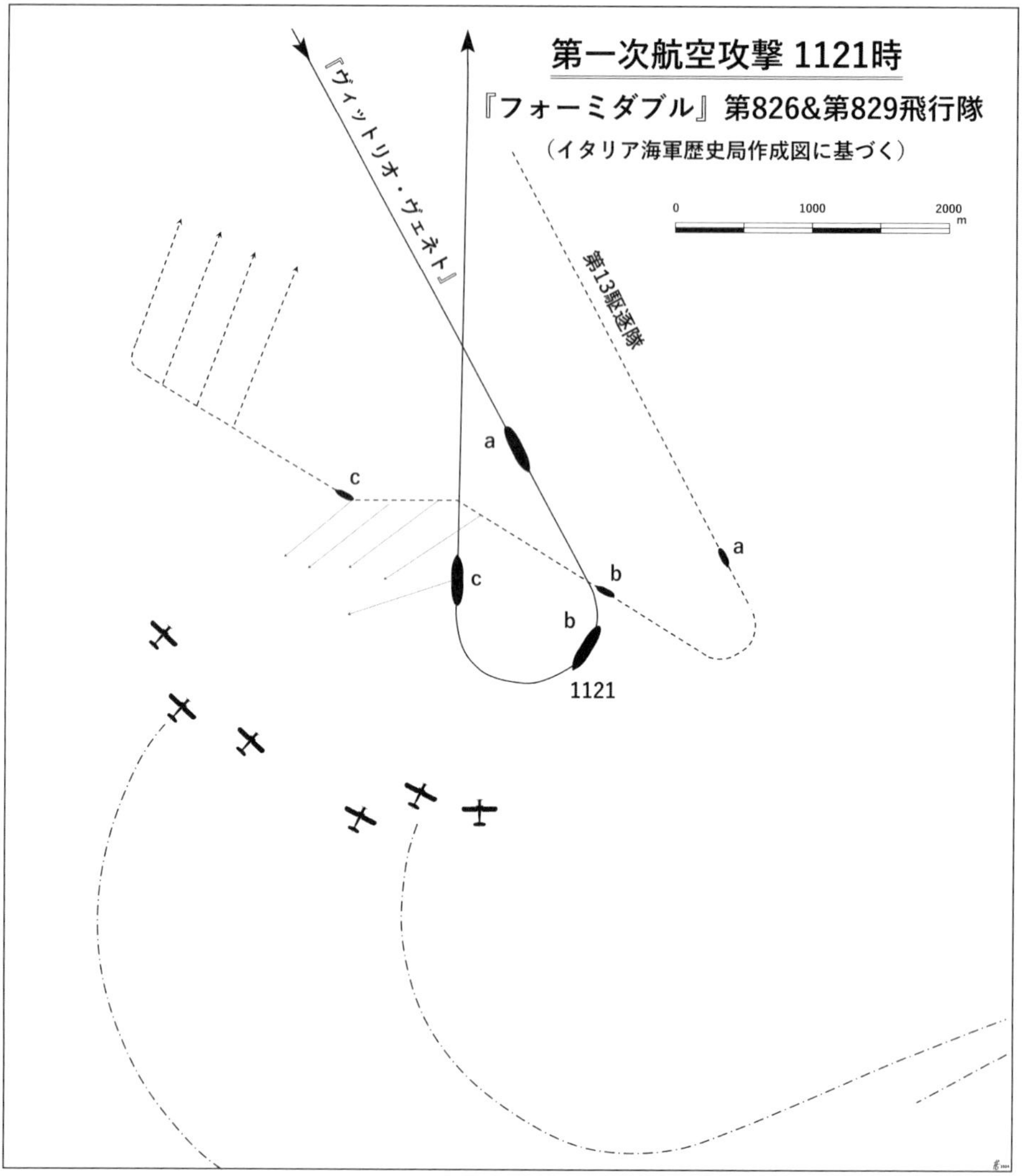

イアキーノは、アルバコアが都合6発の魚雷を投下するのを見たが、その投下地点は2回とも『ヴェネト』から2000m以上も離れているようだった。自身の戦闘配置である司令塔にいた彼は、最初の魚雷投下を見るやいなや『ヴィットリオ・ヴェネト』に面舵一杯を命じた。初めのうち、この巨大な艦の反応は鈍かったが、やがて思い出したかのように勢いを増してみるみる舳《へ》先《さき》を巡らせ始めた。司令塔のスリットから覗

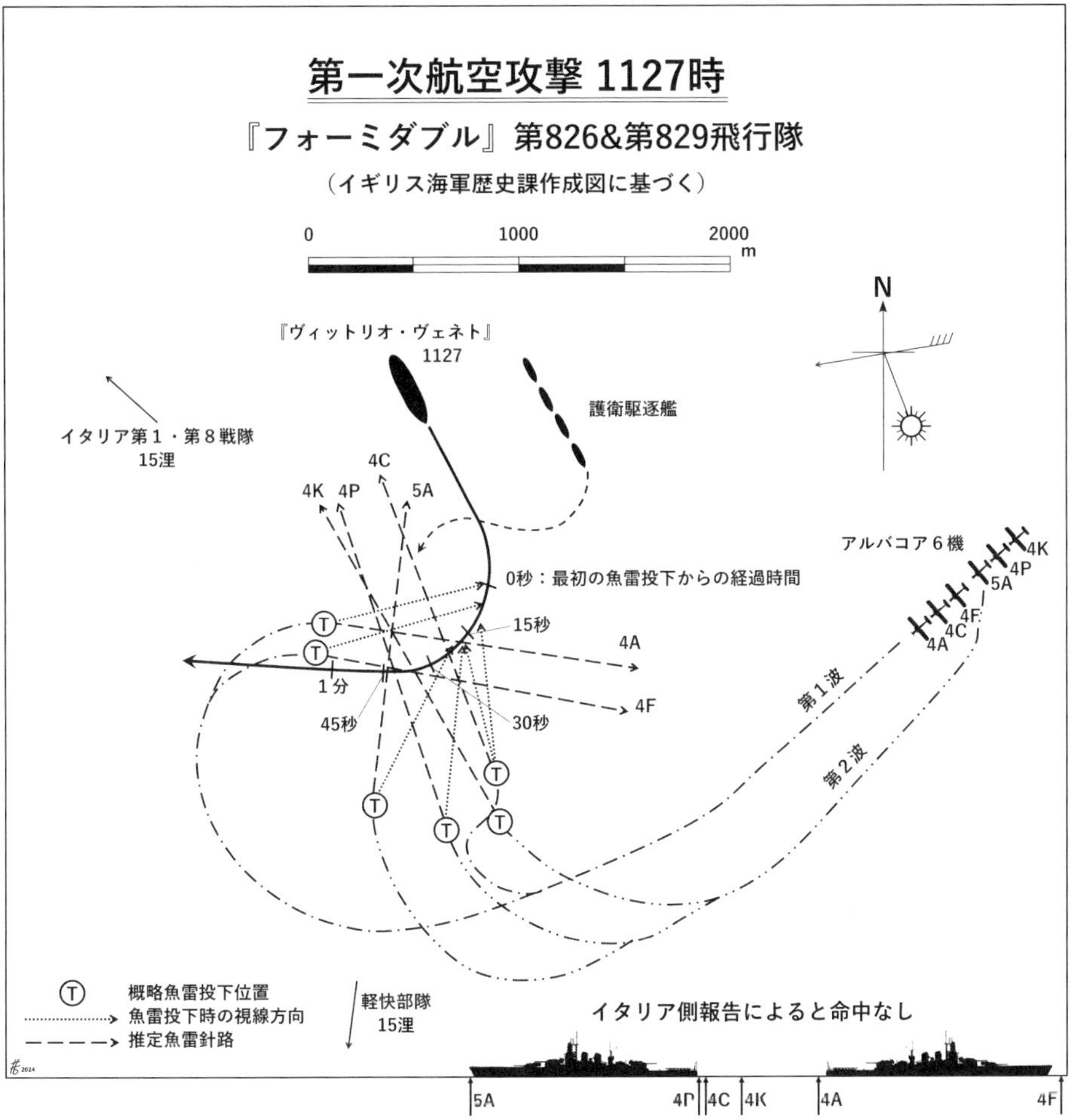

く視界は狭く、起こっていることの全てを見ることができなかったので、司令長官は艦橋に上がることに決めたが、安全扉のところまで来ると、主砲発砲の衝撃でそれが開かなくなっていることが分かった。慌てて下の階に降りると、そこの扉は開いた。

　ようやく艦橋に着いた時、アルバコアが放った6本の雷跡がまだ艦尾に見えていたが、命中せずに遠ざかって行った。うまく攻撃を躱《かわ》せたのである。まだ2、3機の敵機が右舷の上空高くを飛んでいて、攻撃の結果を観察していたが、しばらくすると飛び去って行った。

　『ヴィットリオ・ヴェネト』は、今回の空からの攻撃をうまくやり過ごすことができた。英軍機は高度9000フィートを飛行し、護衛の駆逐艦から離れた戦艦の右舷前方で、太陽を背にした位置に到達すると、1127時に2組に分かれて攻撃に移った。1組目の高度がまだ1000フィート（0・3㎞）ある時に、『ヴィットリオ・ヴェネト』は大きく面舵を切った。最初の2機は既に攻撃態勢に入っていたので、戦艦の右側から魚雷を投下した。残る4機は、『ヴィットリオ・ヴェネト』の旋回を巧みに利用して、戦艦の左舷艦首側の好適な位置で魚雷を投下することができたが、6本の魚雷のうち、2本は艦首側、4本は艦尾側を虚しく通り過ぎたのだった。ホプキンスの記述にある「少なくとも1発命中」は、誤認である。

ソーントも、『ヴィットリオ・ヴェネト』に少なくとも1発、おそらくはもっと命中させたと確信していて、『フォーミダブル』に帰艦してから、そのことを報告した。だが、実は1発も命中しておらず、魚雷は全て戦艦の前後を通り過ぎていた。しかしながら、この攻撃によってイギリス巡洋艦戦隊が『ヴィットリオ・ヴェネト』に蹂躙《じゅうりん》されるのを回避することができ、イタリア戦艦は戦闘を放棄して、北西に向かって遠ざかっていった。イアキーノの挟撃作戦は、

イタリア艦隊を攻撃するアルバコア雷撃機。（USMM）

失敗したのである。

一方、『ヴィットリオ・ヴェネト』の艦橋にいた暗号解読専門家は、空襲が始まる直前に『オライオン』から地中海艦隊司令長官宛ての通信を解読していた‥

視認せし敵艦は『リットリオ』級戦艦なり。即座に我らに向け発砲す。煙幕の背後で戦闘を避く。損傷無し。1115時、敵発砲を止む。貴官と会同するため向首す。我が速力30ノット。

「貴官と会同するため」というフレーズは、信号の宛先である地中海艦隊司令長官が、おそらく戦艦に乗って、既に海上に在るということを明らかに示すものだった。しかしながら、イタリア艦隊の旗艦艦上で、極めて重要な意味を持つこの通信の意味するところに考えが及んだ者はいなかったようである。

１１３０時、イアキーノは戦艦の針路を再び３００度とし、第13駆逐隊にも同針路とするよう命じた。駆逐艦たちが、少しずつ近接護衛配置に就いていった。軽快部隊の位置に関する推定が間違っていたため、結局サンソネッティの第３戦隊は戦闘の場面に間に合わなかった。同戦隊も針路を３００度とし、今やイタリア艦隊全艦が、速力28ノットで帰投し始めた。イアキーノは、もはやドイツの護衛機は現れないということを確信していた。

これに対して軽快部隊中将は、自らが張らせた煙幕に包まれていたため、アルバコアの攻撃を受けて『ヴィットリオ・ヴェネト』が反転したことに気が付いていなかった。彼は、イタリア巡洋艦がきっと北西から付いて来ているだろうと感じていたが、事実はそうではなかった。さらに『ヴィットリオ・ヴェネト』が射撃を止めたのを知ると、いささか困惑もした。イタリア艦隊が戦闘を放棄したことを確かめると、彼は駆逐艦に煙幕展張を止めさせた。１１３８時までに煙は晴れ、『ヴィットリオ・ヴェネト』が離れていっ

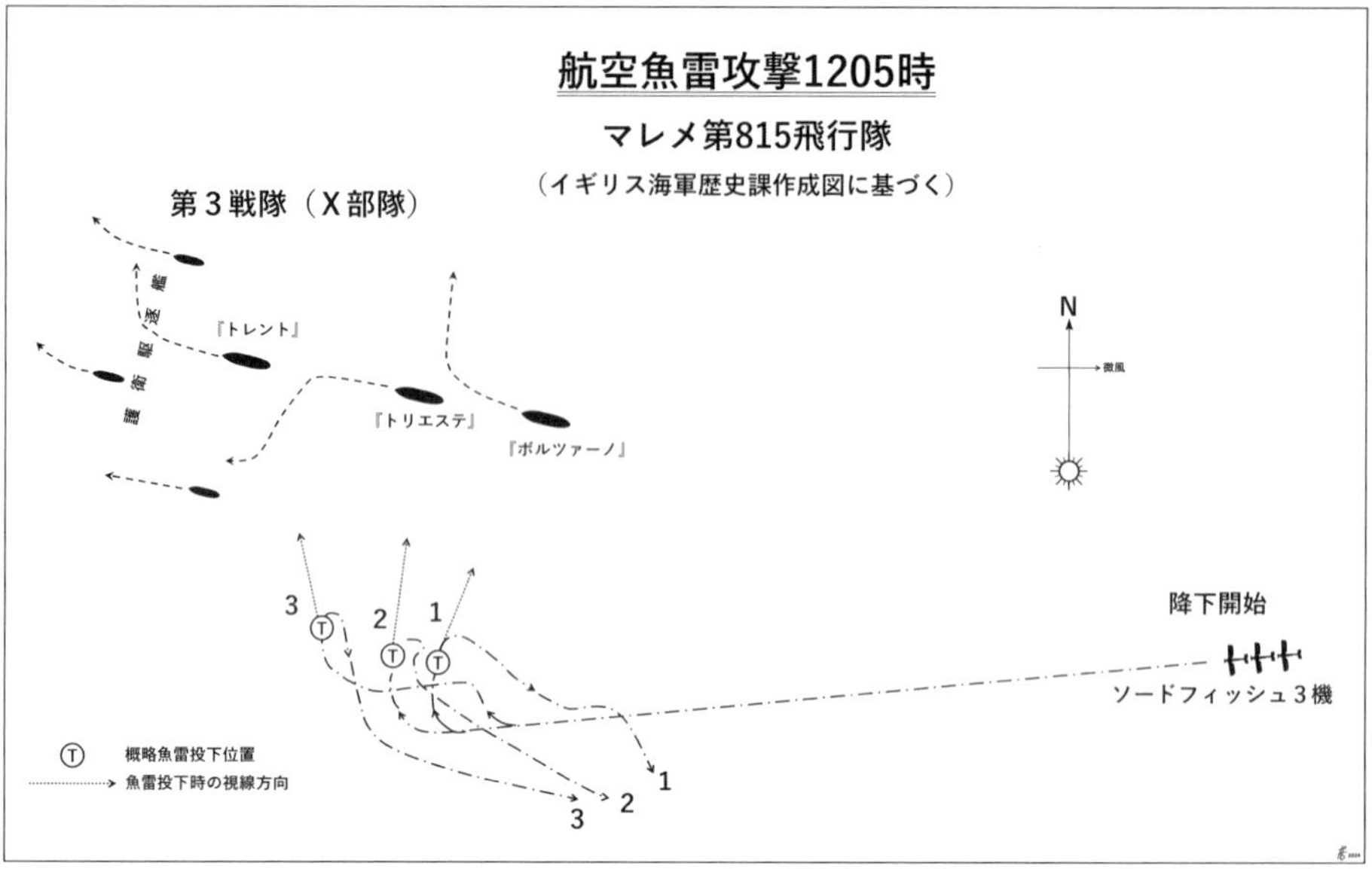

たという『グロスター』からの信号を受け取ることができた。全ての煙が晴れ、再び水平線まで見通せるようになったが、そこにいたのは味方艦だけだった。１２２４時、『グロスター』が方位０４６度にイギリス戦闘艦隊を発見し、軽快部隊は１２３０時にこれと合流した。

一方、１０５０時にマレメから出撃した第８１５飛行隊の３機のソードフィッシュは、高度９０００フィートを飛行して、イタリア第３戦隊の近くに正午頃に到達し、針路３００度を28乃至《ないし》30ノットで航行している同戦隊を発見した。隊長機は「太陽の中から」攻撃することに決め、５分後、最後尾の巡洋艦『ボルツァーノ』に対して、太陽を背にして同艦の左舷艦尾側から接近し、マーク12型魚雷を投下した。魚雷の駛走《しそう》深度は20フィート（６ｍ）に調定してあった。１番機と２番機は計画通り攻撃できたが、３番機は高度が高過ぎたため、左に旋回してから『ボルツァーノ』の艦首に向けて魚雷を放った。サンソネッティ麾下《きか》の各艦は速やかに散開し、魚雷は命中しなかった。巡洋艦は強力な弾幕を張り、サンソネッティは、敵機のうち１機が被弾して、墜落したものと考えたが、ソードフィッシュは１機も被弾することなく、３機とも無事マレメに帰還して、１３３０時に着陸した。

当初は両軍共に、この二度目の遭遇は成功だと感じたものの、今ではどちらも等しく失望していた。

南東から馳《は》せ参じていたカニンガムの戦闘艦隊は、期待に胸を膨らませて全速力で航走していたが、そのスピードはまったく不十分であり、さらなる航空攻撃によってイタリア艦隊の速力を低下させない限り、彼らにできることは何もなかった。1100時にプライダム＝ウィッペルの最初の緊急信号を受信した時、カニンガムは戦闘に持ち込めるという大きな期待を抱いた。南東に向けてイギリス巡洋艦を追っていたイタリア艦隊は、同時にイギリス戦闘艦隊に高速で近付いていたのである。

しかし、今やイタリア戦艦は針路を反転して、イギリス戦艦には到底発揮できない速力で遠ざかりつつあった。『ヴィットリオ・ヴェネト』が反転した理由は、プライダム＝ウィッペルの巡洋艦との距離が開き過ぎて、イアキーノがそれ以上の追撃を諦めたことによるものだったが、カニンガムは、航空攻撃を受けたために退却を始めたのだと思っていた。軽快部隊の巡洋艦を追い回す敵戦艦が、もっと東に進んで来るよう望んでいた彼は、雷撃機による攻撃が失敗に終わったことに少々気を落として、

マレメから飛来した第815飛行隊のソードフィッシュ雷撃機と『ボルツァーノ』の戦い。(IWM A 9794, A 9801)

次のように記している‥

彼らの攻撃はプライダム＝ウィッペルへの圧力を減殺したものの、その一方で、まだ80浬ほど離れたところにいた敵戦艦が向きを変えて遠ざかるという不快な効果をもたらした。つまり、昼間のうちに戦闘を行うチャンスは——もしそれまではあったのだとしても——もはやなかった。

それでも敵戦艦を追い続けた『ウォースパイト』艦上の艦隊砲術長バーナード中佐は、次のように記している‥

1200～1230時の間は、接敵まであと僅かだと思われていました。我が戦闘艦隊はあらゆる面で第一級の準備を成しており、砲塔は北に向けられ、海図には、軽快部隊中将を追って我々に近付いてくる敵艦の位置が記されました。こちらとの距離は50浬ほどで縮まっていて、このままいけば1240時頃には目視できそうでした。駆逐艦戦隊指揮官の指示で、駆逐艦による防御陣形が前方に展開しました。大きな期待に包まれていました。地中海では、たった1回だけ日中に敵の戦艦部隊を見たことがあります——それは世に名高いカラブリア沖海戦の時で、1940年7月、6インチ砲巡洋艦4隻と共にいた『ウォースパイト』は、イタリア艦隊が水平線の向こうから現れて、平時の戦術訓練さながらに展開する様子を目にしました。カラブリア沖では、観測機を発進させるのが遅過ぎて、『ウォースパイト』が1回目の斉射を放った時に、最初の観測機はまだカタパルトの上でした。頭の中にはその時のことが苦い記憶として残っていたので、今回は余裕をもって観測機を発進させるようお願いしました。彼らが飛び立った後、海図の上には不気味な静けさが降りてきました。

１２２５時になっても、軽快部隊中将にも戦闘艦隊にも何の報告もありませんでした。１２３０時に、軽快部隊中将が１２１０時に発した「敵との接触を失う」という通信を受領し、それと同時に我々は彼の部隊を発見したのですが、それは予想とはやや異なる左舷前方でした。両方の部隊の基準位置は10浬ほど食い違っているようでした。

１２５０時になるまで、窮地にあった軽快部隊中将を支援するために飛び立った艦載機の攻撃を受けて、敵戦艦が西に引き返したことは知りませんでした。これで、上手いことスタートを切って逃げ帰って行く、うんと高速な敵艦を捉えようとする、地中海におけるお決まりの状況になってしまいました。なんとも拍子抜けで、用心深い部下は誰一人として、格好の獲物を失った「檻《おり》の虎」に近付こうとはしませんでした。すると、『バーラム』が追い付けるように、『ウォースパイト』に減速が命じられました。とは言え、まだまだ日は高く、暗くなる前に航空攻撃隊が敵艦の足を止めてくれる期待もたっぷりとありました。

１２２５時、カニンガム提督は『ウォースパイト』と『ヴァリアント』に、艦載のソードフィッシュ（車輪の代わりにフロートを装備した水上機型）を発艦させるよう命じた。『ウォースパイト』のA号機は観測任務「B」を、B号機は砲戦中の弾着観測を命じられた。『ヴァリアント』のA号機は同艦の弾着観測、B号機は『バーラム』の弾着観測を担当する。『ウォースパイト』B号機と『ヴァリアント』の２機は、燃料が尽きたらスダ湾に向かうことになっていた。０９５６時に発艦した『フォーミダブル』の任務「J」を担当するソードフィッシュは、引き続き敵艦隊を視認できる位置に留まり、必要になったら母艦に帰ることとされた。

『ウォースパイト』を飛び立ったA号機の艦隊観測員アーサー・S・ボルト少佐の記述を見てみよう：

自分の飛行記録によると、1215時に『ウォースパイト』からカタパルト発進し、そのフライトの飛行時間は4時間40分でした。艦隊主力は高速で（戦場に）近付いていました。戦闘艦隊は、巡洋艦戦隊を掩護しようと23ノットを出していて、イタリア艦隊にせいぜい2時間ほどで接触するものと思われました。自分の任務は、できるだけ早く味方（巡洋艦）部隊を視認し、空中から見える戦術状況を報告することでした。

発艦前のブリーフィングの時、任務完了後に艦に戻って海上から拾い上げてもらえるのか、あるいはスダ湾に向かうべきかについては、何の指示もありませんでした。2番機がスダ湾に向かうよう指示されたのは知っていましたが、自分は戦術状況に応じて、上空で司令官からの指示を受けるものと思っていました。英国軍艦『ウォースパイト』艦上の旗艦艦長は、観測機が基地に帰投するのに必要な命令は、参謀長から出されるものと考えておられました。

艦隊は希望通りには会敵できず、艦隊航空隊による魚雷攻撃の後、イタリア主力艦隊がそれ以上南東に出張ってくる気配はありませんでした。私の機の安全航続時間は約4時間45分でしたが、状況に恵まれれば5時間に達することもありました。残り燃料が15分しかないと伝えるまで、燃料の状態に関する私の定時報告に対して、『ウォースパイト』からの応答は一切ありませんでした。スダ湾は、飛行時間にして1時間以上離れていたので、拾い上げてもらうか、機体を放棄するかを決めなければなりませんでした。艦隊は、『フォーミダブル』艦上機の攻撃で被雷して足が遅くなったと思われる『ヴィットリオ・ヴェネト』を激しく追撃しているところでしたが、司令長官は機体を回収することに決めました。私の機は、『ウォースパイト』の前方に着水するよう指示を受けました。クレーンが右舷の舷外に振り出され、艦と平行するコースをゆっくり進む私の機を、追い抜きざまに引っ掛けようという計画でした。海は凪《な》いでいて、操縦士のライス兵曹は艦の前方2ケーブル（370ｍ）ほどの位置に上手に着水して平行コースに乗り、10ノットほどで前進しながら、後方から高速で近付いて来る艦を待ちました。こんな回収のされ方を訓練したことはなく、艦首波のせいで、しこたま揺さぶられました。それでも、操縦するライス兵曹はクレーンのフックの真下に機体を持って行き、私と一緒に回収作業の技を磨いていたコープマン少佐は、私が「フック取り付け完了」の信号を送るや否や、海面から素早く引き揚げてくれました。機体は再びカタパルトに載せられて燃料を補給され、その間に私は司令部艦橋に行って一息つきました。この回収作業で艦は僅か1浬ほど無駄にしましたが、その間、一時たりとも速力を18ノット以下に落としたとは思いません。

イギリス海軍の臨機応変さには、目を見張るばかりである。水上機を揚収する方法はいくつかあるが、そのうち最も安全確実なものは、母艦が３６０度旋回し、その艦尾波によって描かれた波の穏やかな円形の水面に着水して停止し、母艦がゆっくりと近付いて行ってデリック・クレーンで吊り上げるというものだった。他にも、母艦が旋回すると同時に後進全速をかけて停止し、その動きによって掻《か》き乱されて泡立った艦尾波の上に着水したり、単に停止した母艦の近くに着水して、デリック下に自ら近付いて行くという方法もあった。いずれにしても、母艦か飛行機のどちらか一方が停止し、もう一方が接近して、最終的には双方とも停止した上で揚収するというのが当たり前の手順だったのだが、ボルト機は自らも10ノットで前進しながら、母艦が18ノットもの速力を保ったまま揚収するという離れ業を、訓練もなしに実行して、成功させてしまったのだった。

第13章　退却1

軽快部隊中将の巡洋艦との戦闘を打ち切って針路を反転した時、イアキーノはイギリス戦艦が既に出撃していて、しかも自分の近くにいるなどとは思っておらず、再び敵水上部隊と遭遇しようとはまるで想定していなかったが、航空攻撃を受ける可能性については頭の中にあった。

退却を始めた時、イタリア艦隊は三つのグループに分かれていた。中央は『ヴィットリオ・ヴェネト』で、第13駆逐隊の4隻が護衛する。その前方の左側には、サンソネッティの第3戦隊の重巡3隻に第12駆逐隊3隻が随伴し、霧によって姿は見えないものの、カッタネオ提督の第1・第8戦隊の重巡3隻と軽巡2隻は2個駆逐隊の6隻を伴って、約30浬北西を航行していた。

イアキーノは、彼の三つのグループが全て1100時までにイギリス側に識別されていて、偵察機に追跡されているという印象を持っていた。イギリス側の通信を傍受すると、カッタネオ提督の第1・第8戦隊は、実際には巡洋艦5隻なのに、偵察機によって2隻の『カヴール』級戦艦と3隻の巡洋艦から成ると誤認されているようだった。傍受されたイギリス軍の通信から、さらなる航空攻撃が企てられているものと警戒した。

イアキーノは、0900時過ぎにロードス島経由で、イギリス海軍部隊が海上にあるという、偵察機からの0745時の報告を受領し、それは自分の部隊を誤認したものだろうと考えたが、驚くことに艦隊が反転した後になって、同じ報告がローマの海軍最高司令部を経由して彼の下に届いた。偵察機の報告から4時間近くも経った1140時に、それが届いたことにイアキーノは苛立《いらだ》ったが、ローマからの通信には追加情報があった。天候不良によって、味方の航空偵察が中止されたという。

さらに正午前に二つの通信を受け取って、彼はすっかり混乱してしまった。一つはシチリア島のドイツ第10航空軍団司令部からのもので、もう一つはローマの海軍最高司令部からのものだったが、両方とも同じ情報を伝えていた。すなわち、空母『フォーミダブル』が出撃して、イアキーノの部隊に向けて攻撃機を発艦させているというのである。まさにその瞬間、彼の戦隊が空襲を受けていたため、その情報の確かさを疑いはしなかったが、もし『フォーミダブル』が出撃したのだとしても、それは今朝のことであり、自分たちより遥か東にいるはずなので、今自分を攻撃している敵機は、アレクサンドリア港内にいるうちに発艦したのかもしれないと考えた。どちらの通信も、『フォーミダブル』が他の艦と共に出撃したとは言っておらず、これによって彼はますますイギリス戦艦はまだ基地内に留まっているのだろうという思いを強くした。海戦後、イアキーノは、どうしてドイツ軍偵察機が、空母を発見しながら、行動を共にする戦艦を見なかったのだろうかという

第一次空襲の後、タラントに向けて退却する『ヴィットリオ・ヴェネト』。手前は第13駆逐隊の駆逐艦で対空警戒に就く見張り員。(USMM)

ことを不思議に思った。事実は、ちょうどこの時、空母は戦闘艦隊の艦列から離れて、第二次攻撃隊の発艦と、第一次攻撃隊の収容をしていたのである。

１３４５時、第10航空軍団第１戦略偵察飛行隊（第１２１長距離偵察飛行隊第１中隊と第１２３長距離偵察飛行隊第２中隊から成る）のJu88が発した目撃報告が、海軍最高司令部から届けられた。先程『ヴィットリオ・ヴェネト』の砲撃を受けた敵巡洋艦部隊が、１２３０時に北緯34度10分、東経24度15分の位置にあり、こちらを追跡中だという。

イギリス海軍の巡洋艦がしつこく追跡してくるのは常のことなので、これは想定内の出来事だったが、帰投針路に乗った時、イアキーノは、イギリス戦闘艦隊が自分の尻に喰《く》らい付いているなどとは夢にも思っていなかった。『フォーミダブル』については、出撃しているとは言え、それはきっと、かなりの距離があるはずだった。『ヴィットリオ・ヴェネト』は１４００時まで針路３００度を速力28ノットで進んだ後、護衛駆逐艦の燃料を節約するために25ノットに落とした。

１４２５時、もう一つの大きく遅延した通信がロードス島から届いた。それは１２１５時に第２８１独立雷撃飛行隊のＳＭ79爆撃機から発された、敵の目撃報告が転送されてきたもので、

１２１５時、エーゲ海戦略偵察機、５６４７方区に戦艦１、空母１、巡洋艦６、駆逐艦５を発見せり。針路２１０度、速力18ノット。

と伝えていた。なお、ＳＭ79が発した最初の報告では駆逐艦の数は12隻だったのだが、転送過程のどこかで誤って５隻に変化していた。この報告を受信したロードス島の司令部では、自軍艦隊を空母を含む敵であると誤識別した０７４５時のＳＭ81による報告の件があったため、念のために確認を取った。しかし、

SM79からの回答が遅れたため、目撃から2時間を経て、ようやくイアキーノの知るところとなったのである。SM79は最初の通信の後に、目撃した艦隊に攻撃を行ったにもかかわらず、そのことを報告しなかったのだが、すぐさま報告していれば、余計な確認のための遅れは生じなかっただろう。この通信は、軽快部隊中将以外のイギリス海軍部隊が出撃していることを示す最初の報告になったが、最も大きな問題は、実際は3隻である戦艦の数を1隻としている点であった。

イアキーノはすぐに海図を広げて、通信にあったイギリス艦隊の位置が、自分から僅か80浬東だということに気が付いた。これで新たな疑念が生じた:「交戦した巡洋艦部隊とは異なる、かなりの規模のイギリス艦隊が本当に自分のそんなに近くにいるのなら、どうしてドイツやイタリアの偵察機はもっと早くにそれを見つけられなかったのだろうか？　今度もまた自分の部隊を誤認しているのではないか。それとも今度こそ本当にイギリス艦隊なのか」。

この重大な報告を確認する立場にある海軍最高司令部からの連絡が来るまで、彼は何もしないことに決めた。すると、それは1504時に届いた。

無線方向探知によれば、1315時、トブルクより距離110浬・60度の敵艦がクレタおよびアレクサンドリアに命令を送信せり。

再び海図を見ると、その位置は『ヴィットリオ・ヴェネト』から170浬ほど南東だった。またしても疑問が浮かんだ:「その艦、あるいは複数の艦は、ロードス島からの通信で報告されたものと同一なのだろうか？　もしイギリス軍が部隊を二つのグループに分けているとしたら、海軍最高司令部が示したこのグループが旗艦を含んでいると思われる、なぜなら、そこからの命令がクレタとアレクサンドリアの両方に向けて発せられているのだから」。

　１５０５時には、海軍司令部を経由して、先程とは別のJu88による航空偵察報告が届けられたが、それは北緯33度50分、東経25度15分を、針路２８５度で進む戦艦２隻、重巡１隻、駆逐艦８隻から成るイタリア艦隊を目撃したというものだった（注：上記の経度は東経22度15分の誤りであると考えられる。また針路は３００度と報告されたという説がある）。だが、その報告にあった座標は、イタリア艦隊の中で最も南を航行する第３戦隊の航路よりもさらに南に40浬も離れた位置を示していて、しかも同戦隊の構成は重巡３隻と駆逐艦３隻であり、『ヴィットリオ・ヴェネト』と４隻の駆逐艦は、そこより北に少なくとも20浬は離れていた。確認を要請したところ、しばらく経ってからJu88は戦艦１と駆逐艦４であると訂正してきたが、やはりイタリア艦隊であると主張していた。しかし報告にあった位置は実際より遥かに南であり、訂正前とは艦の数が異なることも考え合わせると、この報告の信憑《しんぴょう》性は低いと言わざるを得なかった。イギリス艦隊を目撃したものである可能性もあったが、イアキーノが残した各種の記述からは、この報告について彼がどう考えていたのかを窺《うかが》い知ることはできない。

　イアキーノは、参謀たちと共に状況について丹念に検証し、次のように考えた。どうにも当てにならない２機目のJu88による１５０５時の報告は別にして、少なくとも１４２５時に受領した航空偵察報告と１５０４時の無線方向探知結果の二つは、イギリス海軍部隊が出撃していることを示している。偵察機は、敵艦隊の位置を我が艦隊から東に80浬であるとしているが、無線方向探知ではその2倍以上の距離としている。この大きな違いを鑑みるに、先程交戦した巡洋艦戦隊以外に、二つの別々のイギリス海軍部隊が出撃している可能性がある。そのうちの一つは危険なほど近くにあるが、もう一つは十分に遠く、まず安全だと考えてよいだろう。そもそも、こちらとの距離を詰めようなどとは、考えてもいないのではなかろうか。それともあるいは、やはり敵部隊は一つだけだろうか？

イアキーノが達した結論は、軽快部隊中将の部隊以外のイギリス海軍部隊は一つであり、それは戦艦1隻、空母1隻、その他何隻かの護衛艦を含んでいる。それ以外のイギリス東地中海艦隊は、いまだにアレクサンドリア港に留まっている、というものだった。

だが、この結論に対して、下すべき重大な決定が残っていた。ロードス島とローマからの報告が同じ敵艦隊を示しているとして、どちらの情報による位置を正しいと見るべきだろう？　偵察機の報告にある距離80浬か、無線方向探知による170浬か？

イアキーノは、これまでの経験により、航空機からの情報を、特にそれと異なる情報が他から得られている場合には、眉に唾を付けて扱うようになっていた。飛行機の位置情報は、自機の針路と速度から計算した推定位置に基づくものだが、それは気象条件によってしばしば大きな影響を受けるため、飛行機によるものより無線方向探知による位置情報の方が、一般的に言って正確であると考えていたのである。

そこで彼は、無線方向探知の結果を採用することとして、イギリス戦艦1隻と空母1隻は、170浬離れていると判断した。だがこれは、致命的な誤りだった。実際には戦艦は3隻であり、空母『フォーミダブル』と軽快部隊中将の巡洋艦および護衛駆逐艦を伴って、僅か80浬もない位置から、つまり偵察機の示した位置から彼を追いかけていたのである。

ロードス島とローマの通信は、同じイギリス海軍部隊を指していたが、どうして無線方向探知には、こんなにも大きな誤差が生じたのだろうか？　イアキーノは、無線電波が陸地で干渉されて、誤差が大きくなるという可能性を見逃していたようである。また、陸地を視野内に収めている飛行機からの位置情報は、逆にかなり正確であるということにも考慮が及んでいなかった。

無線方向探知の精度には、数多くの要因が影響を及ぼす。使用される無線周波数、機器の校正、オペレータの習熟度、二つの無線局から対象に向けた方位のなす角、その間の地形等々。今回のケースでは、イタリアの無線方向探知局のうち、一つはイタリア本土あるいはシチリア島にあり、もう一つはロードス島にあった。イタリア本土からの無線電波は陸地の干渉を受けないため高精度だが、ロードス島からの電波は、クレタ島の山地による干渉を受ける場合があって精度が安定しない。イアキーノが海軍最高司令部から受けた1315時の命令通信は、『ウォースパイト』が発したものだったが、無線方向探知による位置は、実際より二倍以上も南東を指し示していた。

この通信は『ウォースパイト』のカニンガム提督から、スダ湾の『ヨーク』とマレメの艦隊航空隊に宛てたもので、夕暮れ時の魚雷攻撃を命じるものだった。イギリス旗艦が出撃していると推定したこと自体は間違っていなかったものの、航空偵察結果を捨てるという誤った判断の結果として、イアキーノは大きな困難に向かって突き進んでいた。

この判断を下すよりずっと以前から、イアキーノは主な脅威は空からのものだと考えていたが、それは完全に正しかった。というのも、サンソネッティの第3戦隊が正午少し過ぎに魚雷攻撃の標的になっており、彼自身も既に『フォーミダブル』とマレメの雷撃機による攻撃に加えて、クレタ島のブレニム爆撃機による高高度爆撃を受けていたからである。さらに、今や『フォーミダブル』艦載機による第二次攻撃に晒《さら》されようとしていた。

第14章　追撃1

カニンガム司令長官は、麾下《きか》の戦闘艦隊が追い付けるようにイタリア戦艦の速力を低下させ得る手段は、航空攻撃しかないと確信していた。１１１２時、『フォーミダブル』に将旗を掲げている艦隊航空隊少将に、第二次攻撃隊を出せるようになるまでどれくらいかかるかを尋ねると、デニス・ボイド少将は「半時間ほどです」と回答した。

『フォーミダブル』の艦載機は、僅か27機でしかない。内訳はフルマー戦闘機13機、アルバコア雷撃機10機（うち5機だけが航続距離を延伸するための燃料増槽を搭載）、ソードフィッシュ雷撃機4機である。これで、敵艦追跡、索敵、戦闘時の攻撃任務に加えて、戦闘機による護衛や対潜哨戒といった通常任務の全てをこなさなければならない。この日『フォーミダブル』で、発艦あるいは着艦を伴う飛行任務に関わる運用は21回に及んだ（付録6参照）。そのうち、5つは払暁索敵や攻撃隊のように多数の機体が関わった大規模な任務であり、残りは戦闘機による対潜哨戒や弾着観測のような比較的小さいものである。発着艦のたびに艦首を風上に向けるための針路変更が必要であり、駆逐艦による有効な防御陣形を確実に保つために、艦隊全体がその動きに従わなければならないこともある。日々必要不可欠な通常任務は、大規模任務に向かう飛行機の数を確保するために、厳しく制限されていた。

第二次攻撃隊が発艦できるタイミングは、０５５５時に払暁索敵に送り出した4機のアルバコアと1機のソードフィッシュの帰還に懸かっていた。アルバコアのうち3機は既に帰艦していたが、０７２０時に巡洋艦と駆逐艦発見の警戒報告を出した5Ｂ機は、空母を見つけることができず、燃料も乏しくなって来たため、エジプトに向かわざるを得なくなって、バルディアに着陸した。

『フォーミダブル』飛行甲板上に並んだアルバコア雷撃機。飛行甲板上に落ちる影が短いことから、第二次攻撃に向かう前と考えられる。(IWM HU 67447)

最後のソードフィッシュは、1132時に『フォーミダブル』に着艦したが、同機はすぐさま燃料補給を受けて兵装を搭載すると、第二次攻撃隊の各機と共に飛行甲板に整列した。1155時、航空隊少将は司令長官に第二次攻撃隊の出撃準備が整ったと報告した。第二次攻撃隊は、第829飛行隊の3機のアルバコアと2機のソードフィッシュから成ってい て、飛行隊の指揮官はジョン・ダリエル＝ステッド少佐だった。第803飛行隊の2機のフルマーが護衛に就くことになっていたが、課せられた重大な任務に対して、これは哀れなほどに小さな戦力だった。

軽快部隊中将から『ヴィットリオ・ヴェネト』を発見したとの報告が入り、カニンガム提督は計画を少し変更した。イタリア戦艦が僅か45浬の距離にいると推定されたため、水上戦に持ち込むチャンスがあると考えたのである。そこで、ボイド少将に『ヴィットリオ・ヴェネト』の位置を伝え、両軍戦艦が交戦に入ったタイミングで戦闘に加われるように、第二次攻撃隊の発艦を待つよう命じた。『フォーミダブル』は、艦載機の発着艦のために、駆逐艦『グレイハウンド』と『グリフィン』の2隻を伴って戦闘艦隊の艦列から離れていった。

『ヴィットリオ・ヴェネト』を攻撃した第一次攻撃隊は、1200時から1215時の間に『フォーミダブル』の近くまで戻って来ていたが、飛行甲板には既に第二次攻撃隊が並んでいたため着艦することができず、しばらく空中に「積み上げ」られて（高度差を付けて空中で待機させられて）、着艦の指示を待っていた。第829飛行隊は、正午過ぎに全機発艦した。彼らは、戦闘艦隊が交戦に入るまで上空で待機し、もし1330時までに戦闘が始まらなかったら、単独でイタリア艦隊を攻撃するよう命じられていた。

一方、ようやく着艦を許可された第一次攻撃隊からは、各機に搭乗した観測員が空母艦橋のブリーフィング・ルームに上がって報告を行った。攻撃の第1波が高度1000フィートに達すると、『ヴィットリオ・ヴェネト』が突然面舵を切って120度向きを変えたこと。眩《まばゆ》い光の尾を引きながら迫り来る激しい対空砲火と、攻撃機の接近を阻止しようと海面に向けて撃ち込まれた砲弾によって奔騰した水柱。『ヴィットリオ・ヴェネト』が舵を切った時、第1波は既に攻撃態勢に入っていたため、彼らは戦艦の右舷側で魚雷を投下した。第2波は戦艦の転舵に乗じて、左舷艦首側から攻撃した。ソーントが述べたように、彼の部隊が放った魚雷のうち1本は命中したものと思われた。これによって『ヴィットリオ・ヴェネト』の速力が低下すれば、『バーラム』のせいでイギリス戦闘艦隊の速力は22ノットに制限されていたものの、夜になる前には追い付けるものと考えて、その場が大いに沸いた。『フォーミダブル』の艦内には期待が溢《あふ》れていた。

カニンガムは、『ヴィットリオ・ヴェネト』を一刻も早く捕捉するために、1135時に戦闘艦隊の針路を300度から290度に変えさせ、さらに正午には270度とした。イタリア艦隊は、互いに遠く離れた三つのグループに分かれていて、これらを発見した順にX部隊（第3戦隊）、Y部隊（『ヴィットリオ・ヴェネト』）、Z部隊（第1・第8戦隊）と仮称することにしたが、「飛行機からの報告の中には、明らかに矛盾しているものがあった。得心のいくイタリア艦隊の構成や針路は得られていなかったが、やがてイタリア艦隊は日中に追い付くにはあまりに遠く、しかも距離が開きつつあるということが、明らかになってきた。

実際、『ヴィットリオ・ヴェネト』はカニンガムが考えたよりもさらに遠くにいた。それは、軽快部隊中将が戦闘艦隊に合流した時に明らかになった。カニンガム提督からの「最後に敵を見たのはいつか?」という問いに対して、プライダム＝ウィッペルは、彼が最後に『ヴィットリオ・ヴェネト』を見たのは1116時で、方位312度、敵針300度であったと答えた。計算の結果、両軍戦艦の距離は70浬に近いということが分かった、それは、何か早急に手を打たない限り、戦闘艦隊が日中に交戦できる見込みはほとんどない距離だった。

1230時、カニンガムは針路を290度に復した。その2分後、随伴する駆逐艦『ジャーヴィス』が、プライダム＝ウィッペルの巡洋艦『オライオン』を方位210度に発見し、ほぼ同時に『オライオン』の方でもカニンガムの護衛駆逐艦たちを視認した。プライダム＝ウィッペルは戦闘艦隊と自艦の位置を比較したが、それは司令長官旗艦のものとは10浬も異なっていた。

1305時、軽快部隊中将は4隻の巡洋艦を率いて戦闘艦隊の前方、視覚信号が届く最大の距離を、戦闘艦隊と同じ針路290度で航行するよう命じられた。プライダム＝ウィッペルの参謀であるフィッシャー中佐が司令長官との会同について記しているが、それは彼らが受けたいと望んでいたような、心からの歓迎とは程遠いものだった。

それは、この退却の終わりに違いなかった。司令長官の乗艦を発見したのは、少々思いがけない感じで、クラスクの計算とトム・ブラウンリグの計算が一致していないことが明らかになった。それがどの程度だったのかは思い出せないが――10浬だったか15浬だったか――、後になって我々の航跡図を司令長官のものと突き合せた時に、かなり面倒なことになった。その作業には夜遅くまでかかり、公式の航跡図では、両者を整合させるために少々歪《ゆが》ませることになったのだ。クラスクと私は、自分たちの航跡図が正しく、トム・ブラウンリグの方が間違っているということに絶対の自信を持っていたと記憶しているが、司令長官の年功に敬意を表して、自分たちのものを歪めるしかなかった。

私の記憶によれば、我々が会同した時、以下のようなやり取りがあった。

「敵はどこか?」

「遺憾ながら分かりません。しばらく見ていません」

フィッシャーによれば、その後の交信は、それまでの彼らの行動が司令長官のお気に召さなかったということを暗に示すものになった。と言うのも、索敵を続けるために、彼らはすぐに先頭に追いやられたからである。しかし、カニンガムは、それとはまるで反対の言葉を残している‥

私は、軽快部隊中将の作戦と戦闘に満足していた。

フィッシャーの記述の続き‥

その午後の間ずっと、我々はこそこそと西へ向かった。

司令長官から距離を取っていると、再びだんだんと勇気が沸き上がってきた。

一方『フォーミダブル』は、１２４４時に全機の着艦が完了すると、水平線の下に見えなくなっていた戦闘艦隊を全速で追い始めた。食事をするのにちょうどよいタイミングだった。配食係が、戦闘配置を離れられない者に温かい紅茶とサンドイッチを配って回った。空軍の爆撃機から、何浬か北西にイタリア戦艦2隻と巡洋艦３隻がいるとの報告が届き、『ヴィットリオ・ヴェネト』かとも思われたが、実際は『ザラ』級3隻と、『カヴール』級戦艦に酷似した『ガリバルディ』級2隻から成るカッタネオ提督の第１・第８戦隊だった。

空は青く晴れ渡り、強い日差しが照り付けていた。波は静かで、二つの敵対する艦隊が僅かな距離を隔てて相対しているとは思えないほど平穏だった。だがその静けさは、突然の大音声で打ち破られた：「右舷に警戒！　敵機！　緑25！」。

声の主は、敵機を最初に発見したビセット艦長だった。彼がその方向をさっと指し示すと、羅針艦橋にいた者たちは皆、右舷前方の水平線近くを高速で接近して来る敵機を見出した。

それは、イタリア空軍第２８１独立雷撃飛行隊に所属する2機のＳＭ79爆撃機で、０７４５時にＳＭ81が味方艦隊を敵と誤認した目撃情報を、エーゲ海空軍司令部が真に受けて出撃させたものだった。０９３０時にロードス島のガドゥーラから3機で離陸したが、そのうち第34爆撃群第68飛行隊に所属する1機は、エンジン・トラブルにより引き返していた。残る第２８１飛行隊の2機は、１２１５時にイギリス地中海艦隊を発見し、北緯34度10分、東経24度10分（注：イタリア海軍歴史局作成の航跡図によると東経24度40乃至《ないし》45分である可能性がある）の位置に、戦艦1、空母1、巡洋艦6、駆逐艦12、針路２１０度、速力18ノットと報告していた。イギリス艦隊は実際は西に向かって航進していたため針路の誤差が大きいが、これは雷撃機の航法誤差、または通信の際に数字が誤って伝わったものか、あるいは航空機運用のために戦艦たちから離れていた『フォーミダブル』の針路を報告したものかもしれない。艦隊編成については、かなり正確ではあったものの、戦艦のうち2隻を巡洋艦と誤認していて、しかも通信伝達の際に行き違いがあったため、この通信がイアキーノの元に届けられたのは、ようやく1425時になってのことだった。敵艦隊の編成に関するこの誤りは、その後の彼の戦況判断に大きな影響を及ぼすことになる。

ＳＭ79は極めて低高度で飛行し、距離2000ヤード（1・8㎞）を切っても、まっすぐ空母に向かって来た。あらゆる伝声管を通じて警報が繰り返され、羅針艦橋は蜂の巣を突いたような騒ぎになったが、対空砲の要員は、高速で接近する敵機に誰も気付いていない様子だった。艦橋の前には、「シカゴ・ピアノ」と呼ばれる多連装ポンポン砲が2基あり、両方とも砲員が配置に就いていたが、不思議なほどに動きがなかった。ビセット艦長が、今や1000ヤードほどに迫った敵機を指差して怒鳴った。砲員たちは、何事かと一斉に振り向いたが、どうにもまごついているように見えた。

「目を覚ませ！」艦長が吼《ほ》えた：「見ろ！　あっちだ！　奴を撃て！」。

それでも1秒か2秒の間、砲員たちは戸惑っていたが、ようやく事態を理解すると、耳をつんざくような断続的な爆音を立てて両ポンポン砲が火蓋を開いた。艦上の全砲門がそれに加わった。イタリア機は右舷艦首の真横で魚雷を投下し、急旋回して、瞬くうちに離れていった。

「面舵一杯！」艦長の怒号が飛ぶ。

『フォーミダブル』がすぐさま舵に応え、魚雷が投下された右の方に艦首を巡らせ始めると、船体が大きく左に傾いて、雷跡を梳《くしけず》る針路に乗った。空母は30ノットまで増速した。魚雷の接近する相対速度は約70ノット、投下地点までの距離は1000ヤードなので、命中するか外れるか、運命の瞬間までは25秒ほどである。その前に大声が響いた。

「右舷警戒！　敵機！　緑20！」

今度も艦長だった。2機目のＳＭ79が右舷艦首に迫っていた。今度はすぐに艦首側の対空砲火が火を噴

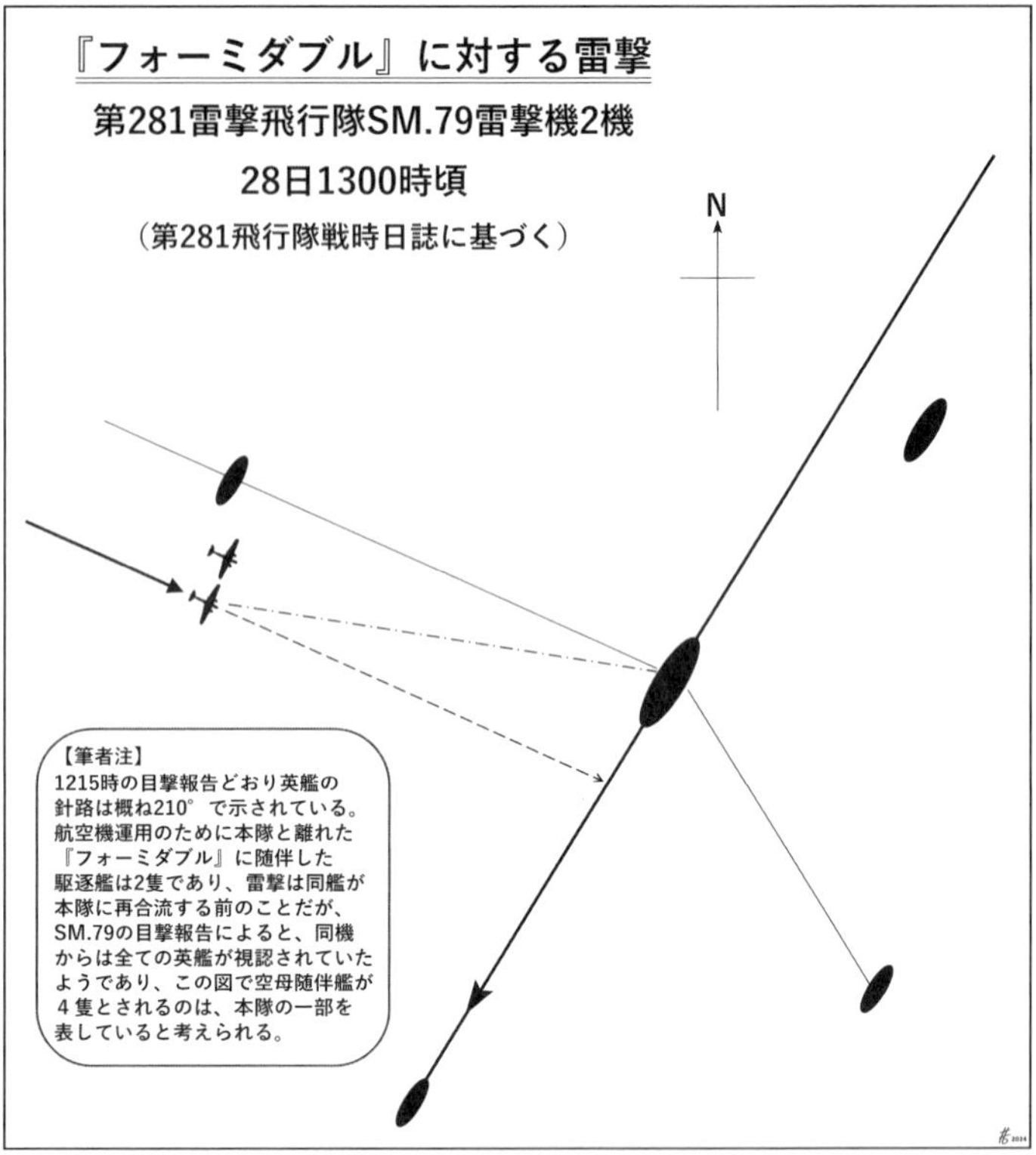
『フォーミダブル』に対する雷撃
第281雷撃飛行隊SM.79雷撃機2機
28日1300時頃
（第281飛行隊戦時日誌に基づく）
N
【筆者注】
1215時の目撃報告どおり英艦の針路は概ね210°で示されている。航空機運用のために本隊と離れた『フォーミダブル』に随伴した駆逐艦は2隻であり、雷撃は同艦が本隊に再合流する前のことだが、SM.79の目撃報告によると、同機からは全ての英艦が視認されていたようであり、この図で空母随伴艦が４隻とされるのは、本隊の一部を表していると考えられる。

いた。ＳＭ79は、魚雷を投下すると急激に遠ざかって行った。

「面舵一杯！」再び艦長が叫んだ。『フォーミダブル』が大きく傾いだ。今回は距離１５００ヤードほどで投下されたが、魚雷は命中することなく通り過ぎて行った。

敵機が去ると、針路は再び戦艦たちとの合流コースに乗せられた。被害はなかった。なお、イタリア側ではこのとき攻撃した空母を『イーグル』であると考えており、同艦に魚雷を命中させただけでなく、艦名不明の大型巡洋艦１隻を撃沈したと誤認している。

１３３０時、カニンガムは次のように状況を評価した。イタリア艦隊は、南北二つのグループに分かれているようである。南のグループは、戦艦1、巡洋艦3、駆逐艦7から成っていると考えられる。軽快部隊中将が１１１６時に最後に目にした時は北西に向かって航行していて、それ以降は誰も見ていない。北のグループは、戦艦2、巡洋艦3、隻数不明の駆逐艦である。マレメの攻撃隊が正午に攻撃した時は、ガウド島の西方海域を西に向かっていた。

１４００時、カニンガムは以上のことを艦隊全艦に伝えた。ちょうどその時、『フォーミダブル』が戦闘艦隊に追い付いて来た。

イギリス艦隊は、今や15インチ砲戦艦３隻と装甲空母１隻、その約16浬前方を行く６インチ砲巡洋艦４隻、随伴の駆逐艦13隻という壮観を呈していた。好天に恵まれ、空は澄み、海は静かで、穏やかな北西の風が吹いていた。つまり、『フォーミダブル』は艦載機を発艦させるために大きく針路を変える必要がなく、何の妨げもなく安定して22ノット以上の速力で追撃できるのである。

任務「J」のソードフィッシュは広大な海域を索敵していたが、可能な限りの速力で西に向かっていたイタリア艦隊の位置を掴《つか》めず、他に使える機体もなかったため、完全に敵を見失ってしまった。１４００時には、第一次攻撃隊のうちの３機のアルバコアが燃料補給を終えて、再び索敵のために送り出された。

１４５９時、アルバコア４F機のマイク・ハワース大尉がついに『ヴィットリオ・ヴェネト』を発見し、位置、針路、速力を報告して追跡を始めたが、彼の報告は１５１５時になるまで受信してもらえなかった。ハワースは、暗くなるまでイタリア戦艦に張り付いて定期報告を送り続けた。

10分後、『フォーミダブル』の第二次攻撃隊が『ヴィットリオ・ヴェネト』を前方に発見した。戦艦は、艦首両舷に駆逐艦を２隻ずつ配置していた。イタリア艦隊の振る舞いから考えて、彼らが攻撃隊に気付いていないのは明らかだった。第二次攻撃隊の指揮官ダリエル＝ステッド少佐は、攻撃準備のために太陽に向かって高度を上げていった。

第15章　第二次航空攻撃

　メニディとパラミティアに所在するイギリス空軍上層部の調整によって、カニンガム提督は前者に24機、後者に6機のブレニム爆撃機を準備させていた。1機のサンダーランド飛行艇が、偵察中に「複数」のイタリア戦艦を発見し、すぐに第84飛行隊3機、第113飛行隊6機のブレニム爆撃機が飛び立った。1330時におけるイタリア艦隊の位置は北緯35度11分、東経22度15分とされたが、それはカッタネオ提督の第1・第8戦隊の針路上やや前方の位置を指していた。

　しかしながら、ブレニムが1420時に発見した敵は、巡洋艦戦隊ではなく『ヴィットリオ・ヴェネト』だった。3機のブレニムから投下された爆弾は、戦艦の両舷50～150mという近い距離に並んで落下した。大きな水柱が立ち昇ったが、艦に被害はなかった。1450時には、さらに6機のブレニムが高高度から爆撃したが、対空砲で迎撃され、前回同様に回避運動が行われて、爆弾は全て海面に落下した。

　一方、第829飛行隊のアルバコア3機とソードフィッシュ2機を率いて『フォーミダブル』を飛び立ったダリエル＝ステッド少佐は、1510時に『ヴィットリオ・ヴェネト』を発見した。太陽を背にするように高度を上げ、敵の護衛駆逐艦に発見される前に高度5000フィート（1・5km）に達した。旗艦を護衛する先頭のイタリア駆逐艦が砲撃してきたが、護衛に付いていたフルマー戦闘機によって甲板や上部構造物に機銃掃射を受けて対空射撃が妨害され、駆逐艦は向きを変えた。3機のアルバコア5F、5G、5H各機は『ヴィットリオ・ヴェネト』の前方約3000ヤード（2・7km）まで飛行して、そこで編隊を解き、ダリエル＝ステッド少佐の乗る5G機は右に旋回して戦艦の左舷へ、他の2機は戦艦の右側へ回り込んだ。そこで彼らは向きを変えて、異なる方向から高速で目標に接近した。時に1519時。イアキーノは、「皆、高高度爆撃への対応で手一杯で、すぐ近くに来るまで、接近する雷撃機3機は発見されなかった」と述べている。艦橋や上部構造物に対する護衛戦闘機からの機銃掃射を受けた白軍の見張りと砲手が、ほんの束の間だがそれに驚いて反応できず、3機のアルバコアによる正面攻撃が、まったく妨げられることなく継続できたのは、そのためだったとも記している。

空から迫り来る攻撃に対応するために『ヴィットリオ・ヴェネト』の艦長に残された方向は一つしかなく、彼は面舵一杯を命じた。だが、これは戦艦の右舷が、護衛駆逐艦の対空砲火による弾幕の外に出るということを意味していた。

魚雷を投下して、艦の至近で急旋回するアルバコア雷撃機。(USMM)

ダリエル＝ステッド少佐は、ぎりぎりまで近付いて距離1000ヤードで魚雷を投下した。他の2機も近距離で魚雷を投下した。『ヴィットリオ・ヴェネト』の対空砲火がダリエル＝ステッド機に集中する。同機は左に急旋回して対空砲火が比較的薄い戦艦の右舷に逃げ込もうとしたが、左舷前方で護衛に就いていた駆逐艦『フチリエーレ』と戦艦自身の十字砲火に晒《さら》されて多数の被弾を喫し、突然よろめくと、『ヴィットリオ・ヴェネト』の前方何十mかの距離を横切って急激に高度を落とし、最後は右舷1000ヤードほどの海面に突っ込んだ。イァキーノはこの雷撃機について、その技量が抜群で勇敢であったため、魚雷投下前にこんなにも接近できたのだとして、「自らの攻撃が成功したことを知って満足することなく、その勇敢な操縦士は戦死した」と記している。『ヴィットリオ・ヴェネト』艦橋の面々は、雷跡がどんどん近付いてくるのを見つめていた。「皆、生きた心地がせず、攻撃機に目が釘付けになった」。

戦場を観測していた4F機のマイク・ハワース大尉が、上空からこの攻撃を目撃して、定時報告に次のように記した‥

攻撃隊のアルバコアの上昇スピードはソードフィッシュより速かったので、攻撃は2波に分かれて行われた。太陽を背にして降下し、第1波はある程度の奇襲となり、敵艦はそれを避けるために180度反転した。

永遠とも思える時間が経過して、巨大な戦艦がようやく舵に応え始め、徐々に舳先《へさき》を右に巡らせていったが、するすると近付いて来た雷跡は、ダリエル＝ステッド機が墜落した数秒後、戦艦の左舷水面下に吸い込まれていって、ごく浅い角度で艦尾に命中した。凄まじい衝撃が巨大な船体を襲い、艦尾カタパルトに載せられていたRo43観測

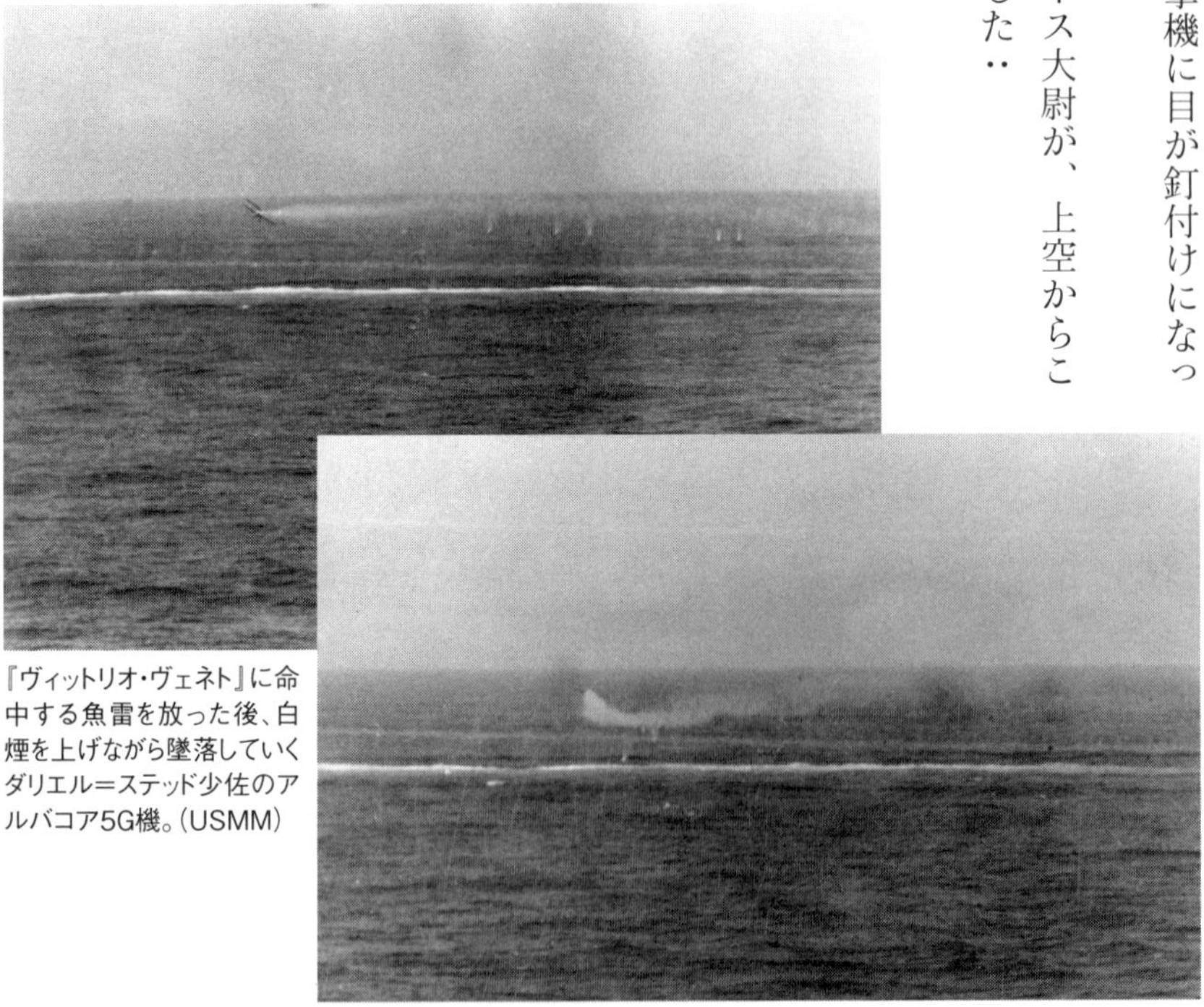

『ヴィットリオ・ヴェネト』に命中する魚雷を放った後、白煙を上げながら墜落していくダリエル＝ステッド少佐のアルバコア5G機。(USMM)

『ヴィットリオ・ヴェネト』に魚雷が命中した衝撃で、艦尾カタパルトからずり落ちて傾いたRo.43水上偵察機（主砲発射の爆風によるとの説もある）。艦尾甲板にも対空識別用の赤白のストライプが描かれていることが分かる。（USMM）

機が、落下して傾いた。

2機のソードフィッシュ5Kおよび4B機も攻撃のために太陽に向かってそれぞれ上昇していた。『ヴィットリオ・ヴェネト』が右に向きを変え始めた時、駆逐艦の防御陣形から離れて、右舷ががら空きになった。2機は同時攻撃を決意して、高度800フィート（2・4km）から降下に入った。海面近くに降下するまでに『ヴィットリオ・ヴェネト』は180度向きを変えていて、僅か12乃至《ないし》14ノットでのろのろと進んでいた。この時、1機のイギリス空軍機が投下した爆弾が右舷艦尾付近の至近弾になり、奔騰した巨大な水柱が崩れて、艦尾に降り注いだ。大きな水飛沫《しぶき》が右舷艦尾と右舷舷側に立ち昇るのが見えた。雷撃機がそのような攻撃の後で退避するのは、大きな危険を伴った。対空砲火だけでなく、爆弾による大量の水飛沫が機体に当たる可能性があるのである。各機は急激な回避行動を取り、何とか無事に逃れることができた。

ハワースによる報告の続き：

煙突から煙の輪を吐き、さらに180度回って元

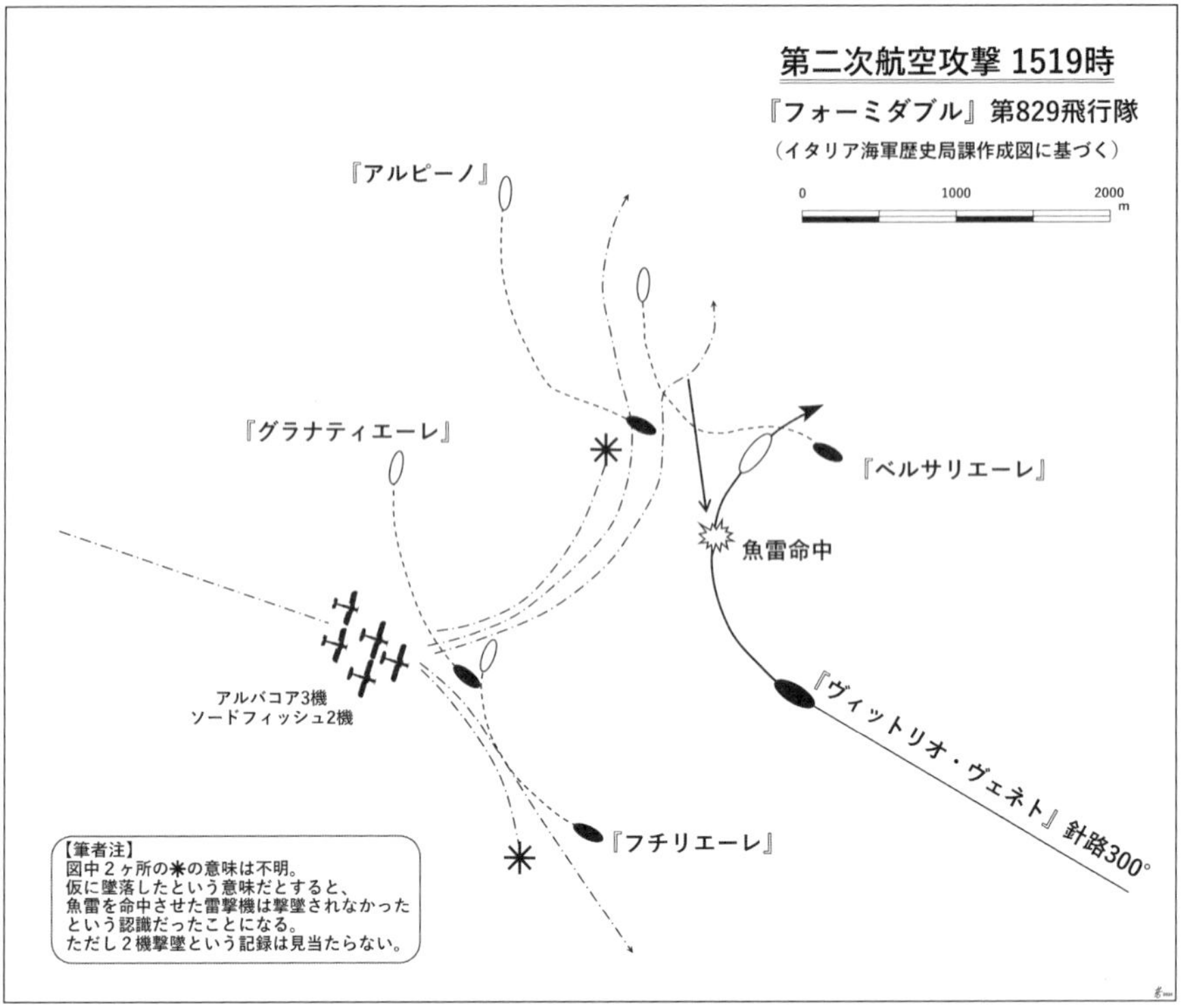
第二次航空攻撃 1519時
『フォーミダブル』第829飛行隊
（イタリア海軍歴史局課作成図に基づく）
0
1000
2000
m
『アルピーノ』
『グラナティエーレ』
『ベルサリエーレ』
魚雷命中
アルバコア3機
ソードフィッシュ2機
『ヴィットリオ・ヴェネト』針路300°
『フチリエーレ』
【筆者注】
図中２ヶ所の✳の意味は不明。
仮に墜落したという意味だとすると、
魚雷を命中させた雷撃機は撃墜されなかった
という認識だったことになる。
ただし２機撃墜という記録は見当たらない。

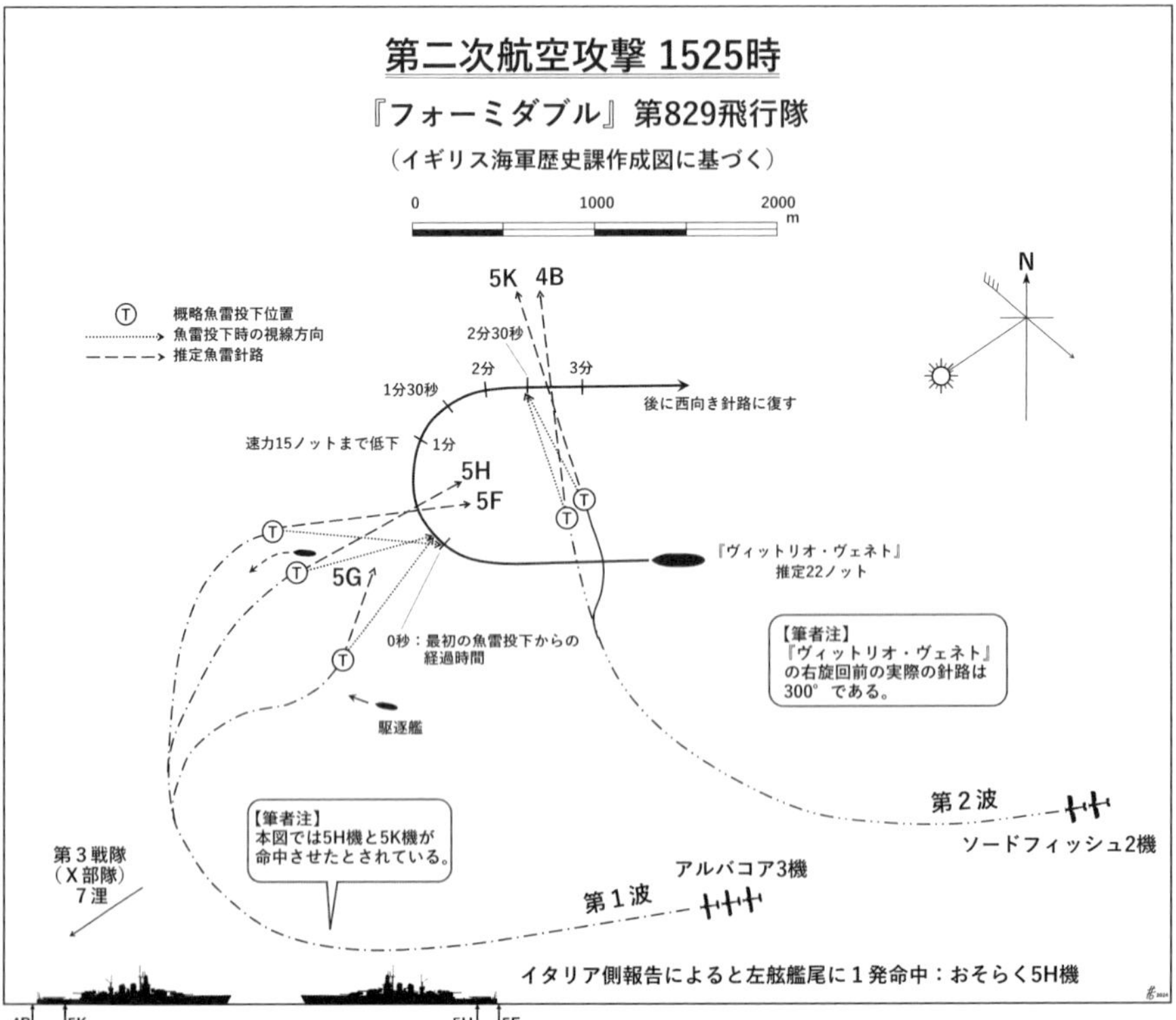
第二次航空攻撃 1525時
『フォーミダブル』第829飛行隊
（イギリス海軍歴史課作成図に基づく）
0
1000
2000
m
Ⓣ 概略魚雷投下位置
魚雷投下時の視線方向
推定魚雷針路
5K
4B
N
2分30秒
2分
3分
1分30秒
後に西向き針路に復す
速力15ノットまで低下
1分
5H
5F
5G
『ヴィットリオ・ヴェネト』
推定22ノット
0秒：最初の魚雷投下からの
経過時間
駆逐艦
【筆者注】
『ヴィットリオ・ヴェネト』
の右旋回前の実際の針路は
300°である。
第２波
ソードフィッシュ2機
第３戦隊
（X部隊）
7浬
【筆者注】
本図では5H機と5K機が
命中させたとされている。
アルバコア3機
第１波
イタリア側報告によると左舷艦尾に１発命中：おそらく5H機
4B
5K
5H
5F

の帰投針路に復したが、その時敵戦隊は、駆逐艦が目立った航跡を引かないほどの速さで進んでいた。敵の速力が著しく低下しているのは、否定しようがなかった。

『ヴィットリオ・ヴェネト』が雷撃を被っていたのとほぼ同時刻の1520時、サンソネッティ提督の第3戦隊も陸上基地から飛来したイギリス空軍のブレニムによる空襲を受け始めた。爆撃は1700時まで続き、イギリス側は1隻の巡洋艦に2発、もう1隻にも2発を命中させたと認識したが、実際には『トレント』と『ボルツァーノ』に至近弾があっただけだった。

また別のブレニムの編隊は、1515時から1645時にかけてカッタネオ提督の第1・第8戦隊を繰り返し攻撃し、『ザラ』と『ガリバルディ』に至近弾を与えたが、両艦ともさしたる被害はなかった。

一方、マレメの艦隊航空隊では、1330時に最初の攻撃隊が戻ると、すぐに次の攻撃隊が準備された。機体の数が逼迫《ひっぱく》していたが、第815飛行隊の指揮官が、ギリシャ本土に残された唯一の作戦行動可能なソードフィッシュと最後の1本の魚雷と共に、ちょうどエレウシスから到着した所だった。マレメではもう2機を用意することができ、この3機がマレメからの次の攻撃隊とされることになった。

だがマレメには、機体の欠乏以外に別の問題があった。巡洋艦『ヨーク』の損傷により、通信が甚だ困難になっていて、その伝達にかなりの遅延が生じていたのである。マレメには携帯型の送受信機があったが、それは小さ過ぎてスダ湾からの通信をキャッチできず、結果的に陸上の艦隊航空隊は、最新の状況から置き去りにされていた。局面を打開しようと、1機のフルマー戦闘機が『ヴィットリオ・ヴェネト』の位置と針路を特定するために送り出され、その報告を待って出撃することとされた。

1600時頃、第二次攻撃隊が『フォーミダブル』に帰艦した。彼らは正午過ぎに発艦してから4時間近く飛び続け、この日中の戦いで最も決定的な場面に参加したのだった。雷撃機と護衛戦闘機が1機また

1機と着艦したが、状況報告のために作戦室に集まるまで、互いに僚機の攻撃の成否や運命については知らなかった。ダリエル＝ステッド少佐の駆る指揮官機は、航続時間の限界を超えても戻らなかった。『フォーミダブル』艦上では、陸上の基地に戻ったとか、不時着水した後に救助されるという可能性も捨て切れてはいなかった。だが、実際にはダリエル＝ステッド少佐の5G機は撃墜されており、彼と観測員のクック大尉、機銃手のブレンクホーン兵曹が戦死した。ダリエル＝ステッド少佐は、この日の活躍により、後に殊功勲章を授与されている。

閃光《せんこう》に晒され、時に水飛沫を浴びながら、爆煙の漂う海上を飛び交った搭乗員たちが、確実な戦果を示すのは困難だったが、帰艦した飛行隊の報告を総合すると、おそらく3本の魚雷が命中したと認識された（注：5F、5H、5K機の雷撃と見なしていたと考えられる）。それを報告すると、司令長官から「よくやった。夕暮れ時にもう一発お見舞いしてやろう」という返信が届いた。

5F機の操縦士で、次席指揮官のA・S・ホイットワース大尉は、帰還が叶わなかった第829飛行隊指揮官に宛てた報告書に、次のように記した：

指揮官機は1510時頃攻撃のために降下し、左翼の先頭にいた駆逐艦が砲撃を開始した時、高度5000フィートで見えなくなった。この瞬間、2機の戦闘機が敵艦を攻撃し、その駆逐艦は急速に左に転舵した。同時に、戦艦は右に向きを変え始めた。この時点で、自分は戦艦の左舷艦首を目がけて降下し、魚雷を投下した。5H機の観測員と機銃手の両名が、その少し後に左舷中央に水柱が立つのを確認した。これ以降、同機に関する確実な情報は有していない。5H機は、5G機の直後に魚雷を投下したが、その位置は左舷艦首からもっと遠かった。退避中、同機の搭乗員が左舷艦尾に二つ目の水柱を目撃した。

左舷艦尾の水柱は、ほとんど全員が目撃した。自分は命中したものと考えている。

敵艦を追尾している４Ｆ機のマイク・ハワース大尉が１５５８時に発した無電を受信して、イギリス艦隊の士気は大いに盛り上がった。

敵速、大いに低下せり。

第16章　退却2

1519時にダリエル＝ステッド少佐が放った魚雷は、『ヴィットリオ・ヴェネト』の左舷外側スクリューの真上、水線下5mほどの深さに命中した。当時のイタリア戦艦は、水面下の船内側部に備えた多重円筒で、魚雷や機雷の爆発による衝撃を吸収する、プリエーゼ式水中防御システムという独特の水雷防御方式を採用していたが、それが施されたのは船体中央の長さ120mの範囲だけであり、魚雷が命中した位置はその外だった。30m×10mの大きな裂け目が生じて、巨大戦艦には見る見るうちに4000トンほどの海水が流れ込み、船体は左に傾いて、徐々に艦尾が低くなっていった。操舵用ポンプが故障して舵が動かなくなり、機関が減速し始めて、1530時には停止してしまった。

機関員たちがすぐさま修理に取り掛かり、驚嘆に値するほど短時間のうちに、右舷のタービン主機が2基ともゆっくりと回り始めた。魚雷の爆発によって、ケーシングに収められた左舷外側の推進軸が折れ、左舷内側の主機も、推進軸の潤滑油経路に浸水して、推進軸の緩衝軸受けが固着してしまったため、それ以降は帰港するまで右舷機関のみに頼らざるを得なかったが、舵を右に切り続けることによって針路を維持することができた。操舵用ポンプが動かず、補助舵も同様だったので、しばらくの間は人力で舵を動かしていたが、やがて2台ある操舵用ポンプのうちの1台が修理されて、平常通り操舵できるようになり、戦艦は16ノットで進んだ。その後は徐々に右舷主機の出力も上がり、1700時過ぎにはその気になれば19ノット以上を発揮可能なまでになっていた。

『ヴィットリオ・ヴェネト』が攻撃を受けた位置は、北緯35度00分、東経22度01分であり、最も近いイタリア海軍基地であるタラントまでは420浬の距離があった。作戦指令ではナポリに帰還することに

なっていたため、イアキーノ司令長官は1615時にローマの海軍最高司令部に宛てて、次の報告を送った‥

1520時、爆撃機2機と雷撃機3機による攻撃を受け左舷に被雷。左舷の舵、動作せず。速力回復を期しつつ16ノットで航行中。

別命無い限りタラントに向かう。

しかし、420浬というのは、半身不随の『ヴィットリオ・ヴェネト』にとっては気の遠くなるような道のりだった。速力が出ないだけでなく、右舷機械しか動作しておらず、操縦性が著しく低下しているのである。イアキーノは、夜になる前に空襲を受けないよう、また夜になってから駆逐艦に夜襲をかけられないよう祈った。さらに彼には、もう一つ心配の種があった。それは、艦内に浸入した水をコントロールできるのかということである。

イアキーノは、自分の艦隊を守るために1機のイタリア機もドイツ機も上空に姿を現さなかったということについて不平をこぼしている‥

(空からの)協力がまるでなかったことに、私はすっかり裏切られた気分だった。その日は丸一日中、戦闘機による掩護をまったく受けられないままにされたのだ。

前述したように、CR42戦闘機は午前中いっぱい闇雲に捜索を続けたが、悪天候に阻まれて艦隊を発見できたのは3機だけであり、その3機も上空に留まれたのは僅か10分間に過ぎなかった。0715時には

２機のＳＭ79が艦隊上空に到ったが、敵機と間違われて対空砲火を受ける始末だった。ただし、この日の午後、ナポリを離れる前に海軍参謀次長が電話で約束したような上空援護を受けられなかったことについては、必ずしも空軍だけの責任とは言えず、ある意味で当然のことだった。ローマの海軍最高司令部も『ヴィットリオ・ヴェネト』も、誰一人として空軍最高司令部に艦隊の動きを知らせようとはしなかったからである。

１６１５時のイアキーノからの信号を受けた海軍最高司令部は、事態の深刻さを理解し、『ヴィットリオ・ヴェネト』の運命を憂慮して、ただちにタラント軍港、空軍最高司令部、そしてタオルミナのドイツ第10航空軍団司令部と電話連絡を取り始めた。

海軍最高司令部が最初に執った措置の中には、傷付いた戦艦のためのドックをタラント軍港にただちに準備するよう命令することと、第10駆逐隊への出港準備命令が含まれていた。海軍最高司令部から『ヴィットリオ・ヴェネト』への通信：

『マエストラーレ』駆逐隊１９００時出港準備完了。
貴官の意向を待つ。

また、艦隊に有効な上空援護を与えるために、海軍最高司令部は第10航空軍団に対して、Bf１１０夜間戦闘機の出撃を要請した。この要請はドイツ海軍連絡事務所を通じてタオルミナに次のような形で伝えられた：

我が艦隊護衛のため、ただちに可能な限り最大数の戦闘機を派遣されたし。

しかし、第10航空軍団からの回答は、次のように何とも失望させられるものだった‥

戦闘機4機が飛行中であり、既に目標海域に到達している可能性あり。1800時まで艦隊近傍に留まり得る見込み。

暗中での着陸は不可であり、任務完遂には時間不足のため、これ以上の増派は不可なり。

この回答に基づいて、『ヴィットリオ・ヴェネト』宛ての通信がただちに作成され、それは1650時に送信された‥

ドイツ軍戦闘機、護衛のため出撃せり。

この通信では、Bf110が4機しかいないという事実が省略されていた。しかも既に1600時には、『ヴィットリオ・ヴェネト』から直接第10航空軍団に同様の要請が送られていて、それと行き違いになってしまった。イアキーノは、ドイツ空軍の代表として乗艦していたモーゼル大尉が、艦隊はドイツ戦闘機の航続圏内にあって、タオルミナの第10航空軍団司令部に直接信号を送ることができると請け合ったため、次の通信を送っていたのである‥

重戦闘機の派遣を請う。我が艦位北緯35度00分、東経21度50分、速力16ノット、針路300度。

１７００時にも『ヴィットリオ・ヴェネト』から航空支援要請が送信され、戦艦を護衛するためにドイツ軍の重戦闘機が必要であると繰り返された。

イアキーノ提督は、味方機の姿をまったく目にしなかったことを不満に感じていたが、第26駆逐航空団第Ⅲ飛行隊に属する４機のBf１１０は、サンダーランド飛行艇を攻撃するために１４３０時に出撃したものであり、その旨の通信もイアキーノの下に届けられていた。また、海上からは気付けなかったが、Bf１１０は実際にイタリア艦隊の上空に到達しており、イタリア海軍最高司令部からの要請によって後からカターニアを離陸した同飛行隊に属する６機のBf１１０と共に、50分間にわたって上空で護衛に就いていたのである。しかしながら、その時点ではイギリス軍による午後の航空攻撃が既に終了していたため、彼らが戦闘に介入する機会は訪れなかった。このように、ドイツ空軍はイタリア艦隊支援のために戦闘機を派遣していたのだが、海戦後イタリア側からは、第10航空軍団の対応について不満の声が上げられた。

イアキーノはまた、航空偵察の不手際についても強い憤懣《ふんまん》を抱いていた。偵察機による１２１５時の目撃報告は、無線方向探知結果の方を選んだことによって棄却したが、この海域を恒常的に哨戒すべき偵察機からは、それ以外の報告が一切届かなかったのである。

そして、イアキーノは自分自身の犯した過ちによって、もっと深い誤りの中に陥り始めていた。海軍最高司令部は、第10航空軍団第１戦略偵察飛行隊のJu88による１５００時の敵艦隊目撃報告を、『ヴィットリオ・ヴェネト』に送信していた‥

戦艦1、重巡4、軽巡3、駆逐艦12、北緯34度05分、東経25度04分、針路３００度、高速。

イアキーノはこの通信について、１５５０時にドイツ機が目撃した情報を１６００時に受領したと作戦報告書に記載しており、そこには敵針が300度ではなく30度、つまり自分から離れる方向であると記されている。なお、30度というのが300度の誤記でないことは、戦後のイアキーノ自身の著作で追認されている。一方、海軍最高司令部の日誌には、Ju88による目撃時刻は1500時であり、敵の針路は300度でも30度でもなく、285度と記されているのである。

敵の針路に関する数値の誤りが、どの時点で発生したかは不明ながら、いずれにしても報告にあった敵艦隊の位置は、『ヴィットリオ・ヴェネト』から170浬ほど南東だった。ただし敵艦隊の速力を考慮すると、目撃時刻を50分も取り違えたことにより、20浬ほどの誤差が生じているはずである。

イアキーノは報告にあった敵艦隊を、1215時に目撃されたもの（戦艦1、空母1、巡洋艦6、駆逐艦5）と同じだと信じていたが、その時とは構成が異なっていて、空母がいなくなっていることに疑問を感じた。このJu88は『フォーミダブル』を戦艦と取り違えたのではないだろうか。しかし、針路30度というのはどういうことだろう。高速であるということと合わせて考えると、その部隊か予《あらかじ》め定められた何等かの会同地点に急いでいるかのようにも思える。

参謀のうちの幾人かが、報告にあった針路は不正確であるか、仮に正確だとしても、こちらの飛行機が追跡しているのに気付いて、欺瞞《ぎまん》のためにわざと針路を変えたのではないかという意見を述べた。また、針路は正しいものであり、『ヴィットリオ・ヴェネト』攻撃のための発着艦を行う目的で、空母が一時的に針路を変えているだけなのではないかと言う者もいた。だが、どちらにしても、その部隊がイタリア艦隊を追う意図はないように思えたので、イアキーノが不安を感じることはなかった。

1615時には、もう一つ別の目撃情報が受領された。それはクレタ島の北を偵察していたドイツ第1戦略偵察飛行隊のJu88からのもので、1515時に3隻の軽巡洋艦が、北緯35度55分、東経23度15分の位置を、高速でチェリゴット海峡から真西に向かって抜けたと言う。イアキーノはこれを、イギリスの小部隊かギリシャの駆逐艦がスダ湾を出撃して、夜間にイアキーノの部隊を攻撃しようとしているのだと解釈した。この小部隊の針路は、最もギリシャ海岸近くを航行する第1・第8戦隊にとっては脅威となるものであったため、すぐカッタネオ提督に警告を発した。なお、この部隊は実際にはD部隊に属する3隻の駆逐艦『ジュノー』、『ジャガー』、『ディフェンダー』であり、カニンガム司令長官からクレタ島の北西、エーゲ海の南の入口を哨戒するために、ピレウス港から出港するよう命じられたものだった。

いまだにイギリス戦闘艦隊が近くにいることに気付いておらず、実際には存在しない、彼に追い付く見込みのないイギリス部隊が170浬南東にいると信じて、イアキーノはこの先に起こり得る二つの危険、すなわち暗くなる前の空襲と暗くなってからの駆逐艦による夜襲に、どう対処することができるかを考えた。その日の経験から、ドイツ第10航空軍団もイタリア空軍も、自分たちを守ってくれることはないということは既に確信していた。

そこで彼は、戦艦の周りに巡洋艦と駆逐艦の「壁」を作ろうと考えた。『ヴィットリオ・ヴェネト』を直衛する第13駆逐隊の駆逐艦を、戦艦の前後に2隻ずつ配置し、サンソネッティ提督麾下《きか》の第3戦隊『トレント』、『トリエステ』、『ボルツァーノ』を戦艦の左舷約1000mにこの順で並ばせ、その外側に彼らの護衛駆逐艦3隻を置く。第1戦隊には、戦艦の右側で第3戦隊と同様の隊形を成させて、『ザラ』、『ポーラ』、『フューメ』と4隻の駆逐艦を配置することとした。1638時にこの配置変更を命じる通信を発すると、戦艦に先行していた第3戦隊は、反転して1725時（1754時説あり）に新しい配置に就いた。第1戦隊は北西のもっと遠くにいたが、引き返して来て1840時に指定された位置に収まった。

イアキーノは、この「壁」によって集中的な対空砲火のカーテンを張れば、イギリス機をその外側に追い払うことができるだろうと考えた。敵機が攻撃しようとする場合、飛行機にとって好ましく、水上艦艇にとっては不利となる薄暗がりを利用するために、日没直後に攻撃して来ると予想されるが、この防御陣形によって戦艦の周りに濃密な弾幕と煙幕を張れるようにすれば、少しは有利になるだろう。

なお、第1戦隊と同行していた第8戦隊の軽巡『アブルッツィ』と『ガリバルディ』には、第6駆逐隊の2隻を伴ってブリンディジに帰投するよう命じた。これは北あるいは北西からの敵の攻撃に備えるための措置だったとの説もあるが、その方向にイギリス海軍の別動隊がいるとは考えにくく、またチェリゴット海峡を出た3隻の軽巡（実際は駆逐艦）に対処するにはやや方角が異なる。この後、実際に空襲を受けたことを考えると、第8戦隊の新鋭軽巡2隻を傍に置いておけば、対空弾幕を強化することができただろうが、逆に被害を受ける艦が増えるということもあり得る。戦艦1隻の護衛に、重巡6隻と駆逐艦11隻もあれば十分だと考えたのだろう。あるいは、陣形の左右バランスのようなことも考えたの

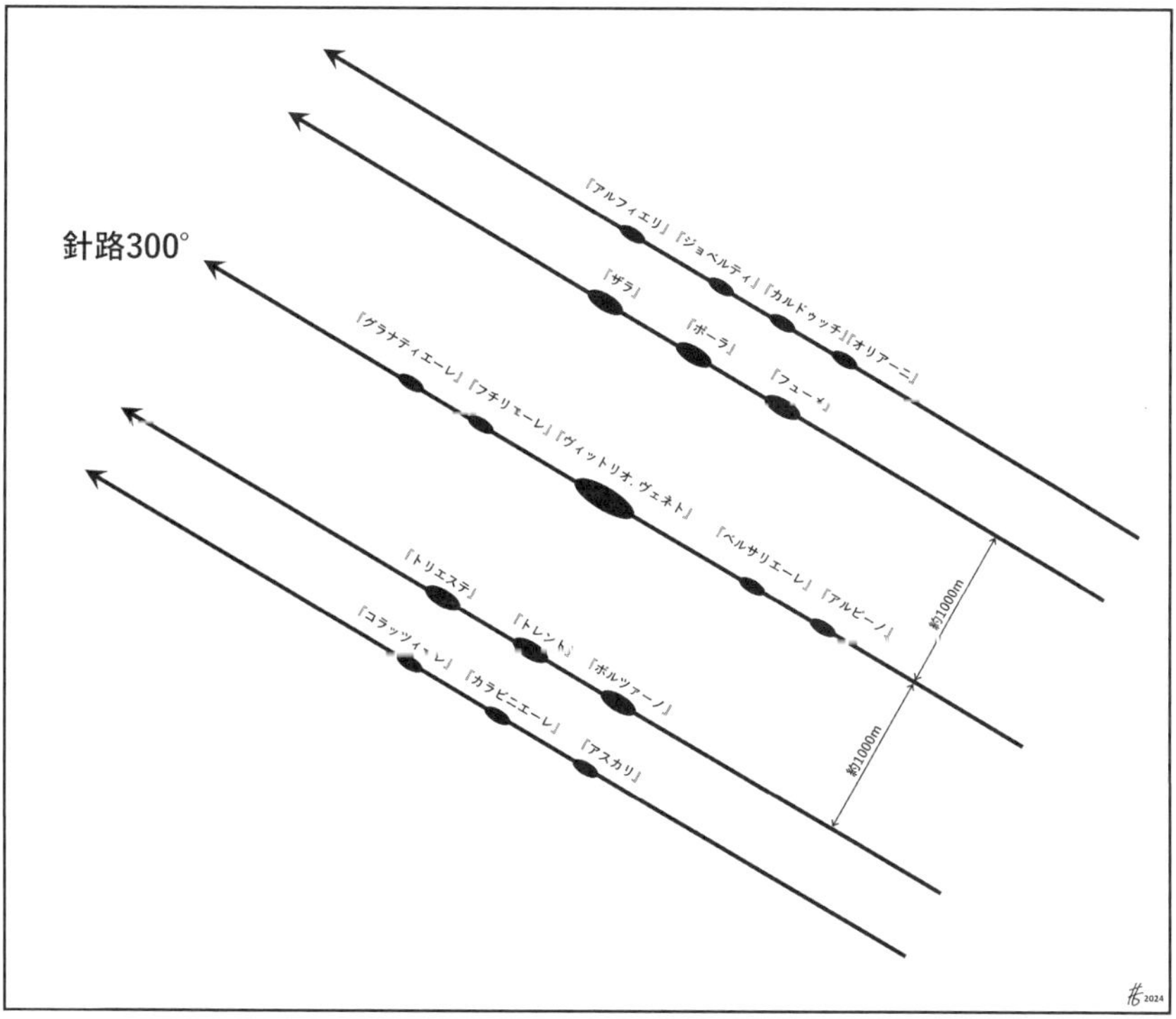

かもしれない。

イアキーノは、駆逐艦の夜襲についてはそれほど気にしていなかった。チェリゴット海峡でドイツ機が見つけた軽巡（駆逐艦）はまだ遠いし、そもそも月のない夜には『ヴィットリオ・ヴェネト』のような大きな艦であっても、目標を見つけることすらできないだろう。さらに、暗くなってからこちらが針路を変更すれば、その襲撃はもっと困難なものになるだろう。万が一、敵が自分たちを発見することがあったとしても、この陣形であれば戦艦まで攻撃を届かせることはできないだろうとも考えた。敵がこちらを発見するためには、イギリス軍がまだ保有していない夜間偵察機の支援を必要とするはずだし、彼らが長距離レーダーを実用化しているとは考えられなかった。

イアキーノは、配置に就いたこの堂々たる艦隊、中でも、これがそれを目にする最後の機会になろうとは露知らぬ右翼第1戦隊の巡洋艦列を、感慨深く眺めたと述懐している。第1戦隊の旗艦『ザラ』には、第二次エチオピア戦争で司令官の参謀長として乗艦した。『ポーラ』は、昨年の12月まで彼自身の旗艦であり、同艦の士官のほとんど知っていた。中でも艦長のデ＝ピーザ大佐は42歳で、艦長としては比較的若かったが、素晴らしい士官だった。艦列最後尾の『フューメ』には、１９３８年に第1戦隊を率いた際に自らの将旗を掲げた。『フューメ』はナポリで挙行された大観艦式に参加しており、その姿形と良好な操艦性によって、賞賛の的になっていた。

『ヴィットリオ・ヴェネト』機関員の多大な努力のおかげで、まだ決して満足いくものではなかったものの、何はともあれ当初の不安は軽減されていた。艦尾区画は完全に浸水して、船体は艦尾側およびやや左側に傾き、艦尾上甲板はほとんど水面下に没していたが、航行の大きな障害にはなっていなかった。左舷主機はいまだに動かなかったが、右舷主機はほぼ正常に機能していた。ただし、潤滑油に海水が混じってしまう危険性が常に付きまとっていた。もしそうなれば、推進軸のベアリングが固着して、減速を余儀なくされる。より大きな危険は、既に浸水している区画から隣接区画に浸水が拡がるということだった。もし浸水を防ぐことができなければ、艦の重量が増して、速力の発揮が困難になる。『ヴィットリオ・ヴェネト』は、艦隊全艦に搭載するよう事前に指示されていたにもかかわらず、携帯型の内燃機関式排水ポンプを搭載していなかった。そのため、乗組員たちは手動ポンプを必死に使い続けており、その努力によって、艦が呑《の》み込んだ海水の量を減らすことこそできなかったものの、増やすことは防げていた。これら全てを考え合わせると、さらなる空襲を受けない限り、イタリア艦隊の状況はそれほど悲観することもないように思われた。

だが突然、それは現実のものとなった。

1800時、『ヴィットリオ・ヴェネト』艦内で解読された傍受通信が、イアキーノに手交された。そこには「航空攻撃せよ。マレメからの飛行機により日没時に実行せよ。最も近い戦艦が標的である」とあった。イアキーノは、これをアレクサンドリアのイギリス海軍司令部からのものだと考えたが、実

タラントに向け退却中の『ヴィットリオ・ヴェネト』。艦尾が下がっているが、左右の水平は保っている。艦尾に傾いたRo.43水上機が見える。(USMM)

際は『ウォースパイト』艦上のカニンガム提督が、マレメに向けて再度の攻撃を準備するよう命じたものだった。

この通信は、ローマでも傍受、解読されたが、海軍最高司令部からイアキーノに転送されたのは210 0時のことで、それは、この後に起こる空襲が終わってから1時間以上も後のことだった。司令長官はこの時ほど暗号解読員を随行するという自らの先見性に感謝したことはなかった。彼らからの報せにより、攻撃を受けるまでに1時間の準備期間を与えられることになり、10分以内には艦隊全艦に警告が発せられた。

しかしながら間の悪いことに、この通信がイアキーノに手渡されたまさにその瞬間、右舷主機の潤滑油に海水が混入する危険性が高くなって、『ヴィットリオ・ヴェネト』は15ノットに減速せざるを得なくなったのである。

その15分後、艦尾方向の遥か遠くに最初の敵機が発見された。その日の日没は1840時だった。暗くなり始めると、敵機は襲い掛かってくるだろう。イアキーノは静かに言った：「敵機がいるぞ。奴らの仕事は日没と共に我々に止めを刺すことだ」。

イタリア海軍は、海上で薄暮時に航空攻撃を受けた経験がなかった。また、それに対応する規則もなかったため、そのための訓練を受けたこともなかった。彼らにできる唯一の防御策は対空砲火によるものだったが、この時間帯ではそれは全く不十分だった。深まりゆく暗闇が敵機を見えづらくするため、そちらに砲口を向けるのが難しくなるのである。

戦艦の運命は、イアキーノが即興で作った5列の陣形に懸かっていた。その陣形は、『ヴィットリオ・ヴェネト』の沈没を防ぐことができる唯一の方策のように感じられた。

イアキーノは、再び第10航空軍団に最緊急で護衛戦闘機を要請した。だが心中では、それが現れないということを確信していたし、実際にその確信が正しいことが証明されることになった。彼は駆逐艦に対して、太陽が没したら煙幕を展張するよう命じた。

ところで、１機のＳＭ79爆撃機が、１７３５時にイギリスの「輸送船団」を攻撃したという記録がある。それは正午過ぎにイギリス艦隊を攻撃した２機のＳＭ79と共にロードス島のガドゥーラを飛び立った第34爆撃群第68飛行隊の所属機だったが、その時はエンジン・トラブルにより引き返していた。修理後に再び出撃した同機は、北緯34度10分、東経24度15分で、『リアンダー』級巡洋艦１隻と駆逐艦４隻に護衛されて針路２８５度を速力８ノットで進む７隻の輸送船団を発見して攻撃し、巡洋艦に魚雷を命中させたと言うのである。報告にあった座標は、その日の朝、ガウド島沖で巡洋艦同士の砲戦が行われた海域だが、１７３５時の時点で両軍艦隊は遥か北西に移動していたし、もちろんこの日、同海域に出ていた輸送船団はない。攻撃したとされる時刻は『フォーミダブル』で第３次攻撃隊の発艦に忙しい時間帯だったが、イギリス側のどの部隊にも空襲を受けたという記録はなく、もちろん巡洋艦が被雷したという事実もない。

この攻撃に関する報告は、空軍最高司令部から海軍最高司令部に伝わり、ロードス島とレロス島の無線局を通じて、１９４５時、１９５１時、２０４８時の三度にわたって『ヴィットリオ・ヴェネト』で受信された。だが、イアキーノは戦後の著作で、この攻撃についての報告を受領したのは海戦の数日後だったと記しているのである。この件については、艦の無線室で受信していた報告が、何等かの事情でイアキーノの下まで届けられなかったのか、はたまた彼が何か保身のための意図を働かせて、当日報告を受けた事実を隠蔽したのかは定かではない。昼の攻撃に出遅れたＳＭ79が、よもや功を競って全くでたらめの戦果をでっち上げたなどということはあるまいが、位置にしても敵の編成にしても、さらにイアキーノの対応についても、実に謎多き報告である。なおイタリア国内では、輸送船団を攻撃したというこの報告から、敵戦闘艦隊が追跡している可能性にまで思考を巡らせるべきだったとする論もあるようだが、それは余りに無理筋というものだろう。

その一方、イタリア艦隊を追跡している英軍機のうちの１機で、コールサインが３ＣＴの機体（ボルト少佐搭乗機）が発した通信が傍受され、ただちに解読されたが、そこに記された内容は、戦艦１、巡洋艦6、駆逐艦11、針路３００度、速力14ノットというものだった。イタリア人たちはその正確さに舌を巻いた。速力をたった１ノット低く見積もっている以外、完全に正しかったのである。その少し後に傍受、解読した通信で、ボルト少佐は再び彼らを驚かせることになった。

1925時、敵は以下のような5列の陣形を成している：左から右、前から後ろに、駆逐艦3、8インチ（203㎜）砲巡洋艦3、『リットリオ』級戦艦1および駆逐艦2、8インチ砲巡洋艦3および6インチ砲巡洋艦2。対潜護衛は4隻から成る。

駆逐艦２隻を6インチ砲巡洋艦２隻と誤識別していること以外、これは全く正しかった。

今やカニンガム提督は、イタリア艦隊の全貌を正確に把握するに至った。これに対してイアキーノ提督は、自分を追跡しているイギリス戦闘艦隊の存在にいまだに気付いていなかった。

第17章　追撃2

第二次航空攻撃が終わった時に、まだ状況を明確に把握できずにいたという点で、カニンガム司令長官はマレメと大差がなかった。昼前に『ヴィットリオ・ヴェネト』が戦場を離脱した後に水上艦による敵の目撃報告はなかったが、午後もずっと飛行機からの報告は届き続けた。それらには敵艦隊の構成や配置についていくらかの相違が見られたものの、カニンガムは1330時頃に自らが下した、イタリア艦隊は二つのグループに分かれているという評価を、三つのグループであると考えなおすに至った。敵のX部隊（第3戦隊）は、『ウォースパイト』から100浬の距離にあり、Y部隊（『ヴィットリオ・ヴェネト』）の37浬西に位置していると考えられた。実際はそれほど西ではなかったものの、Y部隊については『ウォースパイト』から約35浬、Z部隊（第1・第8戦隊）は『ウォースパイト』から95浬と極めて正確に推定した。

敵の速力については、はっきりしなかったが、『フォーミダブル』の艦載機が1600時直前に、『ヴィットリオ・ヴェネト』が大きく速力を落としていると報告してきた。それは空母艦載機の第二次攻撃隊による戦果だった。カニンガムは、夜間の会敵に備えてあらゆる準備を成させることにした。この後、夕暮れ時の航空攻撃でイタリア戦艦にさらに損傷を与えることができれば、それは現実になるかもしれないのである。

1615時少し過ぎ、カニンガムは、駆逐艦に夜間攻撃の陣形を成すよう命じた。また、可及的速やかに敵艦を目視で確認するために、巡洋艦を前方に進出させることに決め、1644時、軽快部隊中将に対して、戦闘艦隊から離れて高速で前進するよう命じた。

プライダム＝ウィッペル提督にこの命令を与えて数分後、彼は航空隊少将から、第二次攻撃隊が『ヴィットリオ・ヴェネト』におそらく3本の魚雷を命中させたとの報告を受け取った。この知らせは、イタリア戦艦が速力を落としているという飛行機からの報告の裏付けになるものだった。

戦闘艦隊の前方を、視覚信号が到達できる最大距離に占位していたプライダム＝ウィッペル麾下《きか》の巡洋艦戦隊は、前方に進出せよとのカニンガム提督の命令を１６５１時に受領すると、すぐにそれを実行に移した。『モホーク』と『ヌビアン』が戦闘艦隊と軽快部隊の間に送られて、司令長官と軽快部隊中将の間の視覚信号による連絡を取り持つよう命じられた。

一方、１４００時に艦列に復帰した『フォーミダブル』からは、第一次攻撃から戻ったばかりの3機のアルバコアが、燃料補給と再兵装をして『ヴィットリオ・ヴェネト』捜索に飛び立った。その中の４Ｆ機が1時間後にイタリア戦艦を発見し、位置、針路、速力を報告すると、以降はこれを追跡する位置につき、１９３０時頃まで継続してから夜間追跡機と交代した。次の航空攻撃の主目標はもちろん『ヴィットリオ・ヴェネト』であり、かなり減速しているというのが事実であれば、夜になる前に決定的な戦闘に持ち込める可能性は高かった。だが、そのためにはまず獲物を見つけなければならない。しかしながら、夜間追跡機の操縦士も観測員も、ほとんど夜間飛行の経験がなかった。

『フォーミダブル』は、夕暮れ時に激しく魚雷攻撃を行うよう命令を受けていた。第８２６飛行隊のアルバコア6機（指揮官機を失った第８２９飛行隊の5Ｆ、5Ｈ機を含む）と第８２９飛行隊のソードフィッシュ2機が並べられて魚雷を搭載し、ブリーフィングを行った後、ソーント少佐の指揮の下、１７３５時に発艦した。彼らは、攻撃を終えたらマレメに着陸するよう指示されていた。当時、空母への夜間着艦は、敵にその位置を知られる危険があるため、禁止されていたのである。日没までまだ1時間あったが、敵を見つけるまで50浬か60浬を飛ばなければならず、完璧な奇襲を達成するためには、攻撃隊は敵を視認し続けながらも、その射程外に留まり、自らは発見されないことを願いながら、ここぞという瞬間を待たなければならない。

その後も『ウォースパイト』では、全体の状況をすっかり把握しているというには程遠く、それは「艦からと陸からの両方の偵察機が存在すること、風向の大きな変化、別々に行動する複数の敵部隊の存在、そして何と言っても敵艦の艦影を識別するのはいつでも困難であること」のせいだった。それでも司令長官は、夜間の遭遇に備えて計画を立て、自身の意図を艦隊全体に知らしめなければならなかった。

１８１０時、彼は次の信号を発した‥


損傷した敵戦艦と我が巡洋艦部隊が接触したら、第2および第14駆逐艦戦隊を攻撃に向かわせる。それで撃破できなければ、戦闘艦隊が後を引き継ぐ。巡洋艦が敵位置を特定できなければ、北、然る後に西に向かい、明朝再びの接敵を期す。


軽快部隊中将の巡洋艦戦隊は、1時間半にわたって全速で航進した。夜の帳《とばり》が下りるまでに会敵できるという相応の根拠があったものの、全てはイタリア戦艦が『フォーミダブル』機の午後の魚雷攻撃で、どの程度まで速力を失っているかに懸かっていた。

一方、駆逐艦は夜戦に備えて編成された。第10駆逐艦戦隊は、ヘクター・M・L・ウォーラー大佐（オーストラリア海軍）の座乗する『ステュアート』と、『ハヴォック』、『グレイハウンド』、『グリフィン』で編成され、戦闘艦隊の前方に位置して警戒陣形を成した。第14駆逐艦戦隊は、フィリップ・J・マック大佐の乗る『ジャーヴィス』と、『ジェイナス』、『モホーク』、『ヌビアン』から成り、戦闘艦隊の左舷前方40度・1浬に占位することとされた。同戦隊の『モホーク』と『ヌビアン』は、日が暮れて巡洋艦部隊との視覚信号連絡が終了してから合流することとされた。第2駆逐艦戦隊は、ヒュー・St・L・ニコルソン大佐の『アイレクス』以下、『ヘイスティ』、『ヒアワード』と、機関不調で帰投した『ヴェンデッタ』に代わって第10駆逐艦戦隊から編入された『ホットスパー』であり、戦闘艦隊の右舷前方40度・1浬に配置された。

艦隊砲術長のバーナード中佐は記している‥

午後の追撃の主たる印象は、互いに食い違う報告のために、状況が曖昧模糊《もこ》としていたということだ。……航跡図がその最たるものだが、唯一の幸運な誤りは、『ウォースパイト』の艦載機が、指示されていたスダ湾に向かう代わりに『ウォースパイト』に戻って来たということである。有能で経験豊富な同機の観測員（ボルト少佐）は、乗機が再給油されている間に雑然とした航跡図を眺め、再びカタパルト発進されると、観測員の「教本」に正確に則《のっと》り、また様々な信号表――平時の訓練では目にはするものの、誰も戦争中、実際に使うことはほとんどなさそうだと思うようになってくる――を駆使して、敵に関する一連の完全かつ詳細な報告の作成を進めた。それは機上観測報告の模範ともなるべき事例であり、平時に何時間もかけた観測員としての訓練は、この1時間のためにあったのである。

状況を正しく掴《つか》むための更なる試みとして、1745時、『ウォースパイト』の任務「Q」を担うソードフィッシュが、再びカタパルト発進した。同機が海上からクレーンで吊り上げられてから、1時間も経っていなかった。ボルト少佐は、訓練を積んだ熟練の士官であり、カニンガム提督が知りたいと望むことを知るようになるまでに、それほど時間は掛からなかった。

この時の任務のことをボルトが書き残している‥

作戦参謀（マンリー・L・パワー中佐）が下名にもう一つ別の任務をお与えになり、敵艦隊の位置、針路、速力、構成、配置についての錯綜《さくそう》した報告によって現出した状況を整理すべく、再給油後、可及的速やかにカタパルト発進することになりました。『ヴィットリオ』の速力が落ちていることは分かっていましたが、報告されている別の部隊が、戦艦や8インチ砲巡洋艦から成っているかどうかは明らかではありませんでした。

下名が発艦前にやった最後のことは、整列した照明路のない夜の外海で、海面を示すために光らせる浮遊発煙筒を3本掴んだことでした。我々は偵察任務を遂行し、自分たちの報告を、400浬ほど離れたアレクサンドリア無線局に直接無線連絡しました。我々は、アレクサンドリアから払暁時の対潜哨戒に出た時に、この無線局と何度も訓練を行っていました。ほんの数分間のうちに何十もの緊急作戦通信を発信することができる、我が機の電信士であり機銃手でもあるライス兵曹の手腕には、とても満足しています。これらの電信はアレクサンドリア無線局からマルタ、ジブラルタルに転送されて、ただちにホワイトホールの無線局で受信され、海軍省は、『ウォースパイト』艦上の司令長官とほとんど時を同じくして、それを受領することができるのです。

ボルトは1820時に『ヴィットリオ・ヴェネト』を発見し、11分後に彼の貴重な報告のうち最初のものが発信され、それ以外の報告もすぐそれに続いた。敵戦艦は3隻の巡洋艦と7隻の駆逐艦を伴ってイギリス戦闘艦隊の50浬ほど前方に在り、針路は300度、12乃至《ないし》15ノットの間と推定される速力を維持していた。その北西には、巡洋艦と駆逐艦から成るもう一つ別の部隊がいた。

『ヴィットリオ・ヴェネト』が損傷していることにはほとんど疑いはなく、これで期待通りに敵艦の速力を奪えたことが確かめられたものの、英戦闘艦隊はそれより僅か7ノットか、楽観的に見てもせいぜい10

ノットばかり速いだけだということも分かった。現時点の距離50浬を射程内の12浬に縮めるには、少なくとも4時間、あるいはそれ以上の時間が必要である。プライダム＝ウィッペル中将の巡洋艦が敵を視認した直後に実施する予定の駆逐艦による魚雷攻撃と、『フォーミダブル』機による薄暮時の魚雷攻撃に全てが懸かっていた。

司令長官は戦闘艦隊を二つに分け、一方は『ウォースパイト』と『ヴァリアント』、もう一方は『バーラム』と『フォーミダブル』とした。１８４５時、彼らは速力20ノットで単縦陣を成した。

１８５５時のボルトの報告：

敵は集結しつつあり。これまでに発見した敵の総勢力は以下の通り：
戦艦１・巡洋艦６・駆逐艦11。

太陽の光は、急速にその勢いを失いつつあった。ボルト機は、イタリア艦隊の後方約4浬、高度２０００フィート（６００ｍ）の位置を占めた。

１９１２時、敵艦隊が5列になり、戦艦はその中央列にあって前後に2隻ずつの駆逐艦を従えていることと、その左右の列には巡洋艦が3隻ずつ並び、一番外側の列は、それぞれ駆逐艦で構成されているというボルトからの報告が続いた。これは、失望させられる報告だった。このように戦力を集中されると、水上からだろうと空中からだろうと、どのような形の攻撃に対しても鉄壁の守りとなるのである。艦隊砲術長バーナード中佐の記述：

１９１５時までに状況が明らかになった。敵部隊は手に負えそうもない一つの塊に集中し、いまだに

西北西の帰投針路を進んでいる。だが、彼らは我々から45浬ほど離れているに過ぎず、明らかに僅か15ノットしか出ていない。1925時までに、軽快部隊中将がレーダーおよび目視により敵の一部を捕捉し、『フォーミダブル』による薄暮航空攻撃が1930時に決行されることになっている。

ボルト少佐からの最後の報告で、カニンガム提督は難しい問題に直面することになった。イタリア艦隊の5列の陣形は、並外れて手強い目標である。夜が明ければ、彼らは陸上から飛来する爆撃機の援護を受けることになるだろう。今すぐにでも駆逐艦を攻撃に送るべきか？　あるいは払暁の交戦を期して夜が明けるまで待ち、イタリアおよびドイツ機から激しい攻撃を受ける危険を甘受すべきたろうか？

カニンガム提督は、もしドイツ軍がギリシャを攻撃したら、同地のイギリス軍は撤退せざるを得なくなり、彼の麾下の全艦艇はその退却と兵員輸送船団の護衛に駆り出されることになるが、そのような目標に対してはイタリア艦隊が大挙して襲い掛かって来るだろうと確信していた。もし彼が払暁の戦闘を待ち、敵爆撃機によって多くの艦を失ってしまったら、ギリシャから撤退するイギリス軍兵員を危険に晒《さら》すことになるだろう。それは何としても避けなければならない。カニンガムは、明るくなってからの戦闘を避けることとし、薄暮時の航空攻撃の後に駆逐艦を送り込み、さらに戦闘艦隊でそれに続くことに決めた。

第18章　第三次航空攻撃

『ヴィットリオ・ヴェネト』の見張りが最初に見つけた敵機は、『フォーミダブル』の第三次攻撃隊だった。ジェラルド・ソーント少佐に率いられて１７３５時に発艦したアルバコア雷撃機６機とソードフィッシュ雷撃機２機である。

一方、マレメでは、『ヴィットリオ・ヴェネト』の位置を特定するために離陸した1機のフルマー戦闘機が、１６００時に必要な情報を携えて帰投すると、ソードフィッシュ３機から成る第８１５飛行隊が雷装して、１７１５時頃に薄暮攻撃に飛び立ったが、１機は離陸後にエンジン・トラブルが発生して帰投した。残る2機は、F・M・A・トレンス＝スペンス大尉とL・J・キゲル中尉が操縦していた。１８１０時、彼らは、駆逐艦６隻の防御陣形に守られて、方位３２０度を約14ノットで航行する４隻の軍艦を25浬の距離で発見し、その後方に占位した。

ソーント少佐の隊は、イタリア艦隊後尾の待機位置に長くは留まらず、マレメからのソードフィッシュ２機の後尾に付いた。日没まではまだ5分ほどあって、空は明るかった。彼らは眼下に広がるべた凪《なぎ》の海を見下ろしながら、太陽が水平線の下に隠れるのを待った。

１８５１時には太陽が完全にその姿を消したが、飛行機が有利になるにはまだ明る過ぎた。十分暗くなるまでに、さらに25分がゆっくりと過ぎていった。

イアキーノは、空からやって来る真の危険を承知していたが、彼の主な関心は爆弾ではなく魚雷による脅威にあった。左舷艦首方向の橙色《だいだい》の空を太陽がゆっくりと水平線の下に沈んでいき、艦尾方向の暗くなりゆく空にはイギリス軍機の編隊が付いて来ているのが見えていた。敵機は、イタリア艦隊からは自分たちの姿が見えにくくなり、その一方で西の空を背景にシルエットが浮かぶ獲物の輪郭を目がけて飛び掛かろうと、虎視眈々《たんたん》とその瞬間を待っていた。

イタリア艦隊では全員が戦闘配置に就いて、敵機が接近したら、すぐさま対空弾幕を張れるよう準備していた。また、各艦が煙幕を張ることと、接近して来る敵機の操縦士に直接照射してその目を眩《くら》ませるために、左右両翼の艦は探照灯を点灯することが決定された。だがこの二つの手段は、これまで密集隊形で実施されたことはなく、その効果については未知数だった。

太陽が沈んで行くにつれて、空が菫《すみれ》色に変わっていき、やがて暗灰色になって夜の帳《とばり》がゆっくりと下りてきた。海上から全ての光が失われた。

１９１５時イアキーノは、針路を左に30度変更して、真西に向かうよう命令した。また後ろに付いた２隻の駆逐艦『ベルサリエーレ』と『アルピーノ』に煙幕展張を命じた。前方の２隻の駆逐艦『グラナティエーレ』と『フチリエーレ』にも煙を出すよう命じると共に、戦艦が２隻に衝突しないよう、10度ずつ左右に移動させた。黄昏《たそがれ》の薄明りは急速に衰えていき、この変針が敵に気付かれていないよう、あるいは少なくとも攻撃計画を狂わせることができるよう期待した。するとすぐに最後尾の駆逐艦『アルピーノ』から、敵機が動き出したという報告があった。総員が、緊張しながら攻撃が始まるのを待っていた。

１９３０時には、敵機はすぐ近くまで迫っていた。空はすっかり暗くなったが、大きな艦影はまだ見えていた。今やいつ攻撃が始まってもおかしくなかった。

イアキーノは全巡洋艦と駆逐艦に探照灯の点灯を命じ、駆逐艦には煙幕を強化するよう命じた。探照灯が空を覆う煙の幕を照らし出すと同時に、全艦隊に30度右への変針を命じて原針路である３００度に復させた。艦隊が向きを変え始めた刹那、駆逐艦の機銃が発するカタカタという音によって夜の平穏が破られた。

駆逐艦たちが発砲を始めた直後には巡洋艦の重機関銃がそれに加わり、『ヴィットリオ・ヴェネト』の周囲で煙と炎の狂宴が始まった。対空砲が耳をつんざくような轟音《ごうおん》を発しながら咆《ほ》え立て、迫り来る敵機に対して、その銃身から獰猛《どうもう》な火炎を繰り返し吐き出し続けた。空は光の尾を引く曳光弾で溢《あふ》れた。ほぼ直上の対空射撃の届かない高い高度では、ソードフィッシュに乗ったボルト少佐が、特等席からその光景を目にしていた。ボルトの記述‥

日没時、イタリア艦隊は小さな集団に固まって、艦隊航空隊が夕暮れ時に魚雷攻撃をするには難しい標的と化しました。下名は、イタリア艦隊の約5浬後方から仕掛けられた攻撃を目撃しましたが、前回母艦に回収される前に、下名の機に搭載していた2発の500ポンド爆弾を投棄したことを激しく後悔しました。攻撃はこの上なく壮観で、イタリア艦隊は近接火器から夥《おびただ》しい量の色付き曳光弾を放っていました。

数分後には砲撃が弱まって、いったんほとんど終息したが、すぐにまた再開された。それまでよりもっと強く、もっと集中的に、とりわけ左舷に向けて対空砲が火を吹いた。サンソネッティ提督の第3戦隊が攻撃を受けているようだった。

イタリア艦隊各艦の操艦技術は目覚ましいものだった。刻一刻と暗さが増していき、しかも濃い煙幕が張られて互いの艦が見えにくい海上で、空からの激しい攻撃に晒《さら》されながらも、彼らは密集隊形を保ったまま二度も針路を変えて、最高の技量を披露したのだった。

イタリア艦隊が煙幕を張り始めた頃、ソーント少佐は僚機に集結を命じた。1925時までに、8機はイタリア艦隊から3000ヤード以内の距離に迫っていた。彼らは対空砲や他の砲からの曳光弾を含む激しい弾幕に行く手を阻まれたため、北東に向きを変えて編隊を解き、別々の方向から単機で攻撃せざるを得なかった。各機個別に敢行した攻撃では、探照灯の光芒《こうぼう》に目を眩まされ、厚い煙幕に行く手を遮られて、はっきりと見えるものは何もなかったが、ほとんどの操縦士が、自分は戦艦を攻撃したのだと考えていた。しかしながら、何人かの観測員の報告では、右舷から攻撃されて1本の魚雷が命中したのは右翼中央の巡洋艦であり、それは重巡洋艦『ポーラ』だった。その魚雷を放ったのはＧ・Ｐ・Ｃ・ウィリアムズ中尉が操縦するアルバコア５Ａ機で、１９４５時、彼は凄《すさ》まじい対空砲火の弾幕を掻《か》い潜《くぐ》って海面すれすれに降下し、強引に接近して魚雷を投下した。ウィリアムズは、『ヴィットリオ・ヴェネト』を攻撃したと信じていた。1分後、彼の放った魚雷は『ポーラ』の右舷中央にある主機室と缶室の間に命中した。艦内全ての電力が落ち、すぐさま三つの区画が浸水して、主機械が停止した。

第三次攻撃隊を率いるソーント少佐の報告：

当該海域の暗さのために戦果を評価するのは困難でしたが、巡洋艦に1発命中したのを目撃しました。

この魚雷の命中は、このあと極めて重大な結果をもたらすことになる。

攻撃を終えた『フォーミダブル』の艦載機は、夜間は空母に着艦することができなかったためスダ湾に向かい、２１００時から２３００時の間に着陸した。ウィリアムズ中尉の５Ａ機は燃料が不足して、海上に着水するしかなかったが、幸い駆逐艦『ジュノー』がすぐ近くにいて、搭乗員を救助した。

ソーント機の観測員だったホプキンス大尉の手稿には、次のように記されている：

我々は低高度から接近して、日暮れと共に攻撃しようと、夕空に向けて飛び立った。今回は6、7機だったと思うが、目標海域に達すると、『ヴィットリオ・ヴェネト』が7隻の巡洋艦と1ダースかそこらの駆逐艦に囲まれているのが見えた。光の加減がいい塩梅《あんばい》になるのを待っている間に、別途クレタ島からやって来た2機のソードフィッシュが合流した。最初のうちは、彼らをイタリアのCR42複葉機かと思って、しばらく避けていた。ようやく空の暗い側から、西空の最後の光の中に浮かび上がったイタリア艦のシルエット目がけて攻撃を始めた時、まだ遠く離れているうちに彼らに見つかっていたのだと気が付いた。とても擦り抜けられそうにもない対空弾幕を張られてしまった。いったん引き下がらなければならなくなり、散開して、それぞれ別々の方向からもう一度突っ込んだ。イタリア艦隊の弾幕は、それはもの凄《すご》い眺めだったが、大して効果的ではなかった。たくさんの艦のたくさんの砲から発射された弾が、お互いの艦に命中していたが、我々の機体にはほとんど当たらなかった。

この攻撃から引き上げる時、『フォーミダブル』から、同艦が水上戦闘に巻き込まれる怖れがあるため着艦を許可できないので、もし可能であればクレタ島のマレメに向かうよう指示された。

我々の全機がそこに到達できたわけではなく、実際、自分自身を含めて飛行場に下りられたのは2機か3機だった。他の者は、クレタ島周辺の様々な場所に不時着水して、全員、船に拾ってもらうか自力で岸に辿《たど》り着くかした。

なお、イタリア側には、この時の対空弾幕が味方艦に命中したという記録はなく、ホプキンスの誤認であると考えられる。

『フォーミダブル』の攻撃隊が退くと、今度はマレメから来た2機のソードフィッシュの番だった。トレンス=スペンス大尉は、黒と白の煙に包まれた敵艦を目にしたが、探照灯に眩惑《げんわく》され、よりよい視界を得ようと高度を上げた。そこで彼は標的を選び、右艦列最後尾の巡洋艦（本人は戦艦と思っていた）に向かって高度を下げていって、距離４５０ヤード（４１０ｍ）で魚雷を投下した。その途中で被弾したが、何と

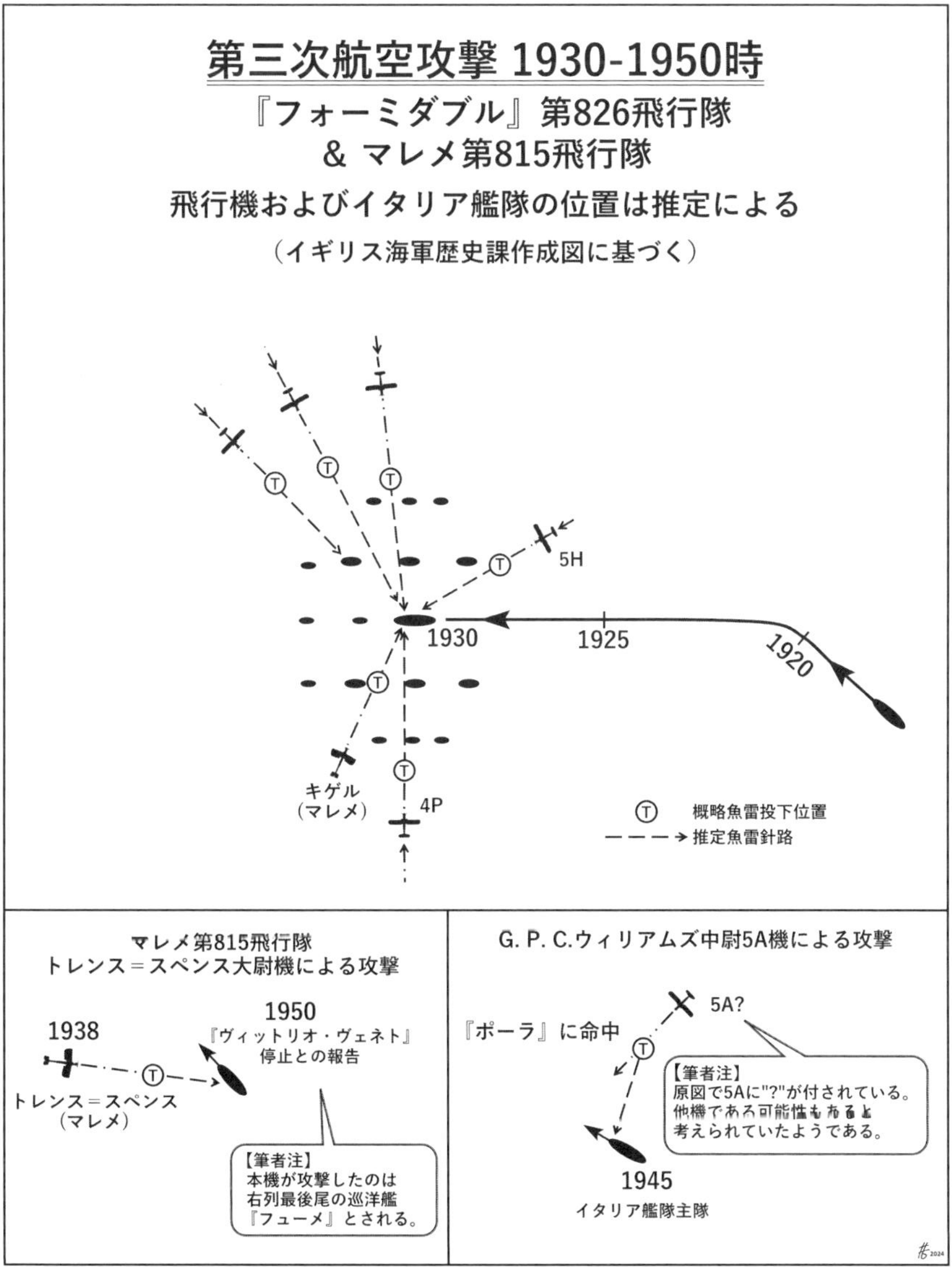
第三次航空攻撃 1930-1950時
『フォーミダブル』第826飛行隊
& マレメ第815飛行隊
飛行機およびイタリア艦隊の位置は推定による
（イギリス海軍歴史課作成図に基づく）
T
5H
1930
1925
1920
キゲル
（マレメ）
4P
T 概略魚雷投下位置
推定魚雷針路
マレメ第815飛行隊
トレンス＝スペンス大尉機による攻撃
1938
1950
『ヴィットリオ・ヴェネト』
停止との報告
トレンス＝スペンス
（マレメ）
【筆者注】
本機が攻撃したのは
右列最後尾の巡洋艦
『フューメ』とされる。
G. P. C.ウィリアムズ中尉5A機による攻撃
5A?
『ポーラ』に命中
【筆者注】
原図で5Aに"?"が付されている。
他機である可能性もあると
考えられていたようである。
1945
イタリア艦隊主隊

か逃げおおせた。
彼の僚機であるキゲル大尉は、『フォーミダブル』機がイタリア艦隊の右翼に攻撃するのを見て、自分は左から攻撃することに決めた。ゆっくりと煙幕の端に移動し、900乃至《ないし》1000ヤードの距離で、煙幕の前方100ヤードほどを狙って魚雷を放った。回避中に大型艦1隻と駆逐艦1隻の姿が煙幕の隙間にちらりと見えたが、識別はできなかった。どの飛行機の搭乗員も、自分の魚雷が命中したのかどうかを知らなかった。
マレメに帰還したトレンス＝スペンスは言った‥

あらゆる方向から対空砲火を受け、機体後部に被弾しましたが、うまく逃げ果《おお》せました。戦果は分かりませんでした。2120時にマレメに着陸しました。

一方、戦場の上空にいたボルトは、1950時に追跡任務を交代し、クレタ島のスダ湾に向かうよう指示を受けて、2125時にスダ湾に着水した。ボルトの記述‥

この時、『フォーミダブル』からイタリア艦隊を追跡する交代機が送られて、下名たちはスダ湾に機首を向けました。夜空は晴れていて月がなく、照明路のない海面に着水するのは、うちの操縦士にはちょっと難しいと思いました。スダ湾は急峻《きゅうしゅん》な山に囲まれていて、狭く、岸辺の明かりは全て消えていて、真っ暗な夜に好き勝手に下りられるような類の場所ではなかったのです。港の入口は二つの防材で守られていて、哨戒艇が監視していました。海面は滑らかでしたので、港の外に着水しようと決めました。低空飛行をしながら浮遊発煙筒を並べて落とし、旋回してうまく着水することができました。岸に向かって移動していく道すがら、この仕事をやってのけたライス兵曹は下名たちから誉めそやされました(注：ソードフィッシュ搭乗員は3名)。辺りは真の闇で、水平線も定かではありませんでした。しかも計器飛行盤を、予備品が足りない空母飛行隊に引き渡してしまっていましたので、我々の機体には昔ながらの旋回計しか付いていなかったのです。防材のところにいた哨戒艇に名乗ってから、港内にゆっくりと進み入りました。約5浬の距離が果てしなく遠く感じられました。オルディス灯が、ヘッドライトとして最も有用でした。そのうち下名たちは内火艇に出会って、夜間の係留場所まで案内してもらいました。下名は英国軍艦『ヨーク』に出頭して、ポータル艦長に報告し、艦上でその夜の戦いの様相を聞きました。『ヨーク』は数日前に爆装艇の襲撃を受けていました。ポータル艦長は、所蔵していたワインが水に浸かってしまったと嘆いておられました。下名たちは8時間以上も飛行しました。刺激的で、色々なことのあった1日でした。ですが、下名たちは夜間と薄暮時の飛行任務に習熟していて、機体にレーダーは装備されていませんでしたが、ソードフィッシュの操縦席がオープンだったおかげで、風防で閉め切られた操縦席ではできないような多くの事を成し遂げることができました。とりわけ、同じ機体の乗り組みとして下名たちはもう1年以上も一緒でしたし、陸上からの支援がほとんど受けられない困難な状況で、機体をいつも飛べるようにしてくれた整備チームは、私たちの信頼に応えてくれました。

空襲は20分で終わった。イタリア艦隊は、1945時に対空砲火を止めると、探照灯を消し、煙幕展張も中止した。この時、『ヴィットリオ・ヴェネト』の速力は19ノットまで回復していた。改めて針路が300度に設定され、全ては順調に思えた。『ヴィットリオ・ヴェネト』は無事だった。他の艦からも被害報告はなく、艦内は薄暮時のこの襲撃を生き延びた安心感で満たされていた。イアキーノは気付いていなかったのだが、この時『ポーラ』が隊列から離れて停止してしまっていた。彼がそれを知るのは、半時間も後のことになる。

第19章　カッタネオ戦隊の反転

空襲が止んで、まだその結果を評価する間もないうちに、イアキーノは『ヴィットリオ・ヴェネト』の機関修理が完了して19ノットを発揮できるようになったという報告を受けた。司令長官は、これに元気付けられて全艦にその速力で航行するよう命じ、今回の戦闘の結果について吟味し始めた。

攻撃を受けている間、旗艦艦上の人々は魚雷が命中した音を聞いていなかった。これは必ずしも1発も命中していないということを意味するわけではなかったが、少なくとも希望を持たせてくれた。『ヴィットリオ・ヴェネト』のすぐ後ろにいた駆逐艦『ベルサリエーレ』からの報告が最初に届けられ、敵機を1機撃墜したと主張したものの、結局それは間違いだということが分かった。同艦の観測員は、トレンス＝スペンス大尉のソードフィッシュが被弾したのを見て、撃墜と判定したのかもしれない。良いニュースではあったが、イアキーノが最も知りたかったのは、被害を受けた艦があるかないかだった。

巡洋艦戦隊の司令官たちが、報告を提出するまでにはある程度の時間を要すると言ってきたため、イアキーノはその前に夜間隊形を取らせることにした。旗艦を空襲から守るための5列の陣形は、夜間航行には向いていなかった。そこで2005時、カッタネオ提督の第1戦隊を戦艦の5000m前方、サンソネッティ提督の第3戦隊を5000m後方に、それぞれ随伴の駆逐隊を後ろに従えさせて配置し、第13駆逐隊には『ヴィットリオ・ヴェネト』の周囲で近接護衛に就かせる命令を発した。

戦闘の最中、旗艦では一つの通信が受信されていた。それは海軍最高司令部が1940時に発したもので、イアキーノが両巡洋艦戦隊の配置変更を命じるのとほぼ同時刻、2005時にイアキーノの下に届けられた。その内容は次の通りである：

無線方向探知によれば、1745時、敵旗艦、アレクサンドリアと交信しおれり。クリオ岬より40浬・方位240度。

実際、この通信はカニンガム提督が自身の位置をアレクサンドリアに示したものだった。その位置は、『ヴィットリオ・ヴェネト』の僅か75浬後方を示していると計算されたが、その場にいたイタリア艦隊司令部の主立った見解は、警戒するには足りないと言うものだった。これまでに受領していた航空偵察報告および海軍最高司令部からの連絡と、彼ら自身の努力によって得られた情報によれば、アレクサンドリアからは戦艦が1隻だけ、空母1隻と共に出撃したことになっていたのである。その部隊が最後に目撃されたのは、イアキーノの記述によれば1550時のことで、その時点で170浬も離れていたが、僅か2時間で100浬も距離を詰めることは不可能であり、この通信を発した部隊ではあり得ない。この時、暗号解読の専門家だけは、その日に傍受、解読した膨大な数の通信から、敵の（巡洋艦より大きい）大型艦が、司令部が考えているよりも近くにいるという感覚があるとイアキーノに伝えたのだが、これは採り上げられなかった。その一方でイアキーノは、海軍最高司令部の通信がごく簡潔だったことから、ローマでもこれを敵の大部隊とは見なしておらず、特別の警戒を抱いていないものと感じていた。

最終的に、自分たちを追跡しているのはプライダム=ウィッペルの巡洋艦戦隊だけであり、それ以外には、夜襲をかけようと追い縋《すが》って来ているチェリゴット海峡を出た3隻の駆逐艦（報告では軽巡だったが、この時点では駆逐艦と認識されていたようである）がいるだけだという結論に至った。

1950時には、『ヴィットリオ・ヴェネト』の暗号解読班が、イギリス海軍の提督が麾下《きか》部隊に対して速力20ノットを命じた通信を傍受していたが、2015時には、同じ提督が速力15ノットを命じる通信を発し、その命令に3隻が応答したことを掴《つか》んだ。イアキーノは、こちらを追跡していた敵巡洋艦戦隊が速力を落とし、追跡を諦めたのだと考えた。

だが、彼が事態についてすっかり検討し尽くす前に、さらなる知らせが飛び込んできた。2008時、『ヴィットリオ・ヴェネト』の通信室が、カッタネオ提督の旗艦『ザラ』が発した通信を受信したのである。『ザラ』は『ポーラ』に状況を尋ねていた。2013時には、『ザラ』から『ヴィットリオ・ヴェネト』に報告が届いた……

『ポーラ』より報告。艦尾に被雷。同艦停止せり。

『ポーラ』は、『ヴィットリオ・ヴェネト』の右側を航行していたカッタネオ提督麾下の3隻の巡洋艦のうち、中央に位置していた。先行する『ザラ』と近付き過ぎていたため、まさにその瞬間、デ＝ピーザ艦長は距離を取るために減速を命じたばかりだった。その命令を実行する間もなく、1946時に魚雷が艦中央部に命中し、第3主缶室と右舷主機室にいた全員が即死した。『ザラ』級重巡洋艦では、搭載した2基のタービン主機と8基のボイラーが、それぞれ一つずつ個別の区画に設置され、左舷では前から主缶室が四つ並んだ後ろに主機室があるのに対して、右舷では一つの主缶室の後ろに主機室があり、その後ろに三つの主缶室が並ぶという、左右で主機・主缶の並びが異なる「シフト配置」とされて、生存性を高める工夫がされていた。魚雷の命中によって、第3主缶室と右舷主機室に加えて、第4から第7主缶室がたちまち浸水し、第1、第2、第8ボイラーのみが無事だった。しかしながら、第1、第2ボイラーと右舷主機を接続する全ての蒸気管が爆発で損傷したため、この二つのボイラーも使用することができなくなり、生きているのは第8ボイラーのみとなった。しかしこのボイラーにも、ごく僅かな時間のうちに海水が流入して、蒸気圧が落ちてしまった。

初めのうち、『ポーラ』の損傷はそれほど重大なものとは思われていなかった。魚雷は船体の下部で爆発して、船体が1フィート（0・3ｍ）かそこら傾いただけだったのである。乗員の大半は、艦の陥った苦境に気付くこともなく、静かに配置に留まり、全ての電気系統が爆発によって失われたために訪れた完全な闇の中で、平静に過ごしていた。

『ポーラ』の後ろにいた『フューメ』は、『ポーラ』の速力が落ちて後落していったことに気が付いた。その後『ポーラ』が完全に停止したことを確認して報告すると、『ザラ』には伝わったものの、敵襲の混乱の中で『ヴィットリオ・ヴェネト』はその通信を受信し損ねていた。損傷した『ポーラ』は、既に艦隊から数浬後方に置き去りにされている。イアキーノは、艦を派遣して『ポーラ』が正確にどの程度の損傷を負ったのか、どんな支援を必要としているのかを確かめる必要があると思ったが、確認のためにごく少数の艦のみを引き返させるのは賢明ではないと考えた。そこで、カッタネオに対して、第9駆逐隊を伴って『ザラ』と『フューメ』で『ポーラ』の支援に向かうよう命じる通信を、2015時に作成させ、それは2021時に送信された。

だが間の悪いことに、この通信は、同じく2015時にカッタネオが作成し、2025時に旗艦に向けて発信された「別段の命令がない限り、『ポーラ』の下に駆逐艦を2隻送る」という通信と入れ違いになった。イアキーノはいくつかの理由で、カッタネオの言う駆逐艦2隻では足りないと考えていた。例えば、『ポーラ』がひどく損傷して沈みつつあったら、あるいは自沈させるべき状況だったとしたら、駆逐艦2隻だけでは乗組員の救助作業には不足である。また、同艦を沈めるべきであるという判断は、『ポーラ』の艦長や、駆逐隊司令より上位の士官、つまり将官によってなされるべきである。また、『ポーラ』が曳航《えいこう》を必要としている場合、その仕事は駆逐艦には荷が勝ち過ぎるし、再び自ら動こうとしているのだとしても、護衛が駆逐艦2隻では心許《もと》ない。

彼のこの決定は、イギリス艦隊が近くにはいないと信じていたことによるものである。彼は、この時点では軽快部隊中将ですら、もはや自分たちを追って来ていないと確信しており、北方の敵駆逐艦はずっと遠かった。イアキーノは記している：

イギリス艦隊の大部隊が比較的近距離まで追撃しているかもしれないなどということは、一瞬たりとも考えたことがなかった。それどころか、2030時頃、麾下部隊に速力15ノットへの減速を命じたというイギリス艦隊旗艦（注：軽快部隊中将の旗艦『オライオン』）の通信を傍受して以来、『オライオン』戦隊にさえ追跡される可能性があるという考えを捨てていた。

私はこの命令を、イギリス巡洋艦が夜の間に我々に追い付くことを明らかに放棄したものだと解釈し、おそらく彼らは引き返すことに決めて、駆逐艦だけを残して我々に対処させようとしているのだと考えたが、それは極めて筋の通ったことだった。


2030時過ぎ、第1、第3両巡洋艦戦隊とその護衛駆逐隊は、2005時の命令に従って『ヴィットリオ・ヴェネト』の前後に収まった。この時点で、イアキーノがまだその存在に気付いていないイギリス戦闘艦隊からの距離は57浬だった。

2045時には、カッタネオに『ザラ』、『フューメ』と第9駆逐隊で『ポーラ』救出に向えという命令を確認させる通信を送り、それと前後して海軍最高司令部に状況を報告した：

絶対最優先：日没時に激しき雷撃を受く。『ポーラ』被雷、停止。第1戦隊に『ポーラ』支援を命令す。

『ヴィットリオヴェネト』、第3戦隊と共にタラントに向け19ノットとす。2000時における我が艦位、北緯35度26分・東経20度25分。28日2035時。

この暗号通信は、2210時にローマの海軍最高司令部に受領された。

2048時（2045時説、2100時説あり）、イアキーノは北方の3隻の敵駆逐艦に自分の艦隊を見失わせようと目論《もくろ》んで、針路を300度から323度に変え、タラント湾の東端にあるコロンナ岬に舳先《へさき》を向けるよう命じた。実際、この北向き23度の変針と19ノットへの増速は、イギリス巡洋艦と駆逐艦による夜間索敵を挫《くじ》くことになる。

それとほぼ同時に、『ポーラ』が2020時に発したさらなる通信を『ザラ』が転送し、それは2053時にイアキーノに手交された。最初の報告の「艦尾に被雷」を「艦中央部に被雷」に訂正するとともに、三つの区画、すなわち前部主機室、第4と第5缶室、第6と第7缶室が浸水していて、『ポーラ』は支援と曳航を要請していた。

とは言え、この知らせは少し安心させるものだった。『ザラ』級の巡洋艦は、そのような状況でも航行可能なように設計されているのである。また、同艦が被雷して1時間後にまだ浮いていたという事実により、被害はそれほど深刻なものではなく、同艦を救助するために何か打つ手があるということを示しているように思われた。

2058時、イアキーノはカッタネオから、自分が反転して『ポーラ』支援に向かうべきかどうかを改めて問う通信を受領したが、それはカッタネオがこの通信を作成してから34分後のことだった。

海戦後30年以上も経った1972年9月、カッタネオの参謀だったヴィンチェンォ・ラファエリ大尉が、『ポーラ』救援の際のカッタネオ提督の行動に関する、イタリア海軍歴史局からの問い合わせに応えて記したところによると、カッタネオの通信には、状況についてイアキーノに再考する時間を与えようという意図があったとのことである。だが、その僅か5分後、2103時にイアキーノが発した返信は断定的なものだった：「反転せよ」。

ラファエリによると、この時カッタネオは敵艦隊が自分たちの近くに存在していると認識していて、第1戦隊全体を危険に晒《さら》すのではなく、駆逐艦2隻のみを送るという自身の最初の提案が有効であると考えていたという。最終的にカッタネオ提督は司令長官の命令に従ったのだが、ラファエリ大尉によると、その時カッタネオは「これは厄介だ！」と言い放ったとされる。

カッタネオ提督は、次のように推論していた。この後、自分たちが反転して『ポーラ』の位置に辿《たど》り着いた時点で、敵艦隊はそこから少なくとも40浬は離れていると考えられるが、これは速力20ノットで2時間の距離である。一方、自分たちが『ポーラ』を曳航する速度がせいぜい6〜8ノットでしかないことを考えると、夜明けの時点では確実に敵艦隊に捕捉され、攻撃されるだろう。この推論に基づいて、カッタネオ提督は曳航という選択肢を捨て、『ポーラ』の乗組員救助と同艦を沈めるために、駆逐艦2隻だけを送ることを提案したのである。だが、イアキーノ司令長官からの命令が、戦隊全艦で反転して『ポーラ』を曳航せよというものだったため、思わず「厄介だ！」（イタリア語で"è un guaio!"。「大ごとだ！」あるいは「問題だ！」）と漏らしたのだろう。

2106時、カッタネオ提督は艦隊全体に向けて「『ポーラ』支援のため針路を反転す」というメッセージを送信し、第1戦隊の『ザラ』と『フューメ』は、嚮導艦《きょうどう》『アルフィエリ』以下、『ジョベルティ』、『カルドゥッチ』、『オリアーニ』で構成される第9駆逐隊を後ろに従えて、停止した『ポーラ』の方に針路135度で向かい始めた。この時点で、『ポーラ』までの距離は24浬ほどになっていた。

イアキーノは、『ザラ』と『フューメ』の暗い艦影が、4隻の『オリアーニ』級駆逐艦を後ろに従えて艦列から離れて行くのを、『ヴィットリオ・ヴェネト』の艦橋から見守っていた。２１０２時には、先程の最高司令部からの報告「１７４５時、敵旗艦アレクサンドリアと交信しおれり。クリオ岬より40浬・方位２４０度」の末尾に「推定敵速15ノット」という情報を付け加えてカッタネオに送っている。

イアキーノは、第1戦隊と敵軽快部隊の遭遇はあり得ると考えていたが、その事態については全く問題視していなかったようである。その理由については、彼の任務報告書で次のように述べられている‥

イギリス戦艦が近くにいるとは誰も考えていなかった。せいぜい遠くに軽快部隊がいて、それと夜間に遭遇しても、第1戦隊が対処することができると考えただけだった。その後、第1戦隊が針路を反転して『ポーラ』に向かって行くのを、私は何の不安も感じることなく眺めていた。

彼は、プライダム＝ウィッペルの戦隊が夜戦を挑んできたとしても、それは駆逐艦のみによる襲撃であって、巡洋艦がそれに加わることはないと確信していたため、4隻の駆逐艦で護衛された『ザラ』と『フューメ』にとって、脅威にはなり得ないと考えたのである。だが、イアキーノはもしもの際を考えて、２１１４時に「優勢な敵部隊と遭遇した場合は『ポーラ』を放棄せよ」と命じた。

カッタネオは２１０６時に戦隊に速力16ノットを命じた。なお、駆逐艦『オリアーニ』の通信記録によると、この時に指示された速力は12ノットだったとされる。その後、２１２５時に巡洋艦を22ノットに増速させ、『ポーラ』にかなり近付いた２２０３時には、再び16ノットに戻した。

後に、反転した後のカッタネオ戦隊の速力が低過ぎるとの批判が一部で生じた。危険水域では、速力25ノットを下回ってはいけないという規定があったのである。しかしながら、彼が高速で航行しなかった理由は、今回のように夜間に照明を落として航行する場合は、速力16ノットを超えてはならないという参謀本部からの指示に従ったものだった。また、燃料が少なくなっていた第9駆逐隊に、巡洋艦に追い付くための時間を与えるという目的もあった。そもそもカッタネオは、『ポーラ』を曳航して移動すれば、イギリス側の索敵を当面は逃れることができるため、夜明け前に敵艦隊と遭遇する可能性があるとは考えていなかったのである。

この時、駆逐艦の残燃料は、そのまま基地に帰投するだけであれば十分だったが、4隻の中で最も余裕のなかった『カルドゥッチ』では、2100時の時点でタンク内に残っていた燃料は僅か125トン、全量の28%でしかなく、それは戦闘速力では200浬未満しか航行できない量だった。他の3隻の駆逐艦もそれぞれ145トンで、反転した時点で第1戦隊の後方に位置した駆逐艦に、速力を上げて巡洋艦の前に出るよう命じることはできなかったし、それを待って時間を無駄にすることもできなかった。22ノットに増速した時、カッタネオは第9駆逐隊に速力を上げて距離を詰めるよう命じたが、のちに巡洋艦が速力を12ノットに落とすまで、距離が縮まることはなかった。なお、一時的に増速した理由については不明であるものの、仮に敵と遭遇することになったとしても、それよりもずっと先にこちらの巡洋艦が『ポーラ』に到達していれば、会敵した時には『ポーラ』の曳航が既に始まっていて、遅れて付いてきた味方駆逐艦を周囲に配置して警戒に当たらせることができると考えたのかもしれない。イギリス艦隊との遭遇の可能性を予期したカッタネオが、自らの戦隊が最も脆弱《ぜいじゃく》になる『ポーラ』救援作業に入る前に、一戦交えようとしたのだと考える歴史家も存在するが、もはや彼の心の内は知りようもない。

2124時に『ザラ』から『ポーラ』に向けて、救援に向かいつつあることと、雷撃を受けた時刻を問い合わせる旨を送信したところ、2133時に『ポーラ』から、雷撃を受けたのは1950時であるとの返信があった。2134時には、両艦の間で曳航の準備についての情報交換が始まった。2206時、『ザラ』から『フューメ』に対して、『ポーラ』曳航の準備を成すよう命令が送信され、同時に『ザラ』でも曳航準備を始めた。カッタネオ提督は、『ザラ』のコルシ艦長と他の士官に、停止した巡洋艦に到達して被害状況を調べてから最終決定を下すと伝えた。

2206時、カッタネオはイアキーノに向けて、

『アルフィエリ』戦隊に残されし航続距離、極めて限られり。緊急使用（敵との交戦の意？）はほぼ不可と認む。

という通信を送っている。これが、カッタネオがイアキーノに送った最後の通信になったが、イアキーノからの返信はなかった。

『ポーラ』に向けて航行している間、カッタネオは乗組員たちに休憩シフトとすることを許可していた。最高司令部からの報告を信じたとしても、敵と出会うまでにはまだ時間があるはずだったため、これは当然の処置と言える。戦後、この点も批判されたが、仮に戦闘配置に就いていたとしても、そもそも夜間戦闘の訓練を受けていなかったため、気休めにしかならなかっただろう。彼は自分が、50浬ちょっとの距離に接近しているイギリス戦艦部隊に向かって突き進んでいるということにはついぞ気付いておらず、ましてや何隻かの英艦に搭載されたレーダーの魔法の目が、数秒ごとに水平線の彼方を走査していることなど知る由もなかった。

その後、『ヴィットリオ・ヴェネト』と随伴の各艦には何事も起こらず、艦隊は穏やかな夜の海をタラントに向けてひた走った。だが2200時過ぎに警報が届いた。右舷前方遥か遠くに、探照灯の光が垣間見えたのである。それは陸地ではあり得なかった。そのため、イアキーノは、それが敵艦であるに違いない、おそらく北方から来た3隻の駆逐艦のうちの1隻だろうという考えに落ち着いた。再び光が見えるこ

とはなかったので、警報は解除された。

また、明朝、日が昇ると英軍機が再び攻撃してくることを考慮して、2200時過ぎ、イアキーノは海軍最高司令部に対して、自らの部隊とカッタネオ戦隊に戦闘機による護衛を差し向けるよう、またメッシーナに戻っていた第10駆逐隊の4隻の駆逐艦も合流させるよう、要請を送った。

この命令を書き取らせるやいなや、艦橋の張り出しにいた先任見張り士官が、息急き切って駆け込んできた。後方に太い光束と発砲の閃光が見えるというのである。イアキーノは士官が指し示した方向を見やった。艦尾の方向、40浬ほど彼方で照明弾が虚空を照らし出しているのが見えた。

明らかに、第1戦隊が交戦していた!

第20章　追撃3

１８３０時頃、プライダム＝ウィッペル中将の軽快部隊は、イタリア艦隊を求めて西に飛び去って行く『フォーミダブル』艦載機の姿を目にしていた。１８３２時に針路を３２０度とし、１８５１時にはカニンガム提督から、巡洋艦のみで前進し、可能なら損傷した『ヴィットリオ・ヴェネト』と接触せよとの命令を受領した。軽快部隊中将は戦隊の速力を30ノットに上げ、日没直後の１９０７時、暗闇の中に敵を見逃すことがないように、麾下《きか》の巡洋艦に対して、散開して互いに7浬ずつ離れ、方位０２０度方向に左右一列に並ぶよう命じた。すると早速１９１５時、方位２９５度、距離10浬に不明艦2隻を発見した。まだ散開している最中だったが、イタリア艦隊が自分たちを追い払うために戻って来たのかもしれないと考えて散開命令を撤回し、ただちに巡洋艦を集結させて単縦陣への再変更を命じた。１９３０時から１９４５時の間、彼らはイタリア艦隊から僅か十数浬の距離にいたのだが、イタリア側でそれに気付いた者はおらず、一方プライダム＝ウィッペルは、第三次航空攻撃の様子を遠巻きに眺めていた。

西方の水平線下では、『フォーミダブル』の艦載機が攻撃を開始しており、暗くなりゆく空は、数多《あまた》の対空砲から吐き出される閃光、曳光弾の軌跡、探照灯の光束で満ち溢《あふ》れていた。多数のイタリア艦が密集していることは明らかだった。軽快部隊中将は、その光に照らされて自らの艦影を晒《さら》すことを避けるために、そのまま北西に進み続けた。もちろん、司令長官にイタリア艦隊を発見した旨を報告した。

プライダム＝ウィッペルの参謀フィッシャー中佐は語る：「夕暮れ時に、前方に多くの軍艦の船体が見えた。『フォーミダブル』の攻撃隊は我々の上空を飛び越えて敵を攻撃し、花火大会のような曳光弾の煌《きら》めきを見ることができた」。プライダム＝ウィッペルは、「あの中に飛び込んで行く連中は、よほど豪胆であるに違いない」と、報告書に記した。

１９３２時に針路は３２０度とされた。視程は4浬にまで短くなっていたが、１９４５時、プライダム＝ウィッペルは、「艦首波を小さくする」ために速力を20ノットに落とした。奇妙な偶然だが、『ヴィットリオ・ヴェネト』が19ノットを発揮できるようになったのはちょうどその頃だった。もちろんプライダム＝ウィッペルは、そんなこととは露知らず、イタリア戦艦は13ノットしか出せないという最新報告に従って行動し、１９５０時には針路を２９０度に変更して、この時点で北西20浬にも満たない距離にいた『ヴィットリオ・ヴェネト』に近付くチャンスを失ってしまった。

軽快部隊は、２０１４時に３１０度に変針すると、その1分後、戦隊で唯一、新式の２７９型レーダーを装備していた巡洋艦『エイジャックス』から、レーダー・スクリーンに1隻の艦が6浬前方にいることを示すエコーを捉えたという報告を受けた。ほぼ同時に、『グロスター』は左舷前方、おそらく1浬ほどの距離に黒い物体を目撃したが、何等かの理由で同艦はそれを報告しなかった。２０２５時には、前方しか走査できない『オライオン』の旧式レーダーでも、1隻の反応を検知したため、速力を15ノットに減じ、レーダーで捉えた艦の方向と距離をプロットし続けた。２０３３時までに、『オライオン』はその艦から3・5浬以内に近付いていたが、まだ目視はできなかった。それは1隻のみで、停止していて、レーダー・スクリーンに現れたその大きさから、巡洋艦より大きいと推測されたため、損傷した『ヴィットリオ・ヴェネト』に違いないと思われた。停止艦の位置を特定すると、軽快部隊中将は２０４０時にそれを司令長官に報告した。

不明艦２４０度・5浬、停止したるもののごとし。我が艦位北緯35度21分・東経21度05分。

もしあれが傷付いた戦艦なら、この報告を聞いて、マック大佐の第14駆逐艦戦隊が仕留めに向かうだろう。逆に、それがもし件《くだん》の戦艦でないなら、自分たちはまだそれを追い続けなければならない。

プライダム＝ウィッペルは、停止艦をやり過ごすことに決め、残りの敵艦隊の捜索を続けられるように、北側に回り込むことにした。少し北東に走った後、２０４８時に再び針路を北西に戻し、２１１９時には20ノットに増速した。

軽快部隊中将からの報告に関する艦隊砲術長バーナードの記述‥

日暮れ時の敵戦艦に対する雷撃機による攻撃では、「おそらく命中」とのことであり、２１１１時、軽快部隊中将は、左舷5浬に停止している不明艦があると報告してきた。彼は、敵本隊を追う間は不明艦から距離を取りつつも、それが、自分が派遣された目的の敵戦艦であることを強く望んでいた。

『ウォースパイト』では、『オライオン』が3分前に発した通信を１９１８時に傍受していた。その通信は、２隻の不明艦が方位２９５度・距離10浬にいるというものだった。プライダム＝ウィッペルはついに再び接敵したのだが、日は既に沈み、今や艦隊戦を挑むには遅きに失していた。カニンガムは難しい決断を迫られた。彼は、前方のイタリア艦隊に関するボルトの報告を受けていて、『フォーミダブル』機による薄暮時の魚雷攻撃で、命中があったらしいことも知っていた。勝利は近いと感じられたが、それは夜の訪れと共に消え失せてしまうかもしれない。そもそも、自身の艦隊が危険な状況に陥る怖れも多分にあった。この時の状況が、カニンガムの手記にある‥

この時は、何をすべきか決めるのに難しい瞬間だった。『ヴィットリオ・ヴェネト』の撃破を完遂する

ためにやれることを全部やらないというのは、愚かなことだというのは重々承知していた。同時に、イタリア艦隊の提督が、我々の位置を完全に把握しているに違いないとも思われた。彼は数多くの巡洋艦と駆逐艦を従えていたので、彼の置かれた立場にあるイギリス海軍の提督であれば誰であろうと、魚雷発射管を備えた巡洋艦に援護された麾下の全駆逐艦を使って、躊躇《ためら》うことなく追跡してくる艦隊を攻撃させることだろう。

幕僚たちのうちの何人かは、こちらに『フォーミダブル』がいることを考えると、退却中の敵艦隊を大型艦3隻で闇雲に攻撃するのは、我が方の艦が損傷する危険を冒すことになるし、また日が昇れば敵の急降下爆撃機の航続圏内にたっぷり入ってしまうため、賢明ではないと主張した。私はこれらの意見を尊重することにした。ちょうど夕食時にこの議論が起こったので、夕食を摂った後に今後についてどう考えているかを伝えると言った。

司令長官の手記と同じこの重大な局面について、バーナードがコメントしている‥

ABCのよく知られた鋼のように青い眼差しが光り、幕僚たちは皆、我々がパーティーに向かっているのだということに疑いを持っていなかった。にもかかわらず、紙の上では、敵艦隊の密集隊形は、どんな形にしろ夜戦を仕掛けるにはかなり手強い相手であると幕僚たちには思えた。私は、ABCがおそらく2000時頃には、軽快部隊を攻撃に派遣し、自身は戦闘艦隊でその後に続くということを既に決心していたのだろうと思った。だが、この状況においても、彼は形式に則《のっと》って何人かの参謀に意見を求めた。作戦参謀も、艦隊航海長も誰もその考えを気に入ることはなく、それぞれまるで違う言い方でそれを口にした。艦隊砲術長は、射撃をしたくてたまらないが、戦艦は何ヶ月も夜間訓練をしておらず、もし混乱した夜戦に突入したら、星弾と探照灯の坩堝《るつぼ》の中に飛び込むことになるだろうと言った。ＡＢＣは、助言者たちに一瞥《いちべつ》をくれて、「君らは鼻持ちならん意気地なしだ。私はこれから夕食を摂って、それから自分の気力が君らより高くないのかどうか、確かめてみることにする」と言い放った。

はて、ＡＢＣは参謀たちの意見を「尊重」したと記していたのではなかったか……。

１９３５時、ボルト少佐と交代するために『フォーミダブル』から発艦したアルバコア５ＭＧ機が、おそらく複数の魚雷が命中し、15分後にイタリア艦隊が分離して、ほとんどの艦は針路２２０度で遠ざかって行ったが、１隻の「戦艦」が停止して煙を出していると報告した。

『ウォースパイト』では、この報告を受信できなかったが、それはかえって好都合だった。というのも、この報告ではイタリア艦隊の針路が80度乃至《ないし》１００度も間違っていたからである。カニンガムがこの報告に従って行動していたら、この後の一連の出来事は生じなかっただろう。司令長官がその時点で得ていた情報は、被雷して速力の低下した『リットリオ』級戦艦が、８インチ砲巡洋艦６隻、６インチ砲巡洋艦２隻、駆逐艦９隻からなる護衛に守られているというものであり、その前提で自らの戦闘艦隊と護衛駆逐艦を夜戦に向かわせるべきか否かという判断をしなければならなかった。また、傷付いたイタリア戦艦は、それでも13ノットを出せるようであり、最も近い彼らの基地からは３２０浬しか離れておらず、日が昇ればシチリア島から飛来する航空部隊の庇護《ひご》の下に入るということを考慮しなければならなかった。夜が明けてから敵を捕捉できたとしても、イギリス艦隊はその日一日中、経空脅威に晒されることを覚悟しなければならない。

彼の幕僚の何人かは、戦艦３隻と『フォーミダブル』をそのような危険に晒すのはまったく賢明ではな

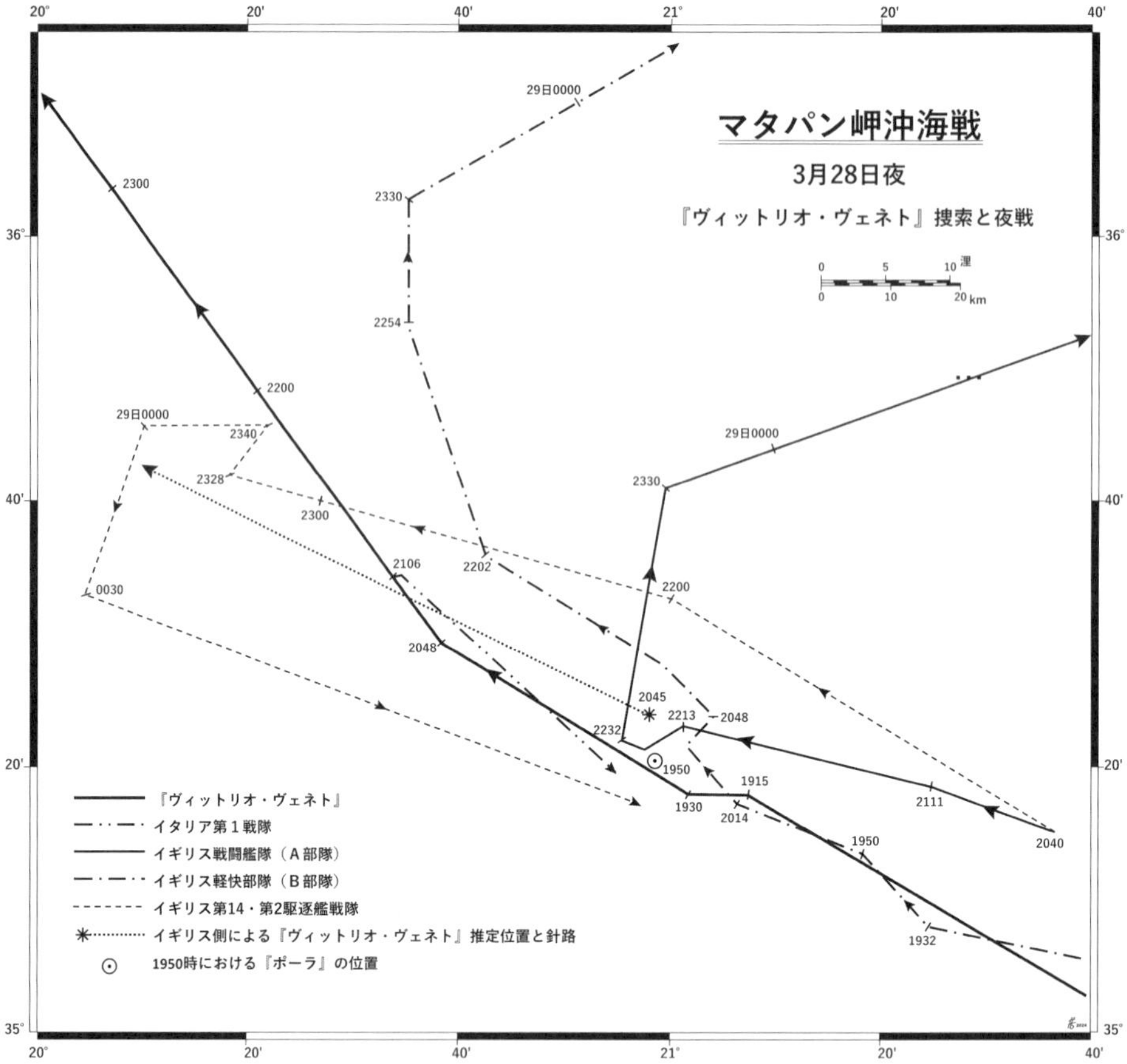

いという意見だったが、カニンガムは夕食を摂りながら、ボルトの詳細な報告を海図上で分析し、全体像を把握した上で夜戦に臨むことを決意した。もし損傷した敵戦艦を駆逐艦の魚雷で撃破できなかったとしたら、戦艦でそれに続くつもりだった。この時、プライダム＝ウィッペルから停止した大型艦に関する報告はまだ届いていなかった。カニンガムは夕食を終え、敵戦艦を完全に撃破するために駆逐艦を差し向けるという結論を携えて、艦橋に戻って来た。バーナードは言う：

夕食から戻って来るやいなや、D14の指揮の下に投入可能な全駆逐艦で攻撃部隊を編成し、前方に派遣する。戦闘艦隊は、駆逐艦4隻（冗談混じりに、各艦を「旧式」、「停止」、「不具」、「盲目」と呼称した）のみを護衛として、敵艦との夜間戦闘に備える。

２０３７時、司令長官は次のように作戦実行命令を発した‥

緊急
宛‥第14駆逐艦戦隊および第2駆逐艦戦隊
発‥司令長官
両駆逐艦戦隊は魚雷により敵戦艦を攻撃せよ。
2030時に於ける海軍大将から敵艦隊中心への推定方位および距離は286度・33浬。
敵針および敵速295度・13ノット。

第14駆逐艦戦隊と第２駆逐艦戦隊は、それぞれ戦闘艦隊の左右前程１浬に占位し、作戦実行命令を待っていた。第14駆逐艦戦隊は『ジャーヴィス』に乗るフィリップ・マック大佐に率いられ、『ジェイナス』、『モホーク』、『ヌビアン』から成り、ヒュー・ニコルソン大佐が指揮する第２駆逐艦戦隊は、『アイレクス』、『ヘイスティ』、『ヒアワード』、『ホットスパー』で、この二つの駆逐艦戦隊が傷付いたイタリア戦艦の攻撃に向かう。残りの第10駆逐艦戦隊『ステュアート』、『ハヴォック』、『グレイハウンド』、『グリフィン』は戦闘艦隊と共に残り、この４隻の駆逐艦だけが、イタリア艦隊が夜襲を仕掛けてきた場合に戦闘艦隊を守るのである。

マック大佐は、『ヴィットリオ・ヴェネト』の右側（北側）の視程外を通り過ぎて、前方から攻撃するという計画を立てた。８隻の駆逐艦は28ノットに増速し、互いに６ケーブル（１・１㎞）離れて２列にな

り、方位３００度で遠ざかっていった。『ホットスパー』に乗り組んでいたヒュー・ホジキンソン大尉が、後に記している‥

作戦開始信号が発せられた時、駆逐艦防御陣形の大きな弧が崩れてばらばらになり、各駆逐艦は30ノットに増速し、渡り鳥のように身を翻して旋回すると、やがて嚮導《きょうどう》艦の艦尾に一列に並んでいった。我々は、西の方、暗闇の中へ、燃え立つような予感の中へと急いだ。

カニンガムは記した‥

艦橋に戻った時、私の意気込みはかなり強く、駆逐艦攻撃部隊に敵艦の捜索と攻撃に出ることを命じた。イタリア側が駆逐艦で攻撃しようと決した場合、戦闘艦隊と共に残った4隻の駆逐艦だけでこれにどうやって対処するのかという幾許《いくばく》かの不安を胸の中に抱えながらも、断固として追撃態勢に入ったのである。この時点で、敵艦隊の推定位置は33浬前方だった。

33浬という推定は、航跡図に記された敵速13ノットに基づくものだった。ボルト少佐による最初の推定速力は13ノットだったが、後に彼はこれを15ノットに訂正している。しかしながら、イアキーノの戦艦の速力は実際にはさらに速く、１９４５時以降は19ノットに増速していた。２０３０時の時点でイギリス戦闘艦隊との距離は57浬だったので、カニンガムからの命令は、敵の方角は概ね正しかったものの、距離については24浬、速力については6ノット下算していたことになる。さらに２０４８時、既に見たように、イアキーノは、コロンナ岬に直接向かうよう針路を３００度から３２３度に変更し、その後に第1戦隊を切り離していた。
２１１５時、マック大佐は第２駆逐艦戦隊とプライダム＝ウィッペル中将に向けて、損傷して撤退しつつある敵戦艦から見て右側の視界外を通り過ぎ、艦首側から攻撃を仕掛けるつもりであると信号を発し、２２００時には針路を３００度から２８５度に変更した。マック大佐は、自身の海図を用いて航法を行い、敵の位置、速力、針路には司令長官から受領した値を用いた。もちろんイアキーノが３２３度に針路を変えたことなど知るはずもなかった。２２００時の変針の後、『ジャーヴィス』は、巡洋艦『エイジャックス』からの通信を傍受した。それによると、２１５５時に『エイジャックス』は、そのレーダー・スクリーン上の方位１９０度から２５２度の間、北緯35度19分・東経21度15分、距離５浬の位置に、不明艦３隻を捉えたということだった。

マック大佐は、報告にあった３隻の位置を海図に記すと、それが概ね自分の針路上、２１５５時の位置からは４浬の距離であると推定した。だが、あまりに近いその位置から、報告にあったのは自分の部隊のことだろうと考えた。『エイジャックス』からのレーダー報告は、両軍共に誤謬《ごびゅう》だらけだったこの長い１日の中で、珍しく実際の敵についての正しい報告だったのだが、それを自分自身の部隊のことだと思い込むという過ちが、ここでもまた発生した。マックがプライダム＝ウィッペルの部隊のごく近くを通過したのは明らかであり、それはちょうど３隻の未確認艦が報告された頃だった。だが実際には、この３隻は『ポーラ』の支援に向かっているカッタネオ提督の部隊だったのである。プライダム＝ウィッペルの部隊とマックの部隊では、それぞれ自身の推定位置に食い違いがあった。２１５５時にカッタネオの部隊は、マックの部隊の前方４浬ではなく、南西の方向、左舷前方10浬ほどを、停止した『ポーラ』の下に駆け付けるべく南東に向かって進んでいたのだった。

マック大佐は、『エイジャックス』が発した２０１５時のレーダー探知報告も、『オライオン』が２０４

0時に発した停止艦の報告も受信していなかった。司令長官はその事実を知らなかったが、マック大佐がイタリア艦隊の前方に向けて北寄りの針路を取ったのは「最も不運」だったと考えた。というのは、そのような動きは軽快部隊中将の動きを制約することになり、その一方で南にいるイタリア艦隊には逃げる余地を大きく与えることになるからである。だが、彼はマック大佐に計画変更を命じることはせず、第14駆逐艦戦隊はプライダム=ウィッペルのコースに収束する方向、針路300度を28ノットの高速で突き進んでいった。

マック大佐は、日頃から麾下の駆逐艦戦隊に対して、駆逐艦の主な目的は水上艦を撃破することにあり、そのような機会は滅多に訪れないため、部隊は常日頃から最高度の訓練を行い、戦闘単位としての理解を深めておかなければならないと力説していた。マック大佐の意図を知悉《ちしつ》している『ジャーヴィス』の副長ウォルター・スコット中佐の記述‥

夕暮れの頃、司令長官殿は、先程の艦隊航空隊による魚雷攻撃で損傷していたイタリア戦艦を沈めるために、『ジャーヴィス』のD14大佐を7隻の駆逐艦と共に派遣して西に向かわせた。『ウォースパイト』のウォーラス（注：実際はソードフィッシュ）が先程カタパルト発進して接敵し、追尾報告を次々に送って来た。駆逐艦は散開し、速力を28ノットに上げて、敵艦を捕捉する針路に乗った。『ジャーヴィス』の海図には、敵戦艦が遥か前方を約12ノットで北西に進んでいて、左右約5ケーブル（0・9㎞）に1隊ずつの巡洋艦と、さらにその左右の外側5ケーブルに駆逐艦が1隊ずつ並航していることが示されていた。マック大佐は、その前方に回り込み、自分の部隊を二つに分けて敵に反航し、それぞれが敵戦艦と巡洋艦の中間、双方から距離500ヤード（460m）の位置を突っ切ろうと企図していた。そうすれば、敵は混乱し、同士討ちをするかもしれない。それは大胆な計画であり、司令長官殿が常々おっしゃられている、敵により近付いた方がより良く戦えるという考えに沿うものだった。敵に接触した時、どんな結末になるかを予測するのは難しかったが、それは短時間の、とても激しい戦闘になりそうだった。

一方、『ヴィットリオ・ヴェネト』の右舷の視程外を通り過ぎて、前方から攻撃するというマック大佐の計画を、軽快部隊中将は知らなかった。彼は、てっきりマックが停止した艦を攻撃するものと思っていた。プライダム＝ウィッペルは、再び巡洋艦を散開させようと考えていたが、彼も『エイジャックス』の２１５５時のレーダー探知報告は、攻撃に向かうマックの駆逐艦戦隊を指すものだと考えていて、イタリア戦艦が13ノットで航行しているという仮定に基づいてマック大佐がさらに西に進めば、自分の戦隊と遭遇する可能性が高いということに気が付いた。この状況で自分の部隊を散開させると、マックの戦隊が動き回る海面をいささか狭めることになるため、密集隊形のまままさらに北に向かって距離を空けようと決め、２２０２時に針路３４０度とした。プライダム＝ウィッペルは、敵がメッシーナに向かっていると考えていたため、敵がその港に到達する前に捕捉しようとしたのである。

フィッシャーは、『オライオン』が装備していた初期の対水上艦艇レーダーＡＳＶ（Anti Surface Vessel。航空機搭載型の対水上艦艇レーダーもＡＳＶと略称されるが、こちらはAir-to-Surface Vessel の略である）を使用する際の難しさについて記している。１９４１年の初め頃には、レーダーは無線方向探知機ＲＤＦ（Radio Direction Finder）と呼ばれていて、各艦にはほとんど行き渡っておらず、イギリス海軍にとってもまだまだ経験の浅い装置だった。カニンガムの艦隊の中では、戦艦『ヴァリアント』、空母『フォーミダブル』、巡洋艦『エイジャックス』だけが新式のものを搭載していた。この日、ある時点で通信障害が発生して、以降は『エイジャックス』のレーダー報告が届かなくなったが、プライダム＝ウィッペルは障害の発生に気付いていなかったため、『エイジャックス』がレーダー報告を送り続けていることも知らなかった。フィッシャーの記述：

『オライオン』は初期型のASVレーダーを搭載していたが、私の記憶が正しければ、それはちょうど目標の方を向けた時のみ使えるものだった。それを扱えるのは副長だけだった。我々が敵に接近しつつある時、彼はASV室にいて、大声で距離と方位を私に伝えていた。私は、最も近い位置にいるフネが停まっていることをすぐに突き止め、提督に報告した。我々は速力を落とし、たしか、提督と話し合ったと思う。トム・ブラット（戦隊砲術長）がこの話し合いに参加していた。クラスクは元気がなく、それはもちろん旗艦艦長も同様だった。議論の概要は次の通りである：「停まっている艦は戦艦かもしれない。行ってみるべきだろうか？　だがフィリップ・マックと彼の駆逐艦たちが今にも攻撃を仕掛けようとしているところだろうし、そうすれば英国式の戦いになるだろう。この類の夜襲には、我々の巡洋艦より駆逐艦の方が向いている。彼らに広い戦場を与えてやった方がいいだろう」。そこで、我々はその海域から離れることにしたのである。

記憶によれば、その時我々は、停まっているフネから4000ヤードだか8000ヤードだかの位置にいた。


2242時、『オライオン』と『グロスター』が、左舷前方、方位320度に赤い発火信号を発見した。すぐさま緊急警報が鳴り響き、単縦陣を成した巡洋艦は12分後には針路を北に向けた。

一方マック大佐は、2230時頃、南東に戦艦による発砲の閃光を見て驚いたが、自身の西向きの針路を進み続けた。彼に従う第2駆逐艦戦隊の『ヘイスティ』も、『オライオン』や『グロスター』と同時に、

010度方向に赤い発火信号を認めた。マックは、軽快部隊中将もその光を見たものと考え、警告信号を発するだけで、そちらに向かって調べには行かず、攻撃に向かうためにそのまま突き進んだ。フィッシャーの記述の続き：

赤い光の一件は、この（停止艦をマックに任せるという決定の）後だったはずだが、私はその位置を海図に記しただけだった――少なくとも、そうしたように記憶している。その時、このことは、さほど重要なことのようには感じられなかったが、後にアレクサンドリアで開かれた反省会で大きな関心を呼んだ。

少し後で、我々は司令長官による壮絶な夜戦を、極めて明瞭に艦尾の方向に見た。

一方、カニンガム司令長官は、プライダム＝ウィッペルから停止艦の報告を受け取ると、2111時に麾下の戦闘艦隊に対して、停止艦に向けて少し左に変針して針路を280度とし、20ノットで進むよう命じた。停止艦は、彼からちょうど20浬しか離れていなかった。

カニンガムの旗艦『ウォースパイト』が先頭で、『ヴァリアント』、『フォーミダブル』、『バーラム』の順で単縦陣を成し、各艦は3ケーブル（560m）ずつ離れていた。ウォーラー大佐のオーストラリア海軍駆逐艦『ステュアート』と、イギリス海軍『ハヴォック』が右1浬、『グレイハウンド』と『グリフィン』が左1浬に付いた。南西の微風が吹き、海面は滑らかでうねりは低く、空は曇っていて月はなく、視程は約2・5浬だった。

それから1時間もしない2203時、『ヴァリアント』のレーダー操作員がスクリーン上にエコーを検出した。「停止艦」は左舷前方、方位224度・距離8乃至9浬に位置していた。2210時、レーダーを搭載していない『ウォースパイト』艦上の司令長官は、それが長さ600フィート（180m）以上の大型艦であり、その位置は左舷前方僅か6浬であるという『ヴァリアント』からの報告を受領した。軽快部隊中将と同様に、司令長官も「停止艦」が『ヴィットリオ・ヴェネト』であると信じ、また願っていた。同行している全艦と同様、『ウォースパイト』艦内では空気が張り詰め、奇妙な静けさが漂っていて、全員が戦闘に向けて飛び掛かる準備をしていた。

カニンガムの記述‥

我々の期待は高まった。これは『ヴィットリオ・ヴェネト』かもしれない。戦闘艦隊を左に40度一斉回頭させた。我々は既に戦闘配置に就いて、主砲の発射準備は整っていた。砲塔が正確に旋回した。

バーナードもその瞬間を描写している‥

ABCは検分するために戦闘艦隊を一斉回頭させると、この瞬間から真夜中まで、まるで駆逐艦の戦隊を扱うかのように艦隊を扱った。

一斉回頭により、各艦は針路240度で進みながら、西から『ウォースパイト』、『ヴァリアント』、『フォーミダブル』、『バーラム』の順で方位100度方向の直線上に乗った。夜間戦闘において、大型艦がこのように何かに向かって針路を変えるというのは、前例のないことだった。戦艦を含む艦隊のための演習では、駆逐艦による攻撃に晒される危険性がある場合には、それから背を向ける方向に針路を変えるのが常だからである。

艦隊航海長トーマス・ブラウンリグ大佐は書いている‥

艦橋では多くの者が、敵の大型艦は駆逐艦を伴っているだろうと考えていて、司令長官に針路を逸らすよう推奨した。だが、彼は言った‥「青4だ。もしあれが敵なら、そちらに向かって向きを変え、あれが何なのか、そしてどれくらいの時間で沈めることができるのかを調べねばならん。4青だ」。こうして、平時と戦時とにかかわらず、夜戦において初めて戦艦の艦隊が、敵の不明部隊に向けて舵を切ることになった。

今や戦隊は梯形《ていけい》に並んで進んでいた。戦艦たちは咄嗟《とっさ》の戦闘に備え、この状況では無力な存在に過ぎない空母は、指示されればすぐに艦列を離れられるよう身構えていた。2220時、『ヴァリアント』が方位191度・距離4・5浬に停止している艦をレーダー探知したと報告した。この目標は左舷前方だった。戦艦の射線を塞がないように、左翼の『グレイハウンド』と『グリフィン』が右翼に回るよう命じられた。

2223時、その命令が受信された直後に、今度は艦隊の右翼にいた『ステュアート』が夜間警報を発した。同艦の右前方、距離僅か約4浬、方位250度、つまり停止している艦とはまったく異なる方向に、前方を横切る大きな暗い艦影がぬっと現れたというのである。2隻の大型艦が、小型艦1隻を前に置き、3隻を後ろに従えていた。これはカッタネオ提督の第1戦隊と第9駆逐隊であり、損傷した『ポーラ』の支援に向かっているところだった。駆逐艦『アルフィエリ』が先頭だった。艦列の2番目は重巡洋艦『ザラ』、3番目が『フューメ』で、その後ろには駆逐艦『ジョベルティ』、『カルドゥッチ』、『オリアーニ』が、この順で続いていた。

『ウォースパイト』でも、司令長官に『ステュアート』の夜間警報が届く前に、新任の参謀長であるジョン・エデルステン代将が接近する艦影に気付いていた。彼はすぐさまカニンガムに注意を促した。司令長官は、これにすっかり驚かされたが、これからの数分間が決定的な瞬間になると直覚した。カニンガムの記述‥

2225時、新しい参謀長のエデルステン代将は、右舷前方の水平線を自分の双眼鏡で探っていたが、駆逐艦1隻の後に2隻の大型巡洋艦が戦闘艦隊の前方を右から左に横切って行くのが見えると、静かに報告した。私が自分の双眼鏡で見てみると、確かにそこにいた。かつては潜水艦乗りで、敵艦の識別に極めて熟練しているパワー中佐は、一瞥するなり、それは2隻の『ザラ』級8インチ砲巡洋艦で、先頭は小型巡洋艦だと言明した。

短距離無線を用いて、戦艦艦隊を単縦陣に復させた。エデルステンと参謀たちを伴って、私は艦長のいる上部艦橋に行った。そこからは艦の全周がはっきりと見渡せた。それからの数分間のことを、私は決して忘れることはないだろう。静寂というものが感じられるほどの死んだような静けさの中で、射撃指揮に携わる要員が、砲を新しい目標に向けさせる声だけが聞こえていた。艦橋の後方上部にある射撃指揮所の中で、命令を復唱する声がした。前方を見やると、主砲塔がゆっくりと旋回して、15インチ砲が敵巡洋艦をぴたりと指向した。「方位盤照準手、目標を視認」‥射撃指揮所から、この落ち着いた声が聴こえた時ほど、私の全人生において胸躍る瞬間を体験したことはない。それは砲の準備が整い、彼の指が引き金に掛けられたことを示す確かな徴《しるし》だった。敵の距離は3800ヤード（3・5㎞）もなかった――直射である。

第21章　イギリス戦艦の夜間砲撃

カニンガム提督が、短距離無線を用いて右への一斉回頭を命じると、戦闘艦隊は再び針路２８０度の単縦陣に戻った。この時、カッタネオ提督の戦隊は概ねそれと反航する針路１５０度で接近して来ていたが、彼らは戦闘の準備を全く成していなかった。『フォーミダブル』は、このような類《たぐい》の戦闘では何の役にも立たないため、速やかに右に逸れていった。これで戦艦の艦列に間隙が生じたため、『バーラム』が後ろから繰り上がって来た。

無駄にしている時間はなかった。恐るべき艦砲の列が今や遅しと発砲の合図を待っていた。24門の15インチ砲、20門の６インチ砲、20門の４・５インチ（１１４㎜）砲から、次々に大きな声で準備完了報告が届いた。艦隊砲術長のバーナード中佐がその状景を描写している‥

停止した敵艦が左舷前方にいるという『ヴァリアント』のレーダー報告を全艦が受領し、それに呼応して砲塔が旋回した。２２２０時頃、約３浬離れて停止していたその艦は左舷正横から後方に離れて行き、艦橋にいた参謀たちには、提督がこの敵艦に構わず通り過ぎるつもりなのだと思われた。すると、輝かしい僥倖《ぎょうこう》にありつくことになったのである。作戦参謀と艦隊砲術長(注：バーナード自身のこと)は、前部砲塔が左舷正横までゆっくりと旋回していくのを目で追いながら、二人とも「この先にはもっと大物がいるに違いない」と感じて少し落ち着かなくなった。他の敵部隊が舞い戻って来るかもしれないという軽快部隊中将の部隊からの通信を傍受していたのだから尚更だった。そこで、艦隊砲術長が自身の権限で射撃指揮用周波数を使って「周囲の警戒を厳と為せ」という信号を発し、主砲を正艦首方向に向けさせたが、それは幸運にも艦首方向僅か右寄りに2隻の敵大型巡洋艦が発見される直前だった。このため、艦橋で敵艦を発見するのと、兵装が準備を完了するまでの時間差は無いも同然だった。敵艦を発見すると、艦隊は方位280度に一斉回頭して単縦陣となり、A弧（注：全ての主砲を発射できる旋回角度の範囲）を開いたが、旋回中は発砲が控えられた。戦闘艦隊左翼の駆逐艦は、射線を空けるよう指示され、「さっさと退け」と、けんもほろろに追い立てられた。

変針が完了した時には、全ての巨砲が敵艦に向けられていた。戦艦が単縦陣に戻るのとほとんど時を同じくして、先頭の駆逐艦『グレイハウンド』が探照灯を点じた。太い光の束は、味方戦艦の位置を露《あらわ》にすることなく、敵艦列の3番目に位置していた『フューメ』に直接浴びせかけられた。驚くことに、この状況にあっても『フューメ』の前後主砲塔は、まっすぐ首尾線方向に向けられたままだった。イタリア艦の大口径砲は夜間射撃を想定していなかったのである。

突き刺すような光芒《こうぼう》は、『フューメ』だけでなくその左側も明るく照らし出し、敵艦列2番目の『ザラ』と、さらに最も左に見えている先頭の『アルフィエリ』のシルエットまでをも浮かび上がらせた。

この戦闘におけるイギリス艦の探照灯の使い方は、イタリア側にとって大きな驚きの種だった。イタリア海軍は、夜戦において探照灯を使うことを諦めていたのである。なぜなら、彼らの使っていたタイプの探照灯は、その精度には目を瞑《つぶ》るにしても、点灯する前に標的に向けることができないからである。荒れた海では光束を持続的に標的に向け続けることもできず、それは砲の照準の役に立つというよりは、自艦の位置を晒《さら》すだけで、むしろ悪い影響を与える代物だったのである。一方、イギリス側は虹彩《こうさい》シャッターを採用していた。これによって、探照灯を点灯したまま、シャッターを完全に開く決定的な瞬間まで光束を不鮮明にさせておくことができた。彼らはまた、探照灯や砲が正確に目標を指向し続けることができるようにするＥＢＩ（エヴァーシェッド方向指示器）という装置を有していた。それゆえ、『グレイハウンド』の探照灯は、虹彩シャッターが開く前から、既に敵艦に向けられていたのである。

『グレイハウンド』が『フューメ』を照らし出したまさにその瞬間、『ウォースパイト』が同艦に向けて最初の斉射を放った。射距離は２９００ヤード（２６５０ｍ）。外しようがなかった。時に１９４１年３月28日２２２７時。

『ウォースパイト』の最初の斉射は、最も艦尾側にあるＹ砲塔――この時はまだ標的に向けられていなかった――を除く6門の15インチ砲から放たれた。１発９００kg近い巨弾が6発、音速に倍するスピードで飛翔していき、そのうちの少なくとも5発、おそらくは6発全てが、巡洋艦の細身の船体に吸い込まれていった。「遠弾」も「近弾」も観測されなかった。イギリス海軍では、通常は交互打ち方（１回の斉射では各連装砲塔2門のうち1門のみから発砲）が行われていたが、この時は射程が極めて短く、まず外す心配はないことから、斉発とされたようである。

たちまち、『フューメ』の艦橋のすぐ後ろから後部砲塔までが色鮮やかな炎に包まれた。指揮所の照準手は、最も「近」になった弾、つまり命中位置が最も低かった弾は吃水線のすぐ上に命中したと報告し、別の観測員は巡洋艦の後部砲塔が舷外に飛び出していくのを目にしていた。

発砲の6秒後、『ウォースパイト』の探照灯も点じられ、さらに星弾が発射された。その4秒後には『フューメ』に向けて6インチ砲からも砲撃を始め、矢継ぎ早に4回の斉射が放たれた。重巡洋艦としては厚い装甲を誇る『ザラ』級だったが、この距離で戦艦からの全力射撃を受けては、ひとたまりもなかった。『フューメ』は、たちまち全長にわたって真っ赤に燃え上がり、右舷に大きく傾き始めた。

カニンガムの記述：

発砲を告げる「チリン、チリン、チリン」という音が聞こえた。すると、6門の巨砲が同時に発射され、猛烈な橙《だいだい》色の発砲炎が吐き出されて、暴力的な振動に襲われた。ちょうどその時、護衛の駆逐艦『グレイハウンド』が敵巡洋艦に探照灯を向け、暗闇の中に青っぽく輝く艦影が瞬間的に浮かび上がった。我々の探照灯も最初の斉射と共に光を放ち、そのゾッとするような光景を照らし出した。光束の中を、6発の巨大な砲弾が飛んで行くのが見えた。そのうち5発が、巡洋艦の上甲板の下、数フィートに命中し、水飛沫《しぶき》と眩《まばゆ》い炎を上げて爆発した。イタリア側は、まったく予期していなかった。彼らの主砲は正艦首尾方向を向いていたのである。何の抵抗もできないうちに、為す術なく打ち砕かれてしまった。この惨事の最中に、ちょっとしたお慰みがあった。『ウォースパイト』艦長のダグラス・フィッシャー大佐は砲術の大家だったが、最初の斉射が命中するのを見るや、驚いたような声でこう言ったのである…

「何てこった！　命中したぞ！」

この場面についてのバーナードの記述‥

それを目の当たりにしておいて、その後の数秒間に起こった出来事を簡単に忘れられる者など一人もいないだろう。『グレイハウンド』の探照灯は、敵の砲塔がまだ前後を向いていて、甲板上を人々が走っているのを照らし出し、敵がすっかり不意を衝かれたことを明らかにした。『ウォースパイト』の最初の斉射は、この戦争で最大の壮観の一つだった。6発の15インチ砲弾のうち5発が、敵の舷側のあちこちに命中し、直撃した1発によって、Y砲塔の大部分が舷外に吹き飛んでしまった。ABCは、以前は秀でた砲術士官だった旗艦艦長が「何てこった、命中したぞ！」と叫び声を上げたことを大層面白がって、（イギリス海軍の訓練施設がある）ホエール島での話のネタにしようと、戦闘後すぐにこのことを記録しておくよう命じた。

『ウォースパイト』に遅れること7秒、『ヴァリアント』も『フューメ』に向けて15インチ砲の片舷斉射を放った。こちらは射距離４０００ヤード（３６６０ｍ）で4発。『ヴァリアント』は、同時に４・５インチ砲の火蓋も切った。

最初の斉射から40秒後、『ウォースパイト』は『フューメ』に対して、今度は全8門の15インチ砲から2回目の斉射を送った。少なくとも1発は「近」になって手前に外れたものの、大半の砲弾が命中し、『フューメ』はみるみる右に傾いて、眩いばかりのオレンジ色の炎の塊と化した。その後『フューメ』は、イタリア艦に近付こうと左に旋回した『ステュアート』からも、２２３１時に砲撃を受けた。巡洋艦は完全に無力化されて、のろのろと艦列から離れて行き、２３００時頃（２３１5時とする説もある）に沈没した。

イギリス戦艦３隻のうち最後尾にいた『バーラム』は、戦闘艦隊が針路を２８０度に変える直前、まだ針路２４０度で雁行《がんこう》している時に、停止している艦、すなわち『ポーフ』が2発の赤い信号弾を打ち上げるのを目撃していた。これは、おそらく自らの救助に向かって来ている仲間への識別信号だった。『バーラム』はすぐさまその艦に向けて砲を旋回し、探照灯で照射して砲撃を始めようとしたが、ちょうどその瞬間、単縦陣に復帰せよとの命令を受信した。命令に従って旋回していると、敵艦列３番目の『フューメ』に向けられた『グレイハウンド』の探照灯の輝きが、先頭艦『アルフィエリ』の姿をも露にした。『バーラム』はただちに砲を艦首に振り向け、同艦に向けて射距離３１００ヤード（２８００ｍ）で片舷斉射を放った。砲口から橙色の眩い閃光が迸《ほとばし》ると、駆逐艦の全長にわたって砲弾が命中し、艦橋と2番砲塔の間が激しく燃え上がって濃厚な煙がその姿を隠し始め、『アルフィエリ』は舳先《へさき》を右に巡らせて艦列から離れていった。なお公式記録では、先頭艦に対する『バーラム』の斉射は1回とされるが、『バーラム』に座乗していた第1戦艦戦隊司令官のヘンリー・B・H・ローリングス少将は、先頭艦を6インチ砲搭載の軽巡洋艦であると識別しており、その艦に対する斉射は2回であり、最初が6門、2回目が2門だったと報告している。

『ウォースパイト』では、『フューメ』に対する2度目の主砲斉射を放った後、標的をイタリア艦列の2番目に位置する『ザラ』に変えるため、主砲を左に向けるよう命令が出された。『ザラ』に対する『ウォースパイト』主砲の最初の斉射は、4基ある連装砲塔の全砲、つまり8発から成っており、1発が「近」になっただけで「遠」は観測されず、ほとんどが命中した。『ザラ』は瞬く間に炎に包まれた。15インチ砲の数秒後には6インチ砲の斉射が続き、これも目標を夾叉《きょうさ》した。命中が観測され、引き続いて素早い斉射が命じられた。『ウォースパイト』は『ザラ』に対してさらに3回、15インチ砲の斉射を放った。

『ヴァリアント』は、『フューメ』に最初の斉射を送った時、艦の後部にある2基の砲塔を標的に向けることができなかったが、目標を『フューメ』の左にいる『ザラ』に変えると、全8門の15インチ砲をそちらに指向することが可能になった。7発の斉射で何発かが命中した。『ヴァリアント』は『ザラ』に対して、3分ちょっとの間に、司令長官も感服する5回もの斉射で35発の15インチ砲弾を放ち、4・5インチ砲でも砲撃を加えた。

先頭艦を砲撃した『バーラム』は、目標をその後ろの『ザラ』に変更し、15インチ砲を艦橋下に命中させた。『バーラム』は運よく『ザラ』への最初の斉射で正確な距離を掴《つか》むことができたが、自身の探照灯が先頭艦への発砲の衝撃で壊れてしまっていたため、自艦の照明弾と、他艦の探照灯の光に頼るしかなかった。『バーラム』のジェフリー・C・クック艦長は、「『ウォースパイト』の探照灯によって見事に照らされていたので、全てが容易だった」と語っている。同艦の砲術長も、「これまで自分がやった中で、最高の夜間射撃だった」という言葉を残している。

『ザラ』は今や完全に活動を停止して、激しく燃え盛っていた。前部２０３㎜砲塔、艦橋、主機室が直撃弾を受け、艦内はどこもかしこも炎に包まれていた。左舷に傾き続けながら、その艦首がやにわに英戦闘艦隊の方を向くと、今度は右舷を晒した。『ザラ』は斉射につぐ斉射を浴び、炎の塊と化した。主缶の一つで大きな爆発が起こり、１番砲塔が横を向いて、砲身が海面に向かってだらりと垂れ下がった。残りの砲塔はいまだに首尾線方向を向いたままだった。その前方では、猛烈な炎と濛々《もうもう》たる煙に包まれながらも、『アルフィエリ』がこっそりと屠殺《とさつ》場を離脱しようとしているのが見えた。

戦艦たちの砲撃が始まると、『グリフィン』は自らが戦艦の射線上の危うい位置にいることに気が付いた。『グレイハウンド』が『フューメ』を照らし出した時、『グリフィン』は大急ぎで戦艦の射線を横切って、その前方に出ようとしたが、たちどころに『ウォースパイト』の６インチ砲に夾叉された。『グリフィン』のジョン・リー＝バーバー艦長（注：日本海軍では駆逐艦の指揮官は「艦長」ではなく「駆逐艦長」だが、本書では「艦長」と記す）は記している：

自分が憶えている唯一つのことは、「戦闘ボートたち」が発砲を始めた時、『グリフィン』がそいつらに引っぱたかれそうな、あんまり羨ましくはない位置にいたってことで、ＡＢＣから「さっさとそこを退け、大馬鹿者め」っていう、突き放したような通信を受けました。

『グリフィン』に被害はなかった。

２２３１時、巡洋艦に続航するイタリア駆逐艦の１隻が、取り舵を切って接近して来る姿が、『ウォースパイト』の探照灯の光に捉えられた。６インチ砲がこれを迎え撃つよう命じられたが、同砲の射撃指揮所は、大きく艦尾側に向けられた前部15インチ砲の発砲時の爆風に晒されたため、ＥＢＩが不具合を来し、すぐには標的を捉えられなかった。射程３０００ヤード、方位２４０度でようやく放った最初の斉射は、目標を遥かに飛び越えた。それでも第２斉射が『ジョベルティ』だと考えられる目標を夾叉して、命中が観測された。

こちらに向かって来ていたイタリア駆逐艦が、発見された１分半後に魚雷を発射するのが目撃された。魚雷を避けるために、カニンガムはすぐさま戦艦たちに面舵90度の緊急回頭を命じ、３隻の戦艦は２２３２時に一斉に舳先を右に巡らせた。雷撃した駆逐艦に15インチ砲を向けるよう命令が出され、６インチ砲は、探照灯で照らし出された別の駆逐艦を狙うよう指示された。15インチ砲の斉射が放たれたが、探照灯の光芒によって指揮所が眩惑《げんわく》されたため、結果は確認できなかった。

『ウォースパイト』では、再びＥＢＩの不具合によって標的を見つけるのが困難になったが、ようやく１隻の駆逐艦に向けて６インチ砲から２度の斉射を放つと、その標的が、実は戦闘灯を点灯することができていなかった味方駆逐艦『ハヴォック』であることが分かった。幸いなことに、斉射された砲弾は全て同艦の上を飛び越えていった（夾叉したという説もある）。「撃ち方待て」の銅鑼《どら》が鳴り響いた。

司令長官はこの様子を見て、『ハヴォック』は沈んだものと思った。だが実際には何の被害も受けていなかったのである。バーナードは記している‥

２隻の敵重巡は、戦闘艦隊のほんの数分間の砲撃によって完全に撃破されて、我々の左舷を後落していき、動かなくなって燃え上がった。２２３０時に、少々張り詰めた瞬間が訪れた。敵巡洋艦の後ろから駆逐艦が何隻か現れて、我々を魚雷で攻撃しようとしたのである。戦艦が交戦している時に艦列から右に離れた『フォーミダブル』が、我々の右舷を通り過ぎて行ったが、いささか気持ちの悪いことに、向きを変えた戦闘艦隊と近付いてしまった。ＡＢＣは大型艦の艦隊を駆逐艦の戦隊と同じように扱って、発光信号を使って3隻の戦艦を右90度に一斉回頭させ、その少し後に、敵を掃討するために4隻の護衛駆逐艦を解き放った。こうしてしばらくの間、我が戦闘艦隊は、1浬ほど前を行く『フォーミダブル』に「先導」してもらうことになった。誰か下級の士官が、ちょっと裸にされたような感じがすると言っていたが、『フォーミダブル』でもきっと同じように感じていたんだろうと思う。

この時、『フォーミダブル』は3、4浬ほど北にいて、同艦からは南の空がオレンジ色に染まるのが見えていただけだった。だが突然、空母は目が眩《くら》むような光に包まれた。戦艦の探照灯の光束に捉えられたのである。艦隊はいまだに『ヴィットリオ・ヴェネト』を探していて、しかも夜間、探照灯の光の中に現れた艦は、その形よりも大きさが意味を持つのである。空母の乗組員たちは、さぞかし肝を冷やしたことだろう。

カニンガムが記している：

戦闘が始まった時、『フォーミダブル』は艦列から右に全速で離れていった。夜戦では、空母に出る幕はないのである。『フォーミダブル』が5浬ほど離れた頃、非戦側に敵艦がいた場合のために闇を薙《な》いでいた『ウォースパイト』の探照灯の光が、同艦を捉えた。6インチ砲の指揮官が右舷の砲台に、同艦を狙うよう指示する声が聞こえたが、何とかぎりぎり間に合って発砲をやめさせた。

この夜間戦闘でイギリス戦艦3隻は凄《すさ》まじい砲撃を行ったが、それは僅か5分間の出来事でしかなかった。『ウォースパイト』の戦闘記録によると、「撃ち方始め」が2227時55秒、最初の斉射が2228時ちょうど、イタリア駆逐艦が放った魚雷を回避するための右90度回頭が2232時30秒とされる（3隻の戦艦の記録には、互いに1～2分程度の誤差がある）。その間に『ウォースパイト』は斉射7回で合計40発、『ヴァリアント』は6回で39発、『バーラム』は6回21発（全8発による斉射は一度もなし）、3隻で合計100発の15インチ徹甲弾を発射した（付録7参照）。また、『ウォースパイト』は44発の6インチ榴弾と36発の星弾を発射し、『バーラム』は、6インチ砲の斉射7回で34発を放っている。『ヴァリアント』4・5インチ砲の消費弾数は不明である。

『フューメ』に向けられた15インチ砲の斉射は、『ウォースパイト』から2回で14発、『ヴァリアント』から1回4発の計18発であり、『ザラ』に至っては、『ウォースパイト』から4回、『ヴァリアント』と『バーラム』からはそれぞれ5回ずつ、合計14回もの斉射に晒された。駆逐艦に対しては『ウォースパイト』が『ジョベルティ』に1回、『バーラム』が『アルフィエリ』に1回とされる。ただし、ローリングス第1戦艦戦隊司令官は、軽巡洋艦であると彼が認識した先頭艦に対して、『バーラム』が2回の斉射を行い、それぞれ6発と2発を撃ったとしている。

『ザラ』に対する15インチ砲の斉射のうち、実際の出弾数の記録が残っているのは、『ウォースパイト』の1回8発と『ヴァリアント』の5回、合計35発のみであるが、全体で100発のうち『フューメ』に3回18発と駆逐艦2隻にも1回ずつ斉射を行ったことを考えると、3隻で合計70発前後（ローリングス司令官によると62発）もの15インチ砲弾を『ザラ』に浴びせかけた計算になる。これらの砲撃によって、『ザラ』には20発の15インチ砲弾が命中したとする説がある。

しかし、夜間とは言え、僅か2浬にも満たない距離にある大型艦に対して、ほとんど外しようがないであろうということを考えると、60～70発のうち20発という命中弾数は、控えめに過ぎるかもしれない。中には84発から102発とする説もあるが、そもそも全部で100発しか撃っていないため、これらの数字は逆に多過ぎる。

ただし、イギリス側の敵艦識別能力は、これまで見てきたようにかなり怪しいものであり、各艦がそれぞれの斉射で標的とした艦が、必ずしも上記の通りであるとは限らないため、どの艦に何発を発射し、そのうち何発が命中したかを正確に数えるのは困難である。

2232時、右90度の緊急回頭を命じられた戦闘艦隊は、寸刻のうちに針路10度に定針し、北に向けて疾駆していた。カニンガムは、イタリア巡洋艦に止めを刺すよう、2238時に駆逐艦たちに命令を発し、戦闘艦隊には戦場に近付かないよう命じた。その数分後、『ウォースパイト』は数浬北西にいたマックとプライダム＝ウィッペルの両者が発した夜間警告信号を受信した。カニンガムは、彼らが残りのイタリア艦隊と接触したのではないかという印象を受けた。

イギリス戦艦の戦いは終わった。だが、まだまだ夜は先が長かった。

第22章　掃討1

ここまでは戦艦が舞台を仕切っていた。ここからは、駆逐艦の出番である。

戦闘艦隊の右翼に位置していた第10駆逐艦戦隊の『スチュアート』と『ハヴォック』、同じく左翼の『グレイハウンド』と『グリフィン』は、それぞれ2228時に針路を戦闘艦隊と同じ280度に変えた。彼らの艦首方向を僅かな針路差で通り過ぎて行く艦列が見えたが、それは5隻の巡洋艦および／あるいは駆逐艦であると識別され、イギリス戦闘艦隊の左舷を通過していった。

イギリス戦艦による砲撃も終盤の2231時、嚮導《きょうどう》駆逐艦『スチュアート』は、炎上している敵巡洋艦に射撃を開始し、同艦に近付くために『ハヴォック』を従えて取り舵を切った。何発か撃った後、『スチュアート』は標的を駆逐艦に変えて、南に向かった。

2241時に敵に止めを刺せという司令長官からの命令を受領すると、『スチュアート』と『ハヴォック』は、任務を遂行するために東に舳先《へさき》を向けた。

2259時、2浬ほど南に、燃えて明らかに停止したイタリア巡洋艦が見え、もう1隻、火災が生じていないように見える巡洋艦と思しき大型艦が、その周りでゆっくりと円を描いていた。『スチュアート』が搭載全量である8本の魚雷を2隻に向けて放つと、燃えていない方の艦の水面下で鈍い爆発が認められた。『ハヴォック』は適当な標的を見つけることができず、攻撃を控えていた。

2301時、『スチュアート』は炎に包まれている停止艦に砲撃を加えた。相手が、暫時激しい砲火を返してきたとする説もあるが、いずれにせよすぐに沈黙した。その間に燃えていない方の艦が離れて行ったため、これを探しに行くと、2305時、1・5浬ほど離れた位置に損傷してひどく傾き、停止している艦を見つけ、『ステュアート』は速力を25ノットに上げた。その艦に向けて主砲の４・７インチ（１２０mm）砲で2斉射を放つと、大きな爆発が生じ、艦上で火災が発生した。激しい炎の光で、それが『ザラ』級巡洋艦であることを確認できた。その艦は小口径砲で激しく反撃してきたが、『ステュアート』には命中しなかった。

すると、突然左舷艦首方向の暗闇の中から別の艦が現れた。『ステュアート』のヴォーラー艦長は衝突を避けるために左に舵を切らなければならなかった。その艦は『ステュアート』の右舷僅か１５０ヤード（１４０ｍ）ほどを通り過ぎていったが、すれ違いざま、お誂《あつら》え向きの爆発の閃光がその姿を照らし出した。損傷していないように見えたその艦は単煙突で、『グレカーレ』級駆逐艦（注：『オリアーニ』級と『グレカーレ』級は準同型艦で外見はほぼ同じ）であると識別することができ、『カルドゥッチ』であると思われた。２３０８時、『ステュアート』は、その艦に向けて2斉射を送った。この射撃で、３発が命中したとする説がある。その後、南西方向に巡洋艦と思しき艦が見えたため、『ステュアート』はそちらに向かって行った。

『ハヴォック』がそのすぐ後に、『ステュアート』が砲撃した『カルドゥッチ』と考えられるイタリア駆逐艦に向けて、射距離僅か１５０ヤードほどの距離から4本の魚雷を発射すると、２３１５時にそのうちの1発が命中した。相手が砲撃を返してきたが、『ハヴォック』がさらに砲撃を加え続けると、その艦は海面すれすれまで沈み、艦首尾で火の手が上がって、２３３０時頃に爆発して沈んだ。

この間、２３１5時に『ステュアート』は、停止した駆逐艦『アルフィエリ』が激しく燃えながら傾斜し、いきなり転覆して沈没するのを目撃していた。『ハヴォック』でも、傾いて燃えている『アルフィエリ』が、２３１5時に転覆、沈没するのを目撃したと報告している。

２３１7時頃、『ステュアート』は『ザラ』級巡洋艦を再び見つけて数斉射を送った。その艦の小口径砲の発砲は止んでいた。『ステュアート』の手持ちの魚雷は底を付いており、これ以降、この巡洋艦が味方に害を及ぼすことはないと確信して、ウォーラー大佐はそこを離れた。

２３２０時過ぎ、南西に向かっていた『ステュアート』は、１０００ヤードほどの距離に駆逐艦を発見した。その艦は無傷のようだったが、実際はイギリス戦艦部隊に魚雷攻撃を敢行した際に、前部機械室に『ウォースパイト』あるいは『バーラム』の6インチ砲を被弾していた。とは言え、発揮速力にはほとんど影響がなかったようで、『ステュアート』と反航して、あっという間に暗闇の中に消えていった。それは、カッタネオ部隊最後尾の駆逐艦『オリアーニ』に違いなかった。同艦は、その後イギリス側に見つかることなく、何とか逃げ果《おお》せた。『ステュアート』は、２３２５時に小火災が発生している艦の目撃情報を上げたが、またも高速で逃げられてしまった。この艦は『ジョベルティ』で、その夜カッタネオの部隊の中で脱出に成功したのは、この2隻だけだった。

『ハヴォック』は燃えている2隻の巡洋艦を目撃したが、そのうち1隻は今にも爆発しそうであり、その周囲の海面には数多くの艦載艇や救命筏《いかだ》と共に、夥《おびただ》しい数の生存者が浮かんでいた。この艦は『フューメ』あるいは『アルフィエリ』であると考えられ、『ザラ』と思しきもう1隻は、艦橋横の一か所で火が出ているだけだった。『ハヴォック』は、南南東に向かいながら、２３３０時に残り4本の魚雷を『ザラ』と考えられる艦に向けて放ったが、これは外れた。そこで踵《きびす》を返して高速で北に向かい、その巡洋艦を砲撃したが、そのとき同艦は激しく燃えていたとされる。すると２３４５時、『ザラ』と思しき艦を照らし出そうと発射した照明弾の光の中に、艦首を北東に向けたまま動けなくなっている大型艦の姿が、突如として浮かび上がった。それは、薄暮時の航空攻撃で『フォーミダブル』艦載機の魚雷を受けて動けなくなっていた巡洋艦『ポーラ』だった。これまでイギリス側の注意を引くことなく逃れていた『ポーラ』が、ついに見つかったのである。

一方、最初に『フューメ』を探照灯で照らし出した『グレイハウンド』は、『グリフィン』と共にイタリア駆逐艦を求めていたが、僚艦たちとは違って、うまく獲物に有り付けていなかった。

『グリフィン』艦長のジョン・リー＝バーバー少佐は記している：

我々の次の動きは、遺憾ながら実に鈍いもので、停止して降伏しようとしている『ポーラ』に近付くまで、何も見えなかった。

当時カニンガム司令長官は、駆逐艦不足に悩まされていた。母港の修理および維持整備能力もごくごく限られていた。そのため、彼の艦隊の艦は、高速を維持したり、何日間にもわたって戦闘を継続することができずに、しばしば戦場から脱落することになった。リー＝バーバーの次のコメントは、イギリスが事実上孤立していた当時、カニンガムの苦労を如実に示すものである。

ABCは、駆逐艦のための燃料を、いつものようにやっとの思いで掻《か》き集めた。『グリフィン』は、何日か前にマルタ島で受けた爆弾のせいで、前部燃料油タンクの全てに穴が開いていて、後部タンクのみで作戦に参加した。前部タンクには海水が入り込んでいたんだ！

問題を抱えていたのは、『グリフィン』だけではなかった。バーナード中佐の記述でそのことが窺える：

後年になってマタパン岬沖海戦について何かを語ろうとする人は、軽快部隊全体が長期間にわたって作戦行動に従事しており、人間と機械の双方がほとんどその持久力の限界に近い状態で働いていたということを、まず考慮しなければならない。当時、地中海の護衛部隊は払底していた。駆逐艦は重責

を担っていて、その時は、しつこい空襲に悩まされながらギリシャに向かう輸送船団の護衛に駆り出されていたし、巡洋艦は、「爆弾回廊」における援護任務と、アレクサンドリアとピレウスの間の高速兵員輸送任務の両方をこなさなければならなかったのである。あの海戦で艦隊に随伴した駆逐艦部隊は、満身創痍《そうい》で「ボイラー洗浄機」の順番を待っていて、本格的な修理は先延ばしにされていた。例えば、夜襲部隊の嚮導艦だった『ジャーヴィス』の舵は腹板だけになっていて、外板は少し前に脱落してしまっていた。ドック入りして修理が必要だったが、当時の東地中海にはよくあることで、他にもっとやるべきことがあるため、後回しにされていたのである。

『グレイハウンド』は、西に去って行く複数の駆逐艦（3隻の巡洋艦と識別したとする説もある）を目撃した。『グレイハウンド』と『グリフィン』は南西に向かって、その後を追った。前述のような理由で『グリフィン』の追跡は「とても鈍かった」ものの、2隻の駆逐艦は去って行くイタリア艦に発砲し、何発か命中が認められたが、獲物は南に向きを変え、真っ黒な煙幕を展張しながらその中に消えていった。

すると2320時、2隻の駆逐艦は、カニンガム提督が2312時に発した、やや解釈に窮する文面で綴《つづ》られた命令を受信した。

敵を沈めんとて交戦中ならざる全部隊は北東に退却せよ。

掃討戦も今や酣《たけなわ》というこのタイミングで……退却？

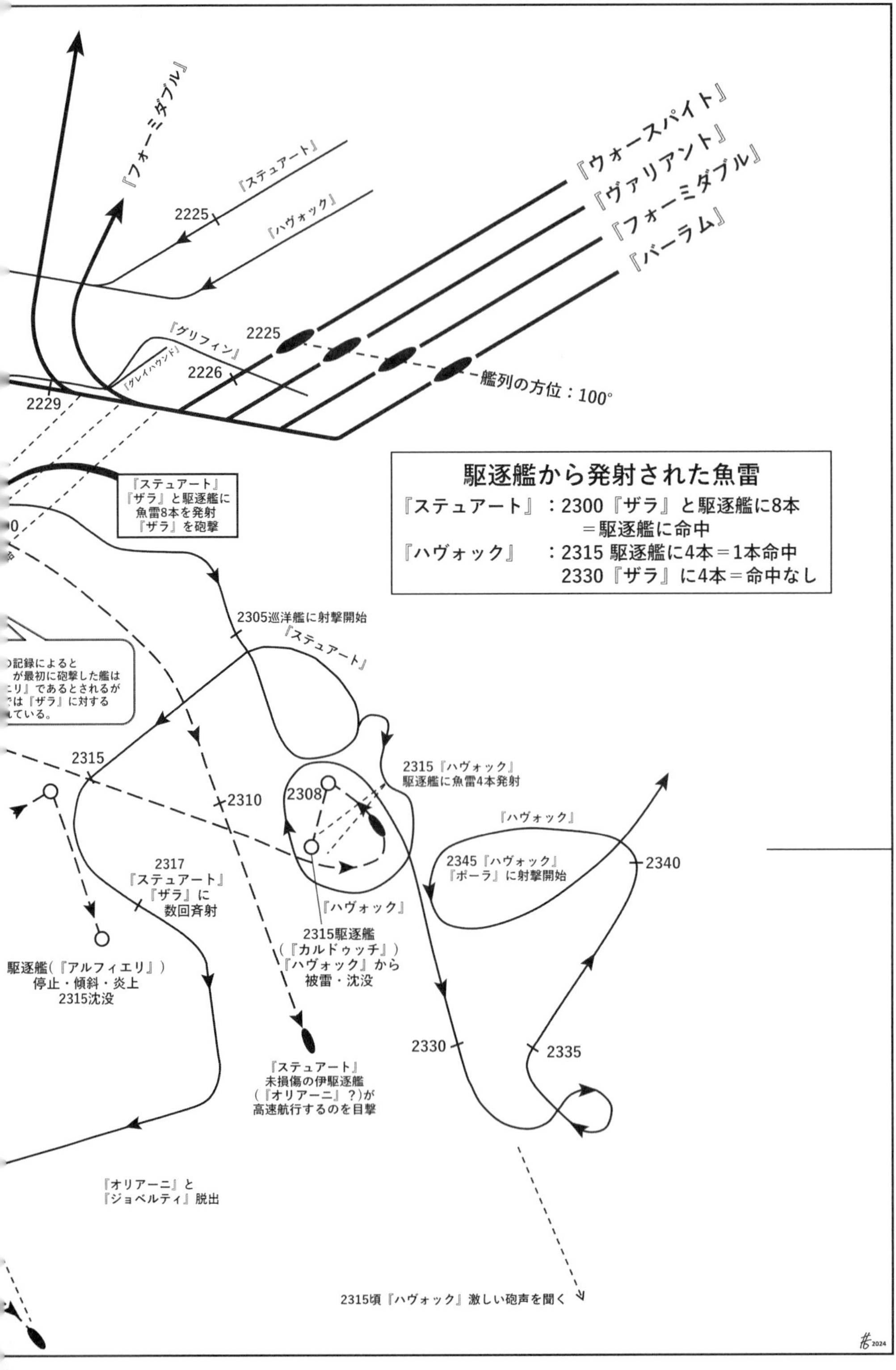
『フォーミダブル』
『ステュアート』
『ハヴォック』
2225
『ウォースパイト』
『ヴァリアント』
『フォーミダブル』
『バーラム』
『グリフィン』
『グレイハウンド』
2225
2226
2229
艦列の方位：100°
駆逐艦から発射された魚雷
『ステュアート』：2300『ザラ』と駆逐艦に8本
＝駆逐艦に命中
『ハヴォック』：2315 駆逐艦に4本＝1本命中
2330『ザラ』に4本＝命中なし
『ステュアート』
『ザラ』と駆逐艦に
魚雷8本を発射
『ザラ』を砲撃
2305巡洋艦に射撃開始
『ステュアート』
の記録によると
が最初に砲撃した艦は
ェリ』であるとされるが
では『ザラ』に対する
れている。
2315
2310
2308
2315『ハヴォック』
駆逐艦に魚雷4本発射
『ハヴォック』
2345『ハヴォック』
『ポーラ』に射撃開始
2340
2317
『ステュアート』
『ザラ』に
数回斉射
『ハヴォック』
2315駆逐艦
(『カルドゥッチ』)
『ハヴォック』から
被雷・沈没
駆逐艦(『アルフィエリ』)
停止・傾斜・炎上
2315沈没
2330
2335
『ステュアート』
未損傷の伊駆逐艦
(『オリアーニ』?)が
高速航行するのを目撃
『オリアーニ』と
『ジョベルティ』脱出
2315頃『ハヴォック』激しい砲声を聞く
2024

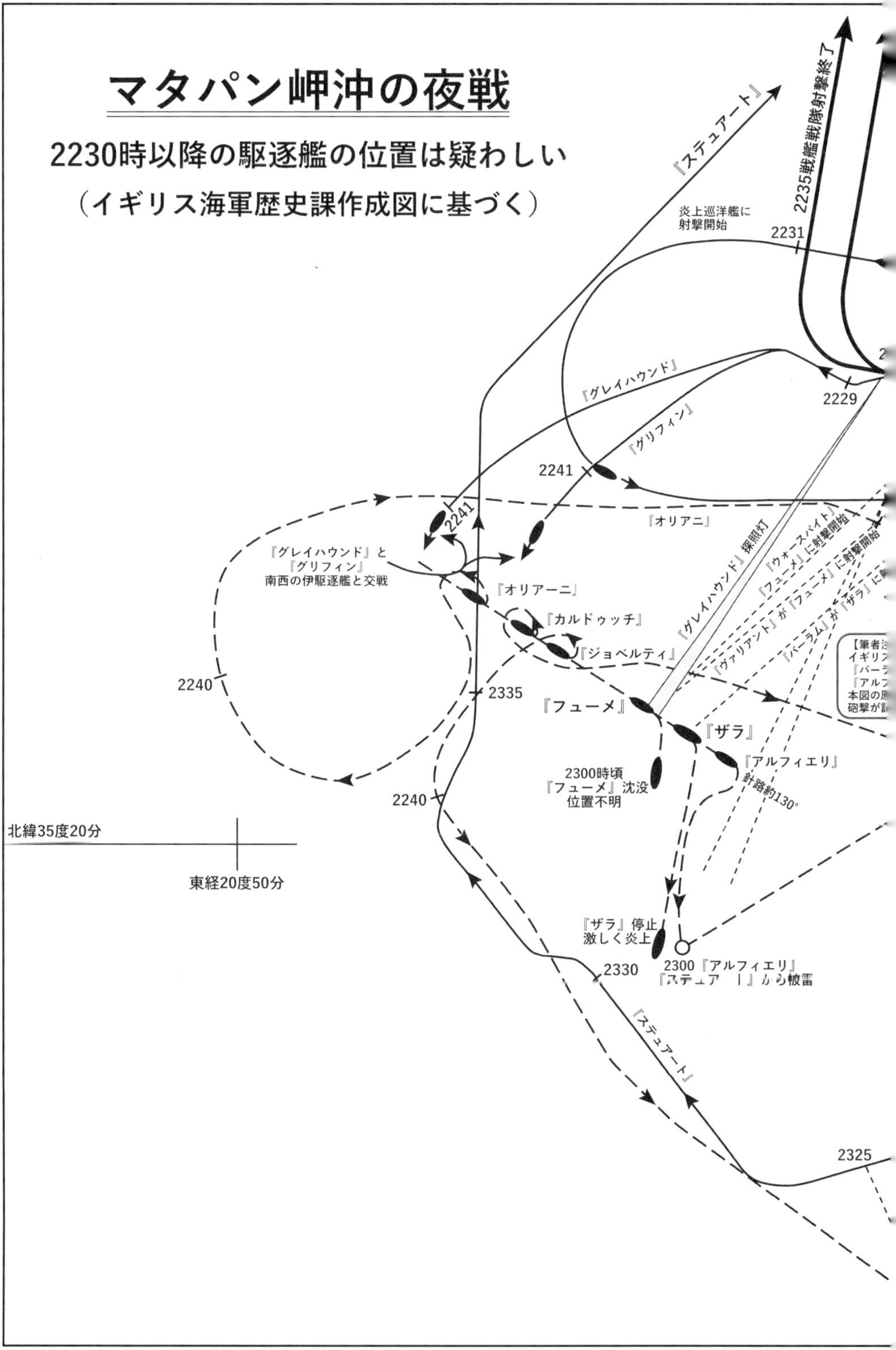

マタパン岬沖の夜戦
2230時以降の駆逐艦の位置は疑わしい
（イギリス海軍歴史課作成図に基づく）
『ステュアート』
2235戦艦戦隊射撃終了
炎上巡洋艦に
射撃開始
2231
2229
『グレイハウンド』
『グリフィン』
2241
2241
『オリアニ』
『グレイハウンド』と
『グリフィン』
南西の伊駆逐艦と交戦
『オリアーニ』
『カルドゥッチ』
『ジョベルティ』
『グレイハウンド』探照灯
『ウォースパイト』に射撃開始
『フューメ』に射撃開始
『ヴァリアント』が『フューメ』に射撃開始
『バーラム』が『ザラ』に
2240
2335
『フューメ』
『ザラ』
『アルフィエリ』
針路約130°
2300時頃
『フューメ』沈没
位置不明
2240
北緯35度20分
東経20度50分
『ザラ』停止
激しく炎上
2300『アルフィエリ』
『ステュアート』から雷
2330
『ステュアート』
2325

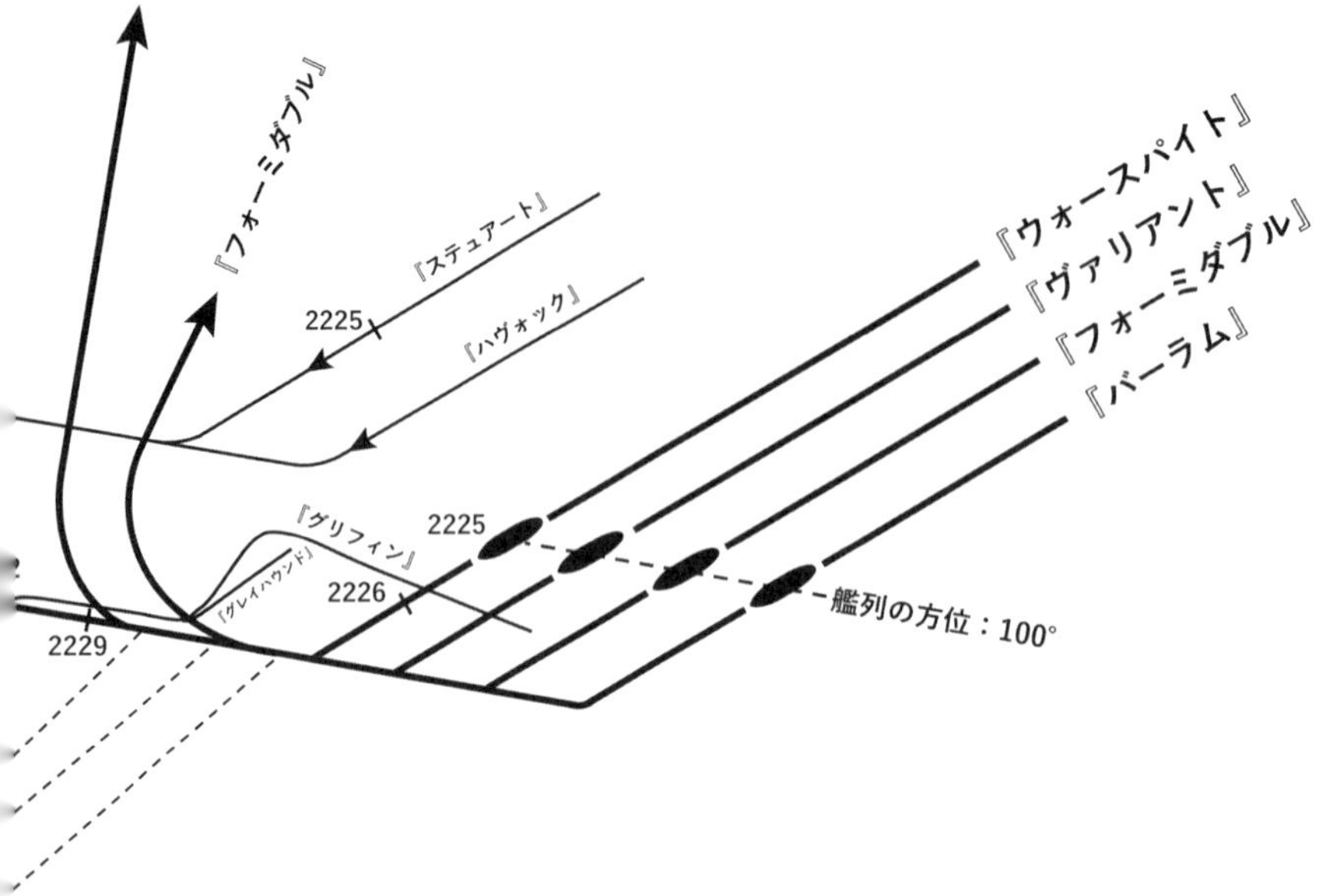

【筆者注】

英伊の主な相違点

●カッタネオ戦隊前半3隻の順序
　英：『アルフィエリ』→『ザラ』→『フィウメ』
　伊：『ザラ』→『フィウメ』→『アルフィエリ』

●英戦艦砲撃後のカッタネオ戦隊後半3隻の動き
　英：左に旋回
　伊：右に旋回

マタパン岬沖の夜戦

（イタリア海軍歴史局作成図に基づく）

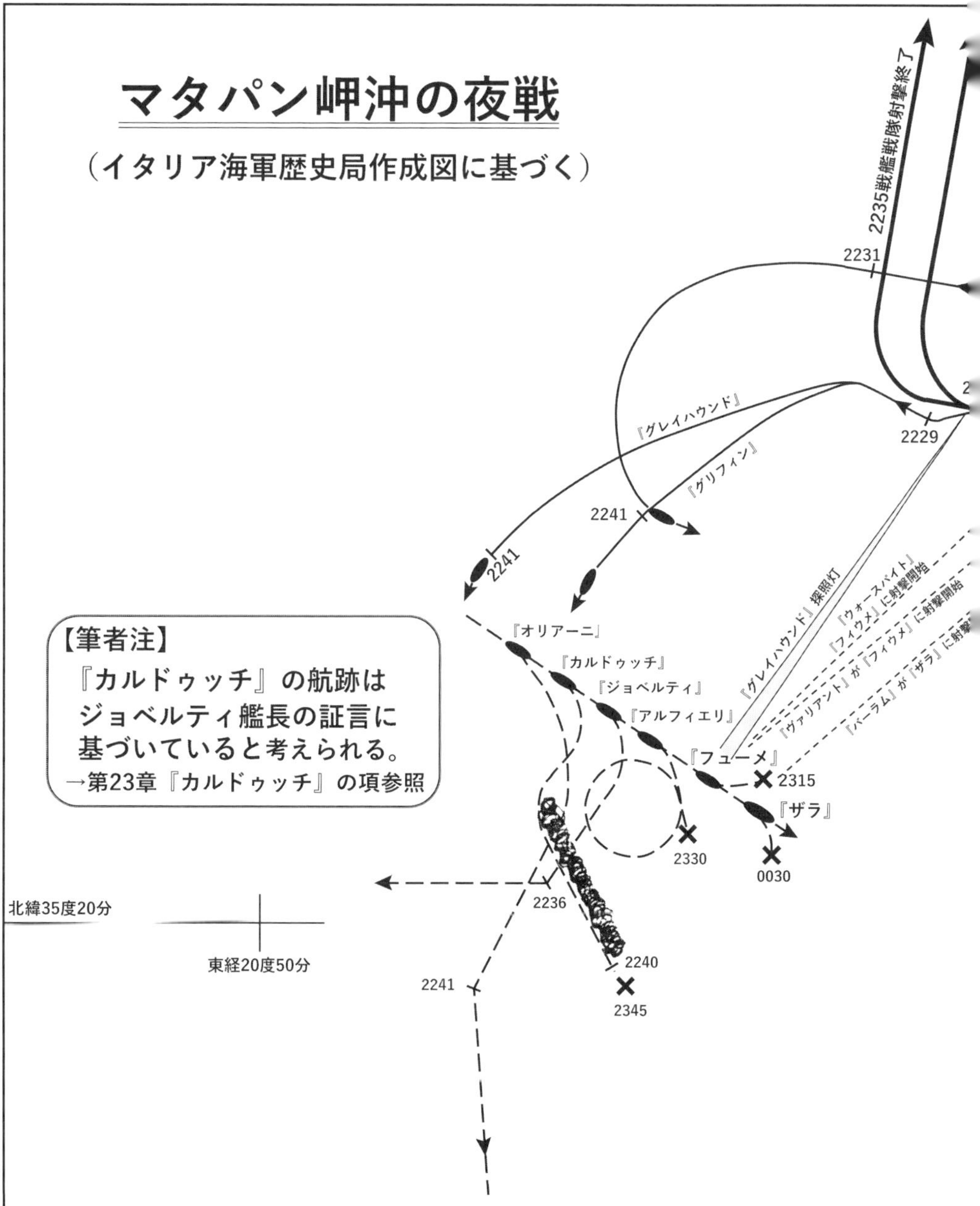

【筆者注】
『カルドゥッチ』の航跡は
ジョベルティ艦長の証言に
基づいていると考えられる。
→第23章『カルドゥッチ』の項参照

第23章　カッタネオ戦隊の結末

カッタネオ少将の戦隊は、イギリス戦艦から嵐のような攻撃を受けて、重巡2隻と駆逐艦2隻を失い、英駆逐艦による掃討戦の中で、この惨劇の引き金となった重巡『ポーラ』もついに発見された。この章では、夜戦におけるカッタネオ戦隊各艦の状況とその結末について、主にイタリア側の記録に基づいて1隻ずつ記していく。

イタリア海軍の公式記録によると、『ポーラ』を除く4隻の沈没位置は、マタパン岬の南西約50浬、いずれも北緯35度21分、東経20度57分とされる。この数字を額面通りに受け取れば、4隻は互いに緯度・経度1分以内の範囲に沈んだということになるが、もちろんある程度の誤差はあるだろう。

『ザラ』

イギリス戦艦の砲撃が始まる少し前、カッタネオ戦隊は速力を12ノットまで落としており、『ザラ』艦上の注意は、そろそろ近くに来ているはずの『ポーラ』を探すため、前方に向けられていた。半速（9ノット。微速（6ノット）とする説もある）への減速準備が命じられていたが、その実行は手筈《てはず》通り『ポーラ』から青いドナス発光信号を用いたモールス通信を受けてからとされていた。『ザラ』の航海士ジョルジョ・パロディ中尉が、ルイージ・コルシ艦長に自艦の位置を報告し、艦長はこれをカッタネオ提督にメガフォンで伝えた。2225時、艦橋と司令部艦橋の双方の見張りが、ほとんど同時に赤いヴェリー信号弾が上げられていると報告した。コルシ艦長がこれをカッタネオ提督に伝えると、「速力を落とす準備をせよ」という命令が出された。

その直後、コルシ艦長がパロディ中尉に言った：「『ポーラ』はあそこだ」。続けて「あれは、我が軍の識別信号か？」と尋ねた。彼には別の考えがあるようだった。パロディは艦長に、赤い光は識別信号ではないようだと答えた。『ザラ』は艦首を少し左に向け、青いドナス信号で『ポーラ』と思しき艦と接触するための通信を開始した。同時に、コルシ艦長は巡洋艦の2基のエンジンの回転を落とすよう指示した。だがちょうどその時、暗闇の彼方で突如として探照灯が灯され、『ザラ』の後ろにいた『フューメ』を照らし出した。これを見て、コルシ艦長は訝《いぶか》しんだ：「奴はなぜ探照灯を使ってるんだ？　気でも違ったのか？」

艦橋内は静まり返っていた。現実を理解している者は一人としていなかったが、2浬も離れていない海上に赤や橙色の夜間識別灯を点けた大きくて暗い艦影があることに気付いた者や、二つの白い光を見たと言う者もいた。すぐに『ザラ』自身も探照灯の光の束に捉えられたが、コルシ艦長はそれが『ポーラ』のものだと確信していた。と言うのも、『ウォースパイト』の最初の砲声が鳴り響いた時、彼は「こっちに撃ってきやがった！　急いで識別信号を打て」と叫んだのである。

斉射弾が『フューメ』に命中し、大きな炎が立ち昇って『ザラ』の艦尾がその光で照らし出された。パロディが信号を出す前に二度目の斉射が『フューメ』の船体を揺さぶると、艦長が怒鳴った：「大口径砲だ！　罠《わな》に嵌《は》められた！　警報を鳴らせ！」

パロディが警報を鳴らす前に、15インチ砲の斉射弾が『ザラ』に命中した。艦長が面舵一杯を命じたが、機関がまだ微速であることをパロディが艦長に思い出させると、原速（12ノット）が命じられた。パロディが「全速のことですか」と尋ねると、艦長は「そうだ」と答えた。

これらは寸刻の出来事であり、その間、司令部艦橋にいるカッタネオ提督からは何も言ってこなかった。最初の斉射が『フューメ』に命中したすぐ後には、『ザラ』も艦中央部に被弾していた。船体が激しく震え、蒸気の雲が湧き上がった。操舵手が、舵の応答がなくなったと報告してきた。１番砲塔も被弾していた。凄《すさ》まじい爆発がそれに続き、次の瞬間パロディは、砲塔が消え去っていることに気が付いた。１番砲塔が、その下の甲板ごと根こそぎ舷外に吹き飛ばされていたのである。２番砲塔では、既に砲員が配置に就いていたが、射撃指揮系統がまだ１番砲塔と繋がっていたため、砲火を返すことができなかった。

イギリス戦艦からの砲撃が始まる直前、次席砲術長フランチェスコ・フェラーリ大尉は左舷に探照灯の白い光を発見し、警報を鳴らしてそのことを各主砲塔に伝えて、「砲塔用機関を始動せよ。砲弾を装塡し、電気指標に従え」と命じていたが、最初に受けた斉射で艦内の電力が落ちたため、砲撃準備をすることはできなかった。首席砲術長は、発電機を起動して各砲塔に独立して射撃を行うよう命じたが、それも叶わないほど被害は甚大だった。両砲塔で激しい爆発があり、続いて火災が発生した。

副砲である１００㎜砲は、主砲と違って夜間射撃用の消炎装薬を備えていたが、射撃指揮装置が最初の被弾で破壊されてしまったため、やはり射撃することはできなかった。一説に、37㎜機銃だけは、何とか射撃を返すことができたという。なお、『ザラ』級巡洋艦は１９３６〜39年の間に、１００㎜連装高角砲のうち最後部にある２基と40㎜単装機銃を撤去し、代わりに37㎜連装機銃を装備していた。

別の大口径砲弾が艦橋の下に命中し、ほとんどの艦内通話装置を粉砕して、装甲司令塔の反対側から横っ飛びに出て行った。さらにもう１発が艦の中央部を目茶苦茶に破壊した後、左舷主機室に飛び込み、そこにあった主機械を停止させた。

１９４６年にイタリア国内で設けられた、『ザラ』の喪失に関する特別調査委員会による推定では、『ザラ』には３分間に15発の15インチ砲弾が命中したとされる。『ザラ』は、速力を落としながらもまだ右への旋回を続けていたが、ぐるっと回って艦首を敵側に向けてしまった。すると、今度は右舷に被弾して第５ボイラーが爆発した。第４ボイラーも破壊され、第３ボイラーも損傷していた。その結果、右舷前部にある主機も徐々に回転を落とし、『ザラ』はしばらく惰性で進んだ後、艦首をほぼ北に向けて停止した。その右側を、燃え盛る炎に包まれた『フューメ』が通り過ぎて行った。

コルシ艦長はまだ艦橋にいて、エンジン・テレグラフで機関停止を命じると共に、艦内各所と連絡を取ろうと虚しい試みを続けていた。大きな問題の一つは、1番砲塔の下部の吹き飛ばされずに残った部分で発生した火災で、砲塔内には煙と蒸気が充満していた。鎮火のために下の弾薬庫に注水するようアルフレード・マルケーゼ機関中尉に命じたが、副長のヴィットリオ・ジャンナッタジオ中佐が、第5ボイラーが爆発して右舷主機が停止し、もはや状況は絶望的であるため、艦を爆破する準備をしていると報告してきたので、注水することはできなかった。

艦長はパロディ中尉に、舵の不具合が何に起因するのか確認するよう命じた。パロディが司令塔に降りて、そこから機関室と連絡を取ると、全ての電気系統が落ちてしまったことが原因だと教えられた。

パロディがすぐに艦橋に戻って来ると、カッタネオ提督が艦長と共に退艦について議論しているのを目にした。提督はパロディを見るや否や、救命筏《いかだ》を下ろせるように、大急ぎで機関室まで行き、機関長に言って主機械を停止させるよう命じた。パロディは階下に急ぎ、蒸気が満ちて全く明かりのない機関室で、右舷主機室の当直を2000時に引き継いでいたサルヴォ・パロディ機関大尉（注：中尉と同姓）を見つけた。ただ1基動いていた主機械が、すぐに止められた。

パロディ中尉が甲板に上がると、カッタネオ提督と参謀長および補佐官が見えたので、機関を停止させたことを報告した。提督は今度はパロディを火薬庫担当の士官のところにやって、艦尾火薬庫には注水しないように伝えさせた。既にいくつかの火薬庫に注水するよう命じていたが、艦尾のものには注水しないよう望んでいるようだった。この時、巡洋艦はまだ良好な浮力を維持していたが、蒸気による火傷《やけど》で多くの死傷者が出ていた。

パロディ中尉が艦橋に戻ると、艦長がパロディ機関大尉と唯一繋がっていた電話で話していた。艦長は、1基の主機のみで後進をかけ、『ザラ』が漂うのを止めて、燃えている『フューメ』に近付くことが可能かどうか尋ねていた。パロディ機関大尉は、蒸気が失われていることを伝えたが、艦長は彼に最善を尽くすよう命じた。通話を終え、パロディ中尉が海図室のテーブルの上にある戦闘記録をどうするか尋ねると、艦長は既に破棄を命じていると答えた。

艦長の命令を受けたパロディ機関大尉が、何とか右舷主機を再始動させると、『ザラ』は徐々にスピードを上げていった。艦長にそのことを伝えると、「いいぞ！　そのうち停止の指示をする」と返事があった。数分後、コルシ艦長はもう一度機関室に電話をかけ、「もう十分だ、パロディ。止めてくれていい。ぐるっと一周、回ってしまった。やれるだけのことはやった。もう機関は必要ない」と伝えた。パロディ機関大尉が、ボイラーの火を落とすか尋ねると、艦長は「その通りだ」と答えた。パロディが「自分はここに残ります。一番、二番缶の連中はどうすればいいですか？」と問うと、少し間があってから艦長は答えた…「甲板に上げてくれ」。

パロディ機関大尉がボイラーの火を消すよう手配し、艦長に電話をかけると、艦の破壊準備を成し、具体的にどのような措置を執ったかを報告するよう命じられた。すると、爆薬を持った砲員がパロディの所にやって来て、自分はジャンナッタジオ副長に命じられてここに来たのだと言った。火夫の助けを借りて、パロディは爆薬を循環ポンプのパイプの下に設置し、ハッチのボルトをハンマーで緩めた。機関室に戻ると、爆薬が届けられたことを確認するために下りてきたマルケーゼ機関中尉と出会ったが、マルケーゼは爆薬を確認すると、すぐに戻って行った。パロディはコルシ艦長に、右舷主機室は自爆の準備ができたと報告した。すると、それまでと同様に落ち着いた調子で「艦を破壊すべき時は伝える」と、艦長が応えた。パ命令を待つために自分はそこに留まると伝えると、艦長は「ありがとう」と言って会話を締め括《くく》った。

ロディは、付近に残っていた者たち全員に甲板に上がるよう命じ、ひとり機関室に残った。

その後パロディ機関大尉は、2345時から2357時の間に艦橋に三たび電話を掛けたものの、いずれも応答はなかった。2359時に甲板に上がることを決意したが、その前に爆薬を確認しようと下に行った。オイル・ポンプや補助復水器の周辺で、命令を待って残っていた3人に甲板に上がるよう命じ、数分間そこに留まってから自身も露天甲板に上がった。

船体は6度ほど右舷に傾斜していて、右舷の砲台は闇に閉ざされていた。敵味方とも砲声は一切聞こえなかった。パロディが懐中電灯で照らすと、至る所に担架や死体が転がっているのが見えた。左舷の砲台に移動すると、そこにはジャンナッタジオ副長がいて、パロディを労《ねぎら》ってくれた上で、第1、第2缶室に下りて、誰か残っていないか確認するよう命じられた。艦内に下りて行くと、うだるような暑さのボイラー室には誰もいなかったため、彼は負傷者の搬送を手伝うために左舷砲台に戻った。パロディは、艦のほぼ中央にある士官用厨房《ちゆうぼう》の前でカッタネオ提督やコルシ艦長らと出会い、数分前まで機関室で艦長に指示されたことを実行していたが、電話が通じなくなったため上がって来たことを伝え、艦内には誰も残っていないと付け加えた。コルシ艦長はパロディの腕を取り、「ありがとう。君は自らの義務を果たしてくれた。頼りにしていたよ」と感謝を伝えた。カッタネオ提督は「パロディ、できるだけ多くの木材を海に投げ込むんだ」と命じた。パロディが命令を実行するためにその場を離れようとすると、提督が、艦が沈むのにどれくらいの時間がかかるかを尋ねた。爆薬を点火した場合はヒューズの長短に応じて20分乃至《ないし》30分で済むのに対して、注水だけでは数時間を要すると答えると、提督は艦長に「計画通りにやろう」と言った。

パロディは艦尾に行って、椅子やテーブル、木製のボードを海に投げ込み、付近に倒れていた負傷者たちにはワインや代用ジン（注：薬用アルコール）を飲ませてやった。

カッタネオ提督とコルシ艦長を含む士官たちが艦尾に集まった。彼らは重傷者の処置について議論していたが、それはかなり困難なことのように思われた。艦首側のカーリー浮舟は破壊され、他の浮舟はずっと以前に艦外に下ろされていたため、艦の移動によって遥か後方に置き去りになっていた。唯一残っていた左舷の内火艇は、ダヴィットが破損していたため海上に下ろすことができず、しかも穴が開いていた。それでも、せめて幾許《いくばく》かの望みを与えてやろうと、重傷者たちをその艇内に収容することにした。なお、この内火艇に乗せられた者の一部は、のちに救助されている。

日付が変わって29日の0115時頃、カッタネオ提督は自らの旗艦がイギリス海軍に捕獲されることを恐れ、緊張した面持ちで、パロディ機関大尉に自沈にかかる時間をもう一度尋ねた。最も早く確実に艦を沈める方法は、爆破することであると答えると、提督は「そうすることに決めた。夜明け前には確実にイギリス軍がやって来るだろうから、その前に艦が沈むことを望む」と言った。パロディが、持っていた煙草を箱ごとコルシ艦長に渡そうとすると、艦長は「ありがとう、でもこれじゃ多過ぎるよ」と微笑んだ。

負傷者や取り残された者の救出のために、あちこち動き回っていたジャンナッタジオ副長は、クェルチェッティ機関大尉と共に艦内に下りて全ての注水弁を開き、自沈用の爆薬を用意した。

上に戻ったジャンナッタジオ副長は、提督から『ザラ』を爆破することに決めたと伝えられた。ジャンナッタジオが、自分と共に艦底に下りる者を募ったところ、ウンベルト・グロッソ中尉が申し出たため、二人で艦首にある第2火薬庫に下りて信管を作動させることにした。

彼らとは別に、バスティアニーニ機関中佐も何人かの部下と共に艦首の艦底に下りていた。そこにはもはや全く光がなく、空気の循環も滞っていたが、バルブを開いて注水し、艦内に速やかに海水が満ちるようにハッチを開き、復水器の排水口を破壊した。

一方、カッタネオ提督とコルシ艦長は、特別な任務のない者に艦尾甲板に集合するよう命じた。既に自らの判断で海に飛び込んだ者も多かったが、およそ200人から250人がそこに集まった。

カッタネオ少将が士官用階段のハッチの上に乗って声を張り上げた：「我が艦から敵艦に乗り移る乗組員は、降伏した者である。『ザラ』の乗組員は決して降伏しない。私は艦を沈める命令を出した。国王万歳！『ザラ』万歳！　イタリア万歳！」。

カッタネオ提督が敬礼をすると、その横にコルシ艦長が跳び乗った。「『ザラ』は数分以内に存在することをやめるだろう。海に入ったら、我々は遭難した水兵である。幸運な者は敵に拾い上げられるかもしれぬ。もしそうなった場合、我々の義務は官姓名と洗礼名を答えるだけであると肝に銘じておいてほしい。それ以外の情報を与えてはならん」。

コルシ艦長は万歳三唱し、次いで退艦命令を出した。『ザラ』の軍艦旗は掲揚されたままで、その瞬間もはためき続けていた。

艦尾に集まっていた者たちが冷たい海に入り、ある程度艦から離れた頃に艦尾機関室付近で爆発が起きた。それは口笛のような音で始まり、続けて白い水柱が立ち昇った。４、５分後には艦首火薬庫付近でも爆発が起こり、まだ浮力の残っていた船体の破壊が早められることになった。艦内に留まっていた多くの者は、脱出が間に合わずに艦と共に深淵に引きずり込まれていった。赤味がかった白い爆煙がどこまでも高く昇っていき、何か大きな物体が宙を舞っていた。艦首火薬庫の爆発から約20分後、炎が鎮まった29日の０２３４時（イギリス側の記録によると０２３７時あるいは０２４０時。０２００時説もあり）に、『ザラ』はゆっくりと右に転覆して海底に沈んでいった。辺りは闇に閉ざされた。『ポーラ』を除けば、『ザラ』はこの戦いで沈んだイタリア艦の中で、最後まで浮いていた艦になった。

この夜の出来事は、極めて例外的な性質のものであったため、ムッソリーニの睡眠を妨げてはならないという指示に対する違反が黙認されることになった。ドゥーチェは目を覚まし、その日の戦況と、『ポーラ』救出のために第１戦隊が反転したことを電話で知らされた。２３４５時、海軍最高司令部は『ザラ』のカッタネオ少将に宛てて、「敵航空部隊による攻撃の可能性を含め、被弾した艦の状況が困難であると判断した場合、貴官は『ポーラ』を沈める権限を有する」という旨の通信を送ったが、このとき既に『ザラ』の状況はそれどころではなかった。真夜中にムッソリーニを起こしたということと、『ポーラ』を沈める許可を与えたということは、リッカルディ参謀総長が事態を重く受け止めていたということの証左ではあるが、その一方で、それは海軍最高司令部でも敵戦闘艦隊の接近に気付いていなかったということを意味している。もしそれに気付いていたのであれば、同戦隊が『ポーラ』救援に向かうのを何としても阻止したことだろう。海戦後、リッカルディ提督はイアキーノ提督と並んで、この夜の惨事の責任を問われることになった。

『ザラ』沈没の直接の原因については、両軍の間で見解が別れている。イタリアでは、自沈のために注水バルブを開き、火薬庫に設置した爆薬を作動させるために甲板の下に行った者たち（ジャンナッタジオ、グロッソ、バスティアニーニ他）の行動、特に艦首火薬庫の爆発に起因すると考えている。

一方、イギリス側では駆逐艦『ジャーヴィス』の魚雷によるものとされる。『ヴィットリオ・ヴェネト』追撃を中断して、カッタネオ戦隊の掃討に加わった『ジャーヴィス』は、『ザラ』に4本の魚雷を発射し、そのうちの2本が命中したと考えられている（5本の魚雷が発射され、3本が命中したとする説もある）。

『ザラ』艦内での爆薬の爆発と『ジャーヴィス』の魚雷命中が、偶然ほとんど同時に起こったということも考えられる。

カッタネオ提督とコルシ艦長は最後に退艦したが、二人とも力尽きて海の底に沈んでいった。提督は救命胴衣無しで海に飛び込んだと考えられている。一方コルシ艦長については、退艦せずに海図室に入り、艦と共に沈んだとする証言もある。艦首火薬庫を爆破させたジャンナッタジオ副長とグロッソ中尉、バスティアニーニ機関中佐は、当然ながら艦と運命を共にした。

パロディ機関大尉は救命胴衣を着用し、頭と肩を濡らさないようにケーブルを伝ってゆっくりと海に下りた。生存した者の多くは、冷たい海の中で少しでも長く生き延びるために、救命胴衣の下にセーターやジャケットあるいはコートを着て、上半身をできるだけ濡らさないように静かに海に下りていた。厚い服を脱いで海に飛び込んだ経験の浅い者たちのほとんどは、生きて帰ることができなかった。

暗い海面を泳ぎながら、ようやく救命筏を見つけた者が、無理に這《は》い上がろうとして筏のバランスを崩し、乗っていた負傷者を溺死させることになってしまうという光景がそこここで見られた。そうなった筏は、オール、水筒、薬品、発炎筒などの貴重な物資を失うことになるため、もはや運を天に任せる以外に何もできることはなかった。運良く救命筏に乗り込めた者も、その後の日中の暑さのせいで服を脱いだ者は、夜の寒さに斃《たお》れていった。それから何日も続いた漂流生活の中で、多くの者が喉の渇きに耐え切れずに海水を飲み、極度の疲労状態に陥った。様々な形で精神に異常を来し、幻覚を見て海に飛び込んで鮫《さめ》の餌食になった者もいた。

夜明け直後、英軍のサンダーランド飛行艇が飛来した。『ザラ』の漂流者たちの近くに着水して何か信号を発し、いったん離水してからそれほど遠くない位置に再び着水したが、30分後にはまた飛び去って行った。

『フューメ』

2230時少し前、左舷前方約45度の方向に、赤いロケット弾を視認した『フューメ』は、青いドナス信号でそれに応えた。その直後、突如として探照灯の光芒《こうぼう》に捉えられ、『ウォースパイト』が放った最初の斉射を左舷に浴びた。イタリア艦隊上空のあちらこちらで、照明弾の光が輝いていた。

艦の全長にわたって船体に喫した5発の15インチ砲弾により、艦橋と司令塔および舵機室の間の指示伝達機構や夜間射撃指揮装置が機能を喪失し、船体中央左舷にある第3、第5ボイラー、右舷後部にある第8ボイラーが損傷した。続けて、最も艦尾にある4番主砲塔と100㎜高角砲の予備弾薬も被弾した。4番主砲塔は、発砲しようとして左に旋回している最中に被弾したとの説もあるが、それが事実だとは考えにくい。

電力が失われ、艦内は予備灯で照らされるのみとなった。『フューメ』を取り囲むようにイギリス戦艦から放たれた砲弾は、艦橋、第2射撃指揮塔、2番主砲塔、3番主砲塔の2門の砲身のうち1門に次々と命中した。イギリス戦艦からは、主砲だけでなく各艦の副砲でも砲撃が加えられ、さらに駆逐艦『ステュアート』も砲撃してきた。ほんの数分の間に、イギリス側の記録によれば『フューメ』には18発の15インチ砲弾と、数十発の6インチおよび4・5インチ砲弾が撃ち込まれていた。

1発の15インチ砲弾が左舷船体を貫通し、右舷にある第8主缶室で爆発して右舷吃水線下に大きな亀裂を生じさせていた。そこから海水が奔入して、艦は右に傾いていった。右舷側で生じたこの爆発と、その結果生じた大きな損傷から、一部の乗組員は魚雷にやられたと感じたほどだった。艦に乗っていたイタリア人たちの中には、イギリス軍が大型艦で高速魚雷艇を曳航《えいこう》してきたのだと信じている者もいた。

砲術長のフェルッチョ・カブレリ中佐が砲撃を命じようとしたが、敵艦の位置を特定できず、各砲塔との通信が遮断され、揚弾薬機の電力も落ちていたため、それは叶わぬことだった。

2番、4番主砲塔の周辺で火災が発生しており、特に後者があまりに激しかったため、艦全体の安全を脅かしていた。後部にある左舷主機が直撃を受けて艦は停止したが、右舷主機と第1、第2ボイラーがまだ稼働していて、艦橋との通信が維持されていたため、艦長のジョルジョ・ジョルジス大佐は、発揮可能な最大回転数、すなわち毎分120回転として10ノットで前進するよう、命令を伝達することができた。

ジョルジス艦長は顔面を負傷していたが、被害状況を確認するために艦橋から下りていった。ルイージ・

グイダ副長の助けを借りて、浸水を阻止し、火災を消し止めようとしたものの、刻一刻と増していく傾斜によって、それは果たせなかった。『フューメ』は、右舷主機により約10分間ゆっくりと左向きに進んだが、艦長は艦が失われることはもはや明らかだと判断し、右舷主機も停止するよう命じた。『フューメ』は『ザラ』の近くを通過し、やがて停止した。ジョルジス艦長は、規定通り暗号および機密書類を海に沈めるよう命じ、また炎による激しい熱で爆発する危険性のある全ての即応弾薬を海中に投棄させようとしたが、艦がどんどん傾いていって転覆しそうだったため、その作業を行えたのは、ごく限られた時間だけだった。艦内では自沈のための爆薬が用意されていたが、それを使用する必要はなかった。4番主砲塔の火災を鎮めようとする全ての試みが無駄に終わったことと、艦の右舷への傾斜がますます大きくなっていくことを確認して、ジョルジス艦長は生存者を艦尾に集め、「国王万歳！　イタリア万歳！」を唱えてから総員退艦を命じた。艦長自身は、最後の煙草に火を点けると、燃え盛る炎の輝きの中を艦首の方に向かって歩いて行った。グイダ副長が、最後のカーリー浮舟の固縛を外した後、艦長を追いかけて、その傍らに歩み寄った。顔に傷を負っていたジョルジス艦長は、初めのうちは艦から離れることを拒否したものの、最後は副長の説得に応じて救命筏に乗り込んだ。

乗員の大半が海に飛び込み、救命筏に何とか乗り込んでから数分後、2315時に『フューメ』は右側に転覆し、艦尾から海に沈んでいった。『ウォースパイト』の最初の斉射を喫してから、48分後のことだった。何人かの生存者によると、沈没の前に火薬庫の一つが爆発したことによって、船体が大きく揺さぶられたという。

『フューメ』乗員の大半は艦と運命を共にしたが、退艦したものの夜の間に力尽きた者も多かった。負傷して弱っていたジョルジス艦長もその一人であり、大きな波を受けて揺れた筏から海に落ちて、そのまま姿を消した。彼の乗った筏が何回も転覆し、そのうちの一回でとうとう這い上がって来れなかったとの証言もある。

『アルフィエリ』

『フューメ』に続航する第9駆逐隊を率いていた駆逐艦『アルフィエリ』は、敵の攻撃が始まる少し前に、左舷方向に2発の真っ赤な信号弾が上げられたことに気付いていた。その直後に敵戦艦が味方巡洋艦に砲撃を始めると、すぐに『フューメ』の艦尾が燃え上がり、そこから「あらゆるサイズの燃え上がった破片が空中に舞い上がった」と、『アルフィエリ』に乗り組んでいたヴィート・サンソネッティ中尉が報告している。ちなみに彼は、第3戦隊司令官であるサンソネッティ少将の息子である。

数秒後、『アルフィエリ』は戦艦『バーラム』から発射された15インチ砲弾を船体中央部と後部の機関室に受けたが、その弾丸は炸裂することなく第20重油タンクを通過していった。第9駆逐隊司令兼『アルフィエリ』艦長であるサルバトーレ・トスカーノ大佐は、前進全速と面舵一杯、煙幕展張開始という命令を出そうとしたが、配管から蒸気が噴出して大量に失われ、さらに操舵装置が故障したため、断念せざるを得なかった。艦内の電源も落ちて艦橋からの命令を伝えることができなくなり、主砲である120㎜砲の発射命令も出せなかった。

操舵不能になった艦が右に円を描き始めたため、トスカーノ艦長は、副長のピエトロ・ザンカルディ大尉に、艦尾に行って手動操舵に切り替えるよう命じた。同時に右舷主機を停止させ、機関長ジョルジョ・モドゥーニョ機関大尉の進言を容《い》れて蒸気を遮断し、左舷主機と主缶だけの運転を試みようとした。しかし、艦尾からの操舵によって面舵15度にはなったものの、艦の推進力が急速に失われていったため、それは虚しい試みに過ぎなかった。行き脚が残っていた『アルフィエリ』は、ぐるっと右に円を描いて、敵に艦首を向けて停止した。

すると、右舷艦首方向の闇の中から、唐突にイギリス駆逐艦『ステュアート』が現れて高速で接近し、300〜400mの距離から砲撃して、右舷200mにも満たないところを通り過ぎて行った。『ステュアート』が放った砲弾は、艦首、艦尾、上部構造物に命中し、煙突や艦載艇を破壊した。トスカーノ艦長は檣頭の戦闘灯を点じさせて応戦するよう命じたが、艦尾120㎜連装砲は艙口《そうこう》から吹き上がる蒸気にすっかり包まれてしまっており、同じく艦尾魚雷発射管も使用できなかった。その代わり、イタロ・ビンビ大尉が指揮する前部120㎜連装砲が、目の前を通り過ぎていく『ステュアート」に対して3回の斉射を放ち、20㎜機銃でも射撃を行った。

サンソネッティ中尉は、自らの判断に基づいて中央魚雷発射管を人力操作で右舷に振り向け、目の前の『ステュアート』に魚雷を2本発射した。さらに、離れて行くその後ろ姿に向けて3本目を放ったが、全て外れてしまった。なお、3本目の標的となったのは『ステュアート』ではなかった可能性がある。

この後、『ステュアート』から再び斉射を受け、そのうち少なくとも1発の砲弾が吃水線下に命中して新たな火災が発生し、『アルフィエリ』は右に傾いていった。それでも、艦首左舷方向から迫って来るのが見えた別の英駆逐艦『ハヴォック』に向けて、艦首120㎜砲から、掉尾《ちょうび》となる4度目の斉射を放ち、機銃からも激しく射撃すると、『ハヴォック』も去り際に50mにも満たない至近距離から砲撃を返してきた。2隻の距離は、『ハヴォック』の艦橋にいる艦長が煙草を吸いながら命令を出している様が見えるほどだったと言う。

トスカーノ艦長は、2242時に他の3隻の駆逐艦と無線連絡を試み、2255時と2259時にも『ザラ』および『ヴィットリオ・ヴェネト』にそれぞれ連絡を取ろうとしたが、いずれも応答は得られなかった。『アルフィエリ』は艦首から艦尾まで燃え上がり、右舷への傾斜が増していった。停止してから20分以上が経過していた。もはや艦を救う望みはないと観念したトスカーノ艦長は、機密書類を沈めるよう命じ、艦橋を離れて「国王に敬礼、イタリア万歳！」と唱えると、続けて「総員、海へ！」と叫んだ。トスカーノ自身は、救命筏に乗ろうとしていた士官から煙草をもらった後、引き留める部下たちの手を振り払って艦橋に戻っていった。

乗組員たちが救命筏に乗り込もうとしている最中も、沈みつつある『アルフィエリ』に接近した『ハヴォック』からの射撃は、ますます正確さを増していった。艦内の火災が急速に拡大し、機銃の予備弾薬が激しく爆発して、2330時頃に『アルフィエリ』はトスカーノ大佐もろとも海面から姿を消した。なお、サンソネッティ中尉やその他の生存者によると、艦は転覆することなく沈んだという。

『ジョベルティ』

第9駆逐隊の中で前から2番目に位置していた『ジョベルティ』は、イギリス戦艦が砲撃を開始した直後、『カルドゥッチ』、『オリアーニ』と共に面舵一杯を切って全速とし、その場から緊急離脱した。その後、2231時まで敵から離れる方向に進み、針路170度となった時、左舷に3隻の敵艦が見えたため、攻撃を仕掛けようと試みた。艦橋にいた副長のエゥジェニオ・エンケ少佐が発射管を左に90度旋回させるよう命じたものの、その射線上には味方巡洋艦がいたため、射出することはできなかった。この時点で『ジョベルティ』では、敵艦は中型艦、つまり巡洋艦であると考えられていた。

敵艦からの強烈な砲撃に晒《さら》されて、『ジョベルティ』艦長マルカウレリオ・ラッジョ中佐は「攻撃することは不可能である」と、すぐに悟った。イギリス側では、『ジョベルティ』は『ウォースパイト』の6インチ砲の標的となり、2231時には15インチ砲の斉射を受けたとされるが、被弾はしなかった。

ラッジョ中佐は攻撃を敢行しようとしたが、艦橋張り出しにいた砲術長と砲員が探照灯の光に目が眩《くら》んでしまって敵艦を識別できなくなっていたため、砲撃することはできなかった。

2232時、射界がクリアになったという報告を受けたラッジョ艦長が、魚雷発射に有利な位置に艦を持って行くために面舵を切って針路210度とし、魚雷発射管を右舷に向けさせたが、今度はその方向の300m以内の距離に、黒い煙幕を吐き出しながら南に向かう『カルドゥッチ』がいたため、またも射出を断念した。その後、再び針路170度とし、約5分間にわたって煙幕を出し続けていると、敵の攻撃の手が弱まった。2236時には針路270度、2240時に235度、2241時に260度とたびたび変針しながら、『ジョベルティ』は概ね南西方向に進んで行った。

2249時、『ジョベルティ』は右に舵を切って針路270度とし、艦尾発射管による雷撃を企図したが、敵の砲撃によってこれも果たせず、しかも右舷から迫って来た雷跡を避けるために急激に左に艦首を巡らせて回避せざるを得なかった。

2255時に敵の砲火で照らし出された1隻の駆逐艦を発見すると、その後ろに付いて南へ向かった。その艦は損傷しているように見え、別の小型艦に追尾されていた。ラッジョ艦長は損傷した『オリアーニ』であろうと考えたが、実際には『カルドゥッチ』であったかもしれないし、これら2隻ともイギリス艦であったという可能性もある。『ジョベルティ』は、敵からの砲撃を受けて再び行く手を阻まれ、その駆逐艦に付いて行くことができなくなって、やがて見失ってしまった。この間、何度も無線で連絡を試みたが、嚮導艦《きょうどう》『アルフィエリ』からの返答はなく、第9駆逐隊の他の2隻とも連絡が取れなかった。

いつの間にか闘いの閃光は無くなっていた。ラッジョ艦長は敵艦との接触を取り戻すべく、約30分間にわたって艦を北に向かわせたが、何者とも遭遇することはなかった。残り燃料が限界に達した『ジョベルティ』は、最も近い海軍基地であるシチリア島のアウグスタに向かい、翌29日の1030時に同地に到着して、第1戦隊でただ1隻、敵弾を喫しなかった艦となった。奇妙なことに、『ジョベルティ』は3月31日の英国ラジオ速報で巡洋艦3隻および『アルフィエリ』と共に、沈没した艦として名前が挙げられている。

イアキーノ提督は、『ジョベルティ』の行動にまったく納得していなかった。ラッジョ中佐の報告書を読み、『ジョベルティ』が消極的な態度に終始したと考えた提督は、1941年5月5日にラッジョ中佐に説明を求めた：

最初の驚きの瞬間の後、貴官が視認し、確実に射程内にあった敵艦に対して、砲撃しなかった、あるいは砲撃しようとしなかった理由を報告されたし。

5月20日にラッジョ中佐からその回答が届いたが、それは、「複数回にわたって攻撃を試みたものの、探照灯の強烈な光を利用した敵の正確な砲撃によって、攻撃に有利な位置に到達するのは不可能であった」と、自らの行動の正当性を主張するものだった。

『カルドゥッチ』

『アルフィエリ』、『ジョベルティ』に続いて第9駆逐隊の中で3番目を航行していた『カルドゥッチ』は、2228時頃、左舷艦首40度の近距離に『ポーラ』から射出された赤いロケット弾の光を視認したが、艦橋にいた者たちはイギリス艦からの探照灯の光で、すぐに目を眩まされてしまった。

その直後、『カルドゥッチ』の艦長アルベルト・ジノッキオ中佐は、『アルフィエリ』に続くために面舵一杯、機関全速を命じると共に、煙幕を展張させて、この夜のイタリア艦隊で唯一の防御行動を取った。『カルドゥッチ』の右への変針があまりにも急激だったため、続航する『オリアーニ』はこれに追随することができず、『カルドゥッチ』の後方を通り過ぎて、その左側に出てしまう程だった。

艦首が右に巡り始めた30秒ほどの間に、『カルドゥッチ』は戦艦『ウォースパイト』が放った6インチ砲の斉射を二度にわたって受けた。一度目は上構を破壊し、二度目は、味方巡洋艦や駆逐艦を煙幕で守ろうと取り舵の命令を出した瞬間に着弾して、これが駆逐艦の運命を決することになった。『ウォースパイト』の砲弾は、3基のボイラーを直撃して動作不能に陥らせ、操舵装置と発電機室に深刻なダメージを与えた。砲術長のミケーレ・チマーリア大尉が120㎜砲の発射を命じたが、電力が失われたため、それを実行に移すことはできなかった。2231時には『ヴァリアント』が、既に壊滅的な打撃を受けていた『ザラ』から『カルドゥッチ』に注意を移し、4・5インチ副砲で射撃を開始した。この戦艦の砲撃も数発命中して、前部120㎜砲架は根こそぎ吹き飛ばされて海に落ち、艦首が破壊された。

その後、イギリス艦隊が探照灯を消し、イタリア駆逐艦からの雷撃を躱《かわ》すために3隻の戦艦が一斉に右回頭してその砲撃が止むと、それまでの阿鼻叫喚とは打って変わって奇妙な静けさが訪れた。『ザラ』、『フューメ』、『アルフィエリ』、『カルドゥッチ』で発生した火災の炎だけが、辺りの海面を照らし出していた。『カルドゥッチ』艦内では、乗組員たちが各所で発生した火災の消火に大童《おおわらわ》だったが、その努力は徒労に終わった。二度の旋回の後に主機が止まり、惰性で左の方に漂って行って、やがて停止した。

『カルドゥッチ』が動きを止めると、ジノッキオ艦長はもはや助かる見込みがないことを悟った。そこで彼は、暗号と秘密文書を破棄し、救命筏を下ろすように命じた後、艦の沈没を早めることにした。ただちに行われた自沈作業では、チマーリア大尉が爆薬の信管を作動させるために後部弾薬庫に向かったが、信管ハウジングの錫《すず》製の蓋が破損していたため、目的を果たせなかった。他の者たちがキングストン・バルブを開き、艦尾水密隔壁や居住区の舷窓を開けたり、機関室に浸水させるために、復水器の循環パイプを斧《おの》で壊したりして回った。

2315時頃には、生き残っていた者のほとんどが退艦した。後部120㎜砲の付近では、カーリー浮舟の降下の邪魔になるほど、多くの死体と負傷者が横たわっていた。ジノッキオ艦長は、海に飛び込むのを躊躇《ためら》っていた重傷の水兵に自分の救命胴衣を着せてやり、自らは浸水が進んで艦が確実に沈没することを確認するために、さらに30分ほど艦内に留まった。2330時頃、ジノッキオは『ザラ』と『フューメ』の残骸がまだ燃えているのを見たが、既に沈んでしまったのか、『アルフィエリ』の姿は見えなかった。『カルドゥッチ』の船体は大きく左に傾いていたため、ジノッキオは右舷ブルワークを乗り越え、船体に沿って海に滑り込んだ。50mほど泳いでから振り返ると、『カルドゥッチ』の艦尾が空中に浮かび上がっていて、青銅製の推進プロペラがはっきりと目に映った。艦内で新たな爆発が生じ、煙突から白い蒸気が噴出した。2345時頃、『カルドゥッチ』は艦首から静かに沈んでいった（艦尾から沈んだとする説もある）。

他の駆逐艦の退却を援護するために『カルドゥッチ』が取ったとされる行動とその効果は、その後、長期にわたる論争の対象になった。それは、イアキーノが海戦後に作成した報告書の中で、英戦艦の砲撃を目にした『カルドゥッチ』が、大きく右に舵を切って西に舳先《へさき》を向けた後、他の艦を守る目的で煙幕を張ろうとしたものの、敵の砲撃によってすぐに動けなくなったため、煙幕展張を実行することができなかったと記したことに端を発しており、彼は、その後出版した自著の中でもその主張を繰り返した。だが、イアキーノの記述の根拠となったのは、『オリアーニ』艦長のヴィットリオ・キニゴ中佐が、自艦の行動に焦点を当てて作成した報告書であり、そこでは『カルドゥッチ』が右転舵の後に左に舵を切ったことが触れられていなかったのである。

この点については、1946年に設置された『ザラ』喪失に関する特別調査委員会が作成した報告書の中に、次のように記されている‥

『ジョベルティ』の後方を航行していた『カルドゥッチ』（駆逐隊の3番目）は煙を吐いていたが、それが『オリアーニ』を隠すことになり、おそらくそれに保護されたことで同艦は戦艦の砲撃を免れて、戦隊唯一の生き残りとなった（注：実際に生還したのは2隻）。

ジノッキオ、イアキーノ、キニゴに加えて、リッカルディ海軍参謀総長までをも含めた関係者間で、この件に関して度重なる書簡のやり取りが行われ、さらに１９４７年5月初めには、『カルドゥッチ』の最後の行動に関する特別調査委員会が設けられて、以下のように結論付けられた。２２３０時、『カルドゥッチ』は最初の右への旋回中に初めて被弾し、味方艦を敵から隠す目的で煙幕を出し始めた。続けて左への回頭を行い、ほぼ元の針路まで戻ったが、その旋回中に再び被弾し、最初の被弾から約1分半後の２２３２時に動けなくなった。この間、『カルドゥッチ』は『ジョベルティ』と『オリアーニ』よりも西側に取り残されていたため、その煙幕が2隻の脱出に寄与することはなかった。

しかしながら、近年になっても、『カルドゥッチ』が展張した煙幕は、被弾してボイラーが空焚《からだ》きされたことによってその勢いを増したことも相俟《あいま》って、短時間とは言え、『ジョベルティ』と『オリアーニ』を敵の目から隠してやることができたものとする説が唱えられている。

１９４７年の末に特別調査委員会によって本件が一応の決着を見る前に、ジノッキオは健康を害し、入院生活を余儀なくされていた。艦が沈んだ後、飲まず食わずで海上を漂った4日の間に、かねてから患っていた大腸炎が悪化したのである。彼は、１９４７年12月6日に、ラ・スペツィアの病院で46歳の若さで亡くなった。おそらくマタパン岬沖の夜の最後の犠牲者である。

海戦の年に行われた論功行賞において、ジノッキオを含む『カルドゥッチ』の生存者たちに与えられた褒賞は、実際に応戦した『アルフィエリ』乗組員のものより一段低いものとされ、ジノッキオには軍事武功銀章が与えられた。その後に設けられた前述の特別調査委員会は、４日間の漂流中、筏の上で部下たちを生かし続けるために最善を尽くしたジノッキオに対して、海軍武功金章を与えるよう提案している。１９５０年4月、ジノッキオの行動が再評価されて海軍武功金章が授与されたが、そのとき彼は既にこの世の人ではなかった。

『オリアーニ』

カッタネオ戦隊の最後尾を航行していた『オリアーニ』は、『ジョベルティ』、『カルドゥッチ』と同様、探照灯に照らされるとすぐに面舵を切って針路180度とし、イギリス戦艦の砲撃から逃れようとした。この時、『カルドゥッチ』の変針が急激だったため、衝突を避けようとした『オリアーニ』はその後方を通過せざるを得ず、その結果『カルドゥッチ』の左側に出て、『ジョベルティ』との間に入ることになった。照明弾に照らされた海域から逃れるために南に向かう第9駆逐隊の3隻の駆逐艦は、東から『ジョベルティ』、『オリアーニ』、『カルドゥッチ』の順で南向きのほぼ平行の針路に乗った。

イギリス戦艦が発砲を開始してから数分が経った2235時、『オリアーニ』艦長ヴィットリオ・キニゴ中佐の証言によれば「最初に右に旋回した後、確かに左に旋回した」『カルドゥッチ』は、『オリアーニ』の後方に位置していた。『カルドゥッチ』が煙幕を出していたので、キニゴ艦長は「一時的に（『カルドゥッチ』の煙幕で）隠されながら針路210度として西に向かえば、敵戦艦の前方に回り込んで魚雷攻撃することができるにちがいない」と考えた。

だが2241時には、厚い黒煙を吐いている『カルドゥッチ』が後落していくのを目にして、キニゴ艦長は『カルドゥッチ』が被弾したのだと考えた。

その直後、2242時に彼の艦も発見されて、『バーラム』あるいは『ウォースパイト』の中口径砲と考えられる斉射を受けた。そのうちの1発が吃水線付近に命中し、第18燃料油タンクが爆発して主蒸気管と補助蒸気管が破損し、左舷主機が停止した。この被弾により3人が死亡、2人が負傷した。左舷に10度傾いた『オリアーニ』は、何とか主機を再始動し、敵に唯一指向できる艦尾の砲で反撃することもなく、敵艦の探照灯と炎上する味方艦の光に照らされた海域の外に逃れるまで、150度と240度の針路を交互に繰り返しながら戦闘海域から南に遠ざかっていった。その間も、敵と平行針路になるたびに即座に砲撃の的となり、艦の前後10mほどの距離に複数回の至近弾を喫した。

2330時には『ジョベルティ』を見失っていた。戦闘海域から離脱した『オリアーニ』は、日付が変わった29日0010時に主機を止め、30分ほど（0230時までとする説もある）停止して被害箇所の修復を図った。損傷していない側の主機の吸気口および蒸気導管のバルブについては、特に念入りに整備を施した。

0400時に、被弾していた1基の主機が動かなくなった。「マタパン岬から方位280度、距離110浬の位置を、針路290度、速力18ノットでシチリア島に向かっている」旨を無線で報告すると、タラントの無線局がそれを傍受して転送し、0700時にイアキーノ司令長官がそれを受領した。0913時には『オリアーニ』が発した、「速力15ノットに低下。向後10時間以上の航行を必要とするも、缶水の不足により曳航を要す。0700時における我が艦位、北緯35度54分、東経19度18分」との報告を受け取った。

0940時、イアキーノは、メッシーナから『ヴィットリオ・ヴェネト』を出迎えて、その護衛に就いていた第10駆逐隊の駆逐艦『リベッチオ』と『マエストラーレ』を、『オリアーニ』の救助に向かわせた。2隻は南東に舵を切って、25ノットで離れて行った。イアキーノは、マルタ島を発した敵機による空襲があるに違いないと考えて、海軍最高司令部にこれらの駆逐艦に対する上空援護を要請した。

『オリアーニ』は、1430時にも缶水の枯渇によって再び停止した。夕刻、『リベッチオ』と『マエストラーレ』に加えて、メッシーナから派遣された水雷艇（旧式駆逐艦）『シモーネ・スキアフィーノ』、『ジュゼッペ・デッツァ』、補助巡洋艦『ラーゴ・ズアイ』と会同し、『オリアーニ』は『ラーゴ・ズアイ』に曳航されて、30日の朝0630時にアウグスタに到着した。

『ポーラ』

第三次空襲の際に魚雷を喫して停止した『ポーラ』では、敵機が去った後、近くに敵艦隊はいないものと考えて戦闘配置を解除していた。マンリオ・デ＝ピーザ艦長は、救命筏を海面に下ろして、艦の舷側に沿って配置するよう命じ、被害状況を自ら確認するために、副長のシルバーノ・ブレンゴラ中佐および砲術長フランチェスコ・コエリ少佐と共に艦橋を後にした。２２００時を数分過ぎた頃に艦尾に至ると、前部にある右舷主機室で火災が発生したとの知らせを受け、デ＝ピーザ艦長は大量の白煙が噴き出しているのを目にした。それは、実際には火災によるものではなく、単に前部の主機と主缶から蒸気が漏れ出ているだけだったのだが、誘爆を恐れた彼は、確認することなく甲板上に出してあった１００㎜砲の即応弾薬を海に投棄するよう命じた。

その後で、デ＝ピーザ艦長は艦の被害状況について詳細な報告を受け取った。

・前部主機室、第3、第4、第5、第6、第7缶室に浸水があり、ほぼ確実にキールが破断している。
・蒸気の漏出を防ぐために、第1、第2、第8ボイラーを停止する必要がある。
・前後、左右とも船体の傾斜は無し。
・現在の吃水線は主装甲帯の上端から数㎝下にあり、艦には十分な浮力がある。
・第6、第7缶室と後部主機室の浸水は、大容量ポンプの運転が可能になれば、排水できる可能性がある。
・第1、第2缶室後部隔壁の水密は良好。
・前部主機室で火災と思われたものは、大量の蒸気が漏れたことを誤解したものと考えられる。

これを受けてデ＝ピーザ艦長は、機関長のフランコ・フランチーニ機関少佐に次のように命じた。

・ターボ発電機と後部主機を作動させるために、第8ボイラーを再点火する。

・後部主機室の前部隔壁と第1、第2缶室の後部隔壁に筋交いを入れて補強する。
・後部主機室に蒸気を送ることができるようになる可能性を考慮して、第1、第2ボイラーを再点火する。

フランチーニ機関少佐は、ターボ発電機と大容量ポンプを手配して、後部左舷主機室と第8缶室からの排水を試みたが、火災の燃焼ガスで体調を崩したため、ヴァルテル・ガルダーノ機関大尉がその任務を引き継いだ。

デ＝ピーザ艦長は、艦に残された攻撃力について検討を始めたが、砲術長からの回答は、指揮伝達系統が途絶し、照準もできないため、夜間に主砲を使用するのは不可能というものだった。しかしながら、実際は艦首のディーゼル発電機が稼働していたため、前部主砲塔には電力を供給可能であり、前部主砲塔を電動で、後部主砲塔を人力で動かして、直接照準により射撃することが、理論上は可能だった。ただし、そもそもこれまで夜間に各砲塔の独立射撃が実施されたことはなかった。

100㎜砲については、1番砲塔と6番砲塔が被雷によって使用不能になっており、残りの4基も人力で弾薬を揚げなければならなかった。即応弾薬は、先程の艦長自らの命令によって、既に投棄されていたのである。艦長は、すぐに弾薬庫から100㎜砲の弾薬を砲側に揚げるよう命じた。

被雷後20分から30分の時点で、デ＝ピーザ艦長は、自らの艦が置かれている状況を、総合的に次のように評価した。キールが破損し、前部主機室と第4から第7缶室に、合わせて4000トンほどの浸水があるものの、艦は水平を保っている。天候が良好であれば、艦の浮力に問題はない。後部のボイラーは1基のみ稼働でき、前部のボイラー2基を後部にある左舷主機と接続できるかもしれない。主砲による射撃はできないものの、100㎜砲のうち4基は発砲可能である。ただし、人力により給弾せざるを得ないため効率が落ちている。艦尾のターボ発電機は電力を供給可能。以上より、艦を曳航する試みには実行の価値があり、帰還できる可能性があるため、デ＝ピーザ艦長は司令長官に被害状況を報告し、曳航を要請することとした。彼はまた、日が昇ればドイツ空軍による護衛を受けることができるだろうと考えていた。

無線で『ザラ』に1950時に被雷したことを伝えた後、デ＝ピーザ艦長は乗組員に戦闘配置に戻るよう命じ、応急班には後部主機室の隔壁を補強するよう命じた。同時に、残った主缶の再点火が試みられ、その後すぐに予備発電機が始動して、一部の電力が回復した。浸水区画との間にある隔壁の補強が完了すると、第8ボイラーが点火され、うまくいけば13ノットで航行できるものと期待された。しかし、水管が破損していたため、第8ボイラーはすぐに停止せざるを得なくなった。これにより自力航行の道が閉ざされ、デ＝ピーザ艦長は2100時頃に、乗組員に救命胴衣の着用と艦尾への集合を命じた。

2106時と2157時には、『ザラ』が麾下《きか》艦艇に向けて発した二つの通信を傍受した。一つ目は「針路を反転して『ポーラ』を支援せよ」であり、二つ目は『フューメ』に対して「曳航の準備を成せ」である。

2200時頃、デ＝ピーザ艦長は艦橋に戻った。近付いて来ているはずの第1戦隊に対する見張りを厳にしていると、数分後に乗組員の一人が右舷に暗い艦影が見えたと報告した。双眼鏡で確認すると、数多くの真っ黒な艦の姿が3000mほどの距離にあるのが見えた。『ポーラ』の艦首は方位330度を向いていたが、艦影は右舷約10度の方向から近付いていた。一部は駆逐艦のようであり、2000mほどの距離にいる艦は、発見当初は潜水艦だと考えられた。

イギリス艦が近くにいるとは思っていなかったので、これは第1戦隊に相違ないと思われた。コエリ少佐が、それらの舳先が『ポーラ』の方を向いていないということを指摘したが、艦長は曳航するのに都合のよい向きで接近するために、『ポーラ』の周りを旋回するつもりなのかもしれないと考えた。何よりも、それが見えた方向は、同戦隊がやって来るだろうと予測していた方向だったのである。だが、艦長は難しい決断に直面していた。彼の艦は完全な暗闇の中にいたため、第1戦隊が同艦を見つけるのは難しく、このまま行き過ぎてしまうかもしれない。それでは時間を無駄にすることになり、本土からこんなにも離れた海域で、日が昇って明るくなってしまったら、イギリス軍がまた空襲を仕掛けてくる危険性が増すことになる。デ＝ピーザ艦長は、自らの位置を示すために、赤いヴェリー信号弾を発射するよう命じた。また、電池式のドナス信号灯を点じさせると、青い閃光が放たれた。

その直後、突然右舷艦首方向で探照灯と照明弾の光が輝き、大口径砲の発射音が聞こえた。最初は、自軍の艦隊が敵駆逐艦を攻撃しているのではないかとも思われたが、２２２９時、２２３０時、２２３１時に相次いで「攻撃を受く。救助を乞う」という『ジョベルティ』と『オリアーニ』が発した無電を傍受して、味方が攻撃を受けているのだということをようやく理解した。

艦に残された唯一の攻撃手段である４基の１００㎜砲で攻撃することも考えたが、弾薬庫から砲側に運ばれた砲弾はまだ僅か数発に過ぎず、むしろ発砲することによって『ポーラ』の存在に気付いた敵艦から攻撃を受ける怖れがあるため、デ＝ピーザ艦長は砲撃を控えることとし、自沈のための注水弁開放と、機密文書および暗号の破棄を命じた。

コエリ少佐は、艦を離れる前に艦長と共にできるだけ多くの注水バルブを開こうとした。艦尾火薬庫にゆっくりと浸水が進んでいたが、バルブを開きに行った士官は、そのうちの一つを開けられただけで、残りは損傷して動かなかった。デ＝ピーザ艦長とコエリ少佐は艦内に下りて行ったものの、木材が燃える濃い煙に行く手を阻まれて引き返してきた。艦長は、艦上に留まることを宣言した者の命を長らえさせるために沈没を遅らせ、少なくとも夜明けまでは艦を浮いたままに保たせようと、艦首火薬庫のバルブを閉めることに決めた。だが、艦が水平を保っていたおかげで移動するのは難しくなかったものの、浸水が思いのほか進んでいたため、バルブに到達することができなかった。

デ＝ピーザ艦長は、艦尾に乗組員を集合させて国王に敬礼し、総員退艦を命じた。乗組員たちが救命筏に乗り込んでいると、２３４５時に暗闇の中から現れたイギリス駆逐艦『ハヴォック』が、４・７インチ砲をこちらに向けて何回か斉射し、そのうち2発が命中した。1発は副長居室に当たり、後部砲塔で火災が発生したが、もう1発は艦中央部を掠《かす》めて、軽微な損傷が生じたのみだった。何人かの乗組員が消火を試みたが、それは無駄な行為だった。

乗組員の中には、パニックに陥り、救命筏に走って乗り込んだり、海に飛び込んだ者もいた。海に入った者たちの大半は、ショックと寒さで死んでしまった。生きていた者は冷たい海水に耐え切れなくなり、1時間もすると艦上に戻って来たが、その様子は悲惨そのものだった。全身ずぶ濡れで、多くの者がショック状態に陥っていた。彼らは艦尾に集められ、濡れた服を脱がされたが、代えの服はなかったので、裸のままにされた。寒さを凌《しの》ぐために、貯蔵庫から探してきたワインが振る舞われたが、周囲の海上にはまだ人がいたので、酒瓶が空になっても舷外に投げ捨てずに甲板上に残したままにした。一方、艦尾で消火作業にあたっていた者は、ほとんどがマスクをしていたが、それでも有毒ガスが多くの者に影響して、眩暈《めまい》その他の症状が出ていた。この状況で、外したマスクをどこに捨てるべきかなどと気にかけてもおられず、外されたマスクも甲板上に散乱していた。アルコールとガスの影響で昏倒《こんとう》したり、割れた酒瓶から蒸発したアルコールのせいで気分が悪くなった者もいた。これら全ての事柄が合わさった結果、イギリス駆逐艦が『ポーラ』を見つけた時には、甲板上をよろよろ歩いたり、裸でぐったりしている者たちの姿が目撃された。

当時のイギリスの宣伝担当は、この事実を大げさに喧伝《けんでん》した。『ポーラ』艦上には秩序も規律もなく、士官が統制することもできず、イタリア兵はパニックに陥って海上に身を投げ、衣服その他の所持品が甲板上に散乱していて、裸になって酔っ払っていたと言うのである。確かにこのうちの一部は事実であるものの、イギリスだけでなくイタリア国内でも、このことが報道されて、イタリア海軍は随分な不名誉を被ることになった。だがその一方で、イタリア側には、実際に裸になっていたのは1人だけだったという証言も残されている。そもそも、艦内には大勢が酔っ払うほどの量のアルコールはなかったともされる。

やがて、暗闇の中から2隻のイギリス駆逐艦が現れた。声が届く距離まで近付いて来た1隻に、デ＝ピーザ艦長が海上の乗組員の救助を要請すると、そのまま待つように言われた。半時間ほど経った頃、マック大佐が乗る『ジャーヴィス』が到着した。マック大佐は麾下の駆逐艦に生存者を救出するよう命じ、『ジャーヴィス』は『ポーラ』の傍らに25分間ほど停泊して、艦長ほか22人の士官と26人の下士官を含む合計２５７人を乗艦させた。『ジャーヴィス』に移乗したデ＝ピーザ艦長に、マック大佐は特別な賛辞を送った。

デ＝ピーザ艦長の振る舞いは常にその地位に相応しいものであり、大言壮語を吐かず、彼が会話することを許された2、3人の（イギリス海軍）士官から大いなる敬意をもって扱われていた。負傷した部下のことをいたく気にかけ、彼らからとても尊敬されているだけでなく、かなりの愛情を抱かれているように見受けられた。彼はそのうちの多くの者を個人的に知っているようだった。……『ジャーヴィス』艦上での2日目となる最後の朝、彼は全ての階級章を外した。何故かと尋ねると、それらは外見上のものであり、彼が艦長だったことを視覚的に示すものであるが、『ポーラ』は既に沈んだので、もはや意味はないと答えた。

総員退艦した『ポーラ』から数百mの距離を取って『ジャーヴィス』が魚雷を1本発射し、これを命中させた。しかし『ポーラ』がなかなか沈む気配を見せなかったため、『ヌビアン』にも1本の魚雷を発射させると、これも命中して大爆発が起きた。３月29日０４０３時、『ポーラ』は軍艦旗をはためかせながら、水平を保ったまま海面下にその姿を没した。沈没位置は、他の4隻より6浬余り南東の北緯35度15分、東経21度00分とされる。

第24章　掃討2

カニンガム司令長官は、自軍の大型艦に妨害されることなく、駆逐艦が自由に掃討戦を行えるようにしてやりたいと願っていた。そこで2312時に、今まさに敵艦を沈めようと戦っている最中の艦を除く全ての艦に、北東への避退を命じるために、

敵を沈めんとて交戦中ならざる全部隊は北東に退却せよ。

という信号を発した。戦闘艦隊と平行の北東への針路を進むことによって敵と誤認されることを防ぐとともに、今まさに成すべき仕事をしている艦が混乱しないようにと考えたのである。だが、「敵を沈めようとして交戦中」とは、どこまでの範囲を指すのだろうか？　今まさに発砲中であるとか、魚雷発射の準備をしている艦がそれに該当するのは当然として、それ以外で、カッタネオ戦隊に対する掃討戦に従事していたとしても、今この瞬間に敵艦を見失っていた場合はどうなのだろう。あるいは、損傷した『ヴィットリオ・ヴェネト』を求めて、いまだ発見できずにいるプライダム＝ウィッペルの軽快部隊とマック大佐の駆逐艦戦隊は、そこに含まれるのか、含まれないのか。

カニンガムは、これらの部隊は命令の対象外だと考えていた。手負いの敵戦艦は、この戦いの最大の獲物なのである。

しかしながら、この信号はイギリス軍にとって不幸な結末をもたらした。艦隊のほぼ全ての艦が、少なくとも一時的には北東に向かって進み始め、就中《なかんずく》、軽快部隊中将が追跡をやめてしまったのである。その頃、

プライダム＝ウィッペルは、イタリア艦隊がイタリア本土に辿《たど》り着く前に捕捉しようと北に向かっていた。赤い発光信号が北西方向のかなりの距離に見え、それはイタリア艦が発したものだと考えられたので、ちょうど麾下《きか》巡洋艦を再び散開させようと決めたところだった。しかし、散開命令を発する前、２３３２時に司令長官の命令が届いたため、彼は北東に向けて針路を０６０度に転じ、翌朝の会同についての指示を待った。

カニンガムの記述：

今では浅はかだったと考えている信号を送った目的は、残敵掃討をしている駆逐艦たちが見つけたどんな大きさの敵艦に対しても、彼らが自由に攻撃できるようにすることにあり、それと共に、翌朝の艦隊集結を容易にすることにあった。その通信は、その時20浬ほど前方にいたマック大佐と彼の攻撃部隊の8隻の駆逐艦には、攻撃するまで退却するなと命じたつもりのものだった。しかしそれは、プライダム＝ウィッペル中将に対して、『ヴィットリオ・ヴェネト』と接触しようという彼の努力を中断させるという不幸な効果を有していた。

艦隊航海長のブラウンリグ大佐も、この信号について、この上なく残念だったと述べた。彼は記している：

結果として生じた混戦の中で戦艦が邪魔になって、敵味方を問わず駆逐艦に雷撃される可能性があるということは、はっきりしていた。そのため、私は信号文を書き上げた：「敵艦を沈めようとして交戦中でない全艦は北東に舵を切れ」。司令長官は同意し、我々は戦闘艦隊を北東に向かわせた。結局、これはこの上なく不運な信号になった。と言うのも、敵戦艦を追っていたプライダム＝ウィッペル提督が、それによって北東に変針して、追跡を止めてしまったからである。このことは私も司令長官もまるで想像していなかった。何故なら、平時の訓練では、いつ如何なる状況においても、巡洋艦は追跡を止めてはならないと強く念を押されていたからである。

バーナードは書いている‥

2320時、『フォーミダブル』が再合流した。その夜の間ずっと戦闘艦隊は護衛を伴っていなかった。その時分は、南西の空に星弾と激しい砲火が見えていた。イタリア艦が味方同士で戦っているというのは明らかだった。それに加えて、我が駆逐艦は、動きの停まった敵を片付けて回るという、滅多にない楽しいひと時を満喫しているようだった。提督は、我々自身が同士討ちをしないように、戦闘を止めて北東に向かうことに決めた。

もちろん、イタリア側には味方撃ちをしたという記録はない。

司令長官の北東転針命令が届いた時点で、掃討戦の真っただ中にいた『ステュアート』のウォーラー大佐は、イタリア艦との触接を失っていた。彼は被害を受けていない残りの「巡洋艦たち」を追いたいと望んでいたが、本当の巡洋艦を砲撃している間に、それらは高速で逃げ去って行ったに違いなかった。ウォーラー大佐の記述‥

『ハヴォック』との接触も失い、少し孤独を感じていた。小官は北東に舳先《へさき》を向けた。2330時、1隻の巡洋艦が北北東に見え、これと交戦した。弱々しい反撃が返って来た。我々は何発かを巡洋艦に命中させ、艦上で火災を発生させた。敵が砲撃を止め、小官は北東への退却を続けた。

2345時に、『ハヴォック』が『ザラ』を照らし出すために発射した照明弾の光の中に姿を現した停止した大型艦は、夜間のこの遭遇を引き起こした張本人、不運な『ポーラ』だった。『ポーラ』は全ての照明が落ち、主砲は正艦首尾の方向を向いたままだった。同艦は2225時に赤い信号弾を2発打ち上げていた。それを見た『バーラム』がそちらに主砲を向け、探照灯で照らし出して発砲する寸前だったのだが、カッタネオ提督の部隊が発見されて針路変更を命じられたため、すんでのところでその砲火から逃れていた。

『ハヴォック』が『ポーラ』への射撃を始めると、2発の命中を得て、艦橋の下と艦尾の2箇所で火災が発生した。駆逐艦には、この巡洋艦が巨大に見えたため、艦長のG・R・G・ワトキンス大尉は、マックの駆逐艦戦隊が探していたイタリア戦艦であると思った。ワトキンスは北東に向いながら、マックと司令長官に向けて「無傷で停止している『リットリオ』級戦艦」、すなわち『ヴィットリオ・ヴェネト』と接触したという信号を発した。だがこの時ワトキンスは、同艦の位置を示すことを忘れていた。しかも報告の中では0020時としたが、実際には2345時だったのである。

日付が変わってから5分後、ワトキンスは自らの信号の誤りに気付き、0030時に訂正電を発した。

緊急。0020時とした我が報告。『リットリオ』級戦艦1隻を8インチ砲巡洋艦1隻と読み換えられたし。重巡洋艦、我が近傍にあり。我が艦位036度、MB、HS、59。我、追跡に戻らんとす。

この時、敵との触接を失っていた『グレイハウンド』と『グリフィン』は、退却命令を2320時に受信して北東に向かい始めたが、0050時に『ハヴォック』の通信を受領すると、すぐさま南に向首した。するとき、0140時に『グレイハウンド』が大きな艦影を見出して、警報を発した。同艦が発見した艦は『ポーラ』で、水平を保って停止しており、主砲は首尾線方向を向いたまま、つまり砲撃のために旋回しておらず、軍艦旗を揚げていた。2隻の駆逐艦は、同艦を沈めるべきか、乗り込むべきか、あるいは海上にいる多くの『ポーラ』乗組員を救助すべきだろうかと考えあぐねた。もし沈めるとすると、捕虜の収容スペースが大きな問題になる。そこに、マック大佐が座乗する『ジャーヴィス』が到着した。

マック大佐は2320時まで針路285度を維持し、2037時の司令長官からの通信にあったように、傷付いた敵戦艦は針路295度を13ノットで航行中だと信じていて、自分はその右前方に抜けつつあると思い込んでいた。

司令長官から「敵を沈めるために現に交戦中でない全部隊は北東に退却せよ」という通信を受け取ったマックは、2328時にいったん北東に針路を変えた上で、自分の駆逐艦戦隊が、その命令の対象に含まれているのかどうかを尋ねた。2337時に返信が来た…「貴隊の攻撃終了後に」。

そこで2340時に再び西向きの針路270度とし、追撃に戻った。その20分後には、自分たちがとっくに敵艦隊の針路を横切って、もう十分にその前方に出ていると推定された。そこで舵を左に切って針路を200度に変え、速力を20ノットに落として、遠からず傷付いたイタリア戦艦に遭遇するものと、期待に胸を膨らませた。だがこの時『ヴィットリオ・ヴェネト』は、そこより33浬も北を順調に帰投しつつあり、南に向かい始めたマックからは刻一刻と遠ざかっていたのである。

すると0030時、『ハヴォック』の「無傷で停止している『リットリオ』級戦艦と接触した」という信号を受領した。その時、マックの駆逐艦戦隊は60浬ほど西北西にいたが、『ハヴォック』が接触した艦が『ヴィットリオ・ヴェネト』であると信じ、ただちに左に大きく舳先を巡らせた。不運にも、『ハヴォッ

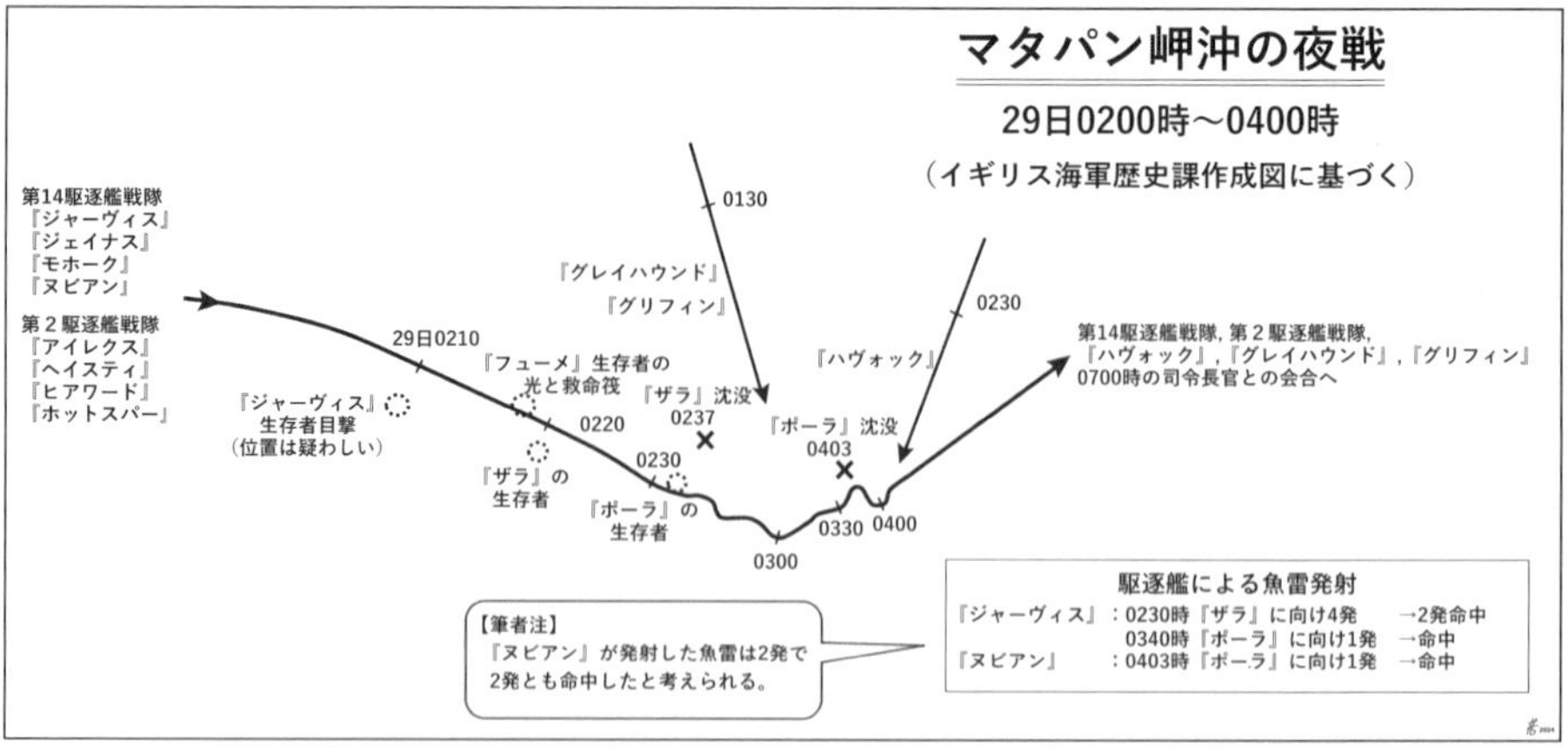

ク』の訂正電――実は重巡洋艦だった――は、０１３４時になるまでマックに届かず、それまでに彼は８隻の駆逐艦を率いて、高速で１時間以上もイアキーノから離れる方向に航行してしまっていた。

　皮肉なことに、その時の彼の位置は、５時間ほど前の２０４８時に、イアキーノがコロンナ岬を目指して３２３度に向けて右に針路を変えた位置からほんの数浬しか離れていなかった。イギリス側では、誰もこの変針に気付いておらず、これによって『ヴィットリオ・ヴェネト』と、それに随伴する艦たちは、マックの追撃の手から逃れることができたのである。０１３４時の時点で、イアキーノはマックから85浬離れた位置を19ノットで航行していた。マックの部隊の最高速力は36ノットで、イタリア艦隊より17ノット速かったが、仮に彼が『ヴィットリオ・ヴェネト』の位置を正確に知っていたとしても、それに追い付くためには少なくとも５時間かかる計算になる。もちろん、そんなタイミングで追い付いたところで、夜が明けて敵航空部隊の餌食になるのが落ちであった。

　『カルドゥッチ』を沈め、『ポーラ』を発見するという殊勲を上げた『ハヴォック』が発した通信の過誤について、カニンガムは寛大な態度を示したものの、『ヴィットリオ・ヴェネト』を取り逃がしてしまったことにはひどく落胆していた。司令長官は記した：

『ハヴォック』の通信中の誤りは、実のところ何らの悪影響をも招来して

はいない。なぜなら、駆逐艦戦隊は既にそれまでに『ヴィットリオ・ヴェネト』を捕捉し損ねており、損傷した敵巡洋艦の仕上げには有効な働きをしたからである。

０２００時過ぎ、駆逐艦８隻を率いたマックが、戦艦部隊が夜間砲撃をした海域に近付いて行くと、前方に探照灯の光が見えた。海面は、艦載艇や救命筏《いかだ》と共に、浮かんでいる人間で満ち満ちていた。海上に漂う多くの生存者の間を通り抜けながら、その先で輝いている炎に向かって進み、停止して中央部から火が出ているイタリア巡洋艦に近付いて行った。それは『ザラ』で、まだ浮いていたか、乗員は退艦していた。上甲板では、何箇所かに小さな火災が発生していた。マックは後方の駆逐艦に生存者の救助を命じ、『ジャーヴィス』のみが魚雷を発射するという信号を発した。０２３０時、『ジャーヴィス』は１０００ヤードまで近付いて４本の魚雷を発射し、そのうち２本が命中した（同艦副長ウォルター・スコット中佐によると、５本を発射して３本が命中）。

凄《すさ》まじい爆発だった。どす黒い海水が迸《ほとばし》り、周囲何浬にもわたって巨大な炎の光が広がり、残骸や艦載艇、漂流している人々を照らし出した。『ザラ』は、もくもくと湧き立つ爆煙の中に巨人のように浮かんでいたが、やがてゆっくりとひっくり返り、海中に没していった。時に０２４０時。駆逐艦はゆっくりと浮遊物の中を進みながら、救命ネットで遭難者を拾い上げたが、艦載艇は下ろさなかった。

０２５０時、『ザラ』を沈めたマックは、東方２浬に赤と白の識別信号を目撃した。『ザラ』乗組員の救助作業を中断して、その方向に進んで行くと、『ハヴォック』と出会った。『ハヴォック』からは、『ポーラ』が水平を保っているように思われ、その船首楼と、周囲の海面に多くの乗組員がいると告げられた。マックは０３１１時に次の信号を発した：

D14より司令長官およびVALFへ。『ザラ』沈没。『ポーラ』沈みつつあり。生存者多数により、我、収容する能《あた》わず。

0314時、『ハヴォック』は第2駆逐艦戦隊司令ニコルソン大佐に向けて、『ポーラ』に「乗り込むか、あるいは艦尾に爆雷を仕掛けて爆発させるか」を問い合わせた。大佐の回答は素っ気ないものだった…「離れていろ」。

0325時、『ジャーヴィス』は『ポーラ』の傍《そば》に近付いていった。他の駆逐艦たちは生存者を救助するよう命令された。『ポーラ』は損傷していないように見えたが、後部主砲塔の右舷で一箇所、小さな火災が発生していた。『ポーラ』艦上に残った生存者を救出するために、マックは『ジャーヴィス』を『ポーラ』に横付けさせた。『ジャーヴィス』が近付いた時、多くの者は既に海に飛び込んでいて、何人かはこれから飛び込もうとしているところだった。すっかり意気阻喪した乗組員の一団が上甲板に見えたが、何人かが裸になり、多くの者が酔っているようだった。後甲板には空の酒瓶と割れたグラス、それに衣類がそこら中に散らばっていた。

マックは、まだ艦上に残っていた『ポーラ』の乗組員たちを『ジャーヴィス』に移乗させ、艦長を含む生存者257人を捕虜にした。

0340時、『ジャーヴィス』は係索を放って『ポーラ』から数百ヤードの距離を取り、1本の魚雷を発射した。これは命中したが、その効果はすぐには現れなかった。『ヌビアン』も魚雷を撃つよう命じられた。

『ジャーヴィス』からこの様子を見ていたスコット副長の描写が、実に活き活きしている…

『ザラ』の爆発で生じた爆風が収まったちょうどその時、戦隊砲術長が大佐に注進した。「浸ってちゃいけません──別のデカブツがいます」。全ての目が左舷後方に向けられると、そこにはもう一隻の巡洋艦が見えた。損傷していないように見え、微《かす》かなうねりの中で揺れていた。その周囲を回った後、マック大佐が突然、「傍に行ってみようと思う。ポンポン砲を除く砲員に、持ち場から離れて索と右舷の防舷材を用意させるよう、副長に伝えろ」と言った。私はこの命令を艦尾にいた時に受け、方位盤にいた掌帆長を呼び寄せた。命令を伝えると、彼は信じられないという面持ちになったが、すぐにてきぱきと仕事を始めた。「A」砲塔（注：最前部の砲塔）の砲員が、何か面白そうなことが起こりそうだと嗅ぎ付けてきて、船首楼のロッカーをこじ開けるためのカトラス（注：反身の短剣）を手にし、敵乗組員を捕獲するために乗り込むのに備えた。

艦がみごとに寄せられ、船首楼長が「受け取れ、○○野郎ども」と叫びながら投げ綱を投げた。彼らは索をキャッチして素早く手繰り込み、2隻は舷側を並べて固定された。身の毛がよだつような雄叫《おたけ》びを発しながら、「A」砲塔の砲員たちが『ポーラ』に群がっていった。艦上には、1000人の乗組員のうち257人だけが残っていて、ぞろぞろと船首楼の方に追い立てられていった。残りの者たちは、艦隊航空隊の魚雷が命中した直後に海に跳び込んでいた。

艦上に残っていたイタリア艦乗組員が、急いで掛けられた歩み板の上を整然と並んで乗艦してきた。その殿《しんがり》は『ポーラ』の副長と艦長だった。一方、『ジャーヴィス』の砲員たちの一団は小火器、中でも我が軍で供給の滞っているブレダ20㎜砲を取り外そうと、工具を手に手に別のルートを進んで行った。彼らに与えられた時間は短過ぎて、結局持ち帰ることはできなかったが、その代わりに色んな話を仕入れてきた。士官の船室は『ポーラ』兵員の略奪を受けていて、空になったキャンティの瓶が、そこら中に転がっていた。捕虜の数を数えた時、彼らは明らかに酔っていた。

最後に、20分後くらいだったと思うが、大佐に全員乗艦したことを報告し、係索の結び目を解くと、艦は前進する準備が整った。索を外すと『ジャーヴィス』はゆっくりと旋回し、人気のなくなった巡洋艦を探照灯で照らし出した。『ジャーヴィス』は公正な分け前以上に楽しんだので、大佐は500浬かそこら離れたアレクサンドリアまで巡洋艦を曳航するという考えを頭の中でしばらく弄んだ後、翌日に予想される激しい空襲を考慮して、渋々ながらもその考えを取り下げ、『ヌビアン』に魚雷で止めを刺すよう命じた。

『ヌビアン』は1000ヤードまで接近して、魚雷を1本発射した。命中して大爆発が起き、望み通りの結果が得られた（『ヌビアン』が発射した魚雷を2本とする説もある）。3月29日0403時、『ポーラ』は沈んだ。

カッタネオ少将麾下の第1戦隊と第9駆逐隊のうち、重巡洋艦『ザラ』、『フューメ』、『ポーラ』、駆逐艦『アルフィエリ』、『カルドゥッチ』の5隻が沈没し、駆逐艦『ジョベルティ』と『オリアーニ』だけが逃げ延びた。カッタネオ少将を含む約2300人が艦と運命を共にした。

まだ浮かんでいるイタリア艦はいなくなったようなので、マック大佐は駆逐艦たちを集結させて、第14駆逐艦戦隊に単縦陣を組ませ、第2駆逐艦戦隊をその右側に一列に並ばせた。0700時に予定される司令長官との会同のためにその場を離れると、針路を055度として20ノットで進み、0648時に合流を果たした。

マタパン岬沖海戦は終わった。

第25章　夜戦に関する考察

前章までをお読みいただいた読者諸賢は、夜戦に関する記述の中に、同じ場面を描写しているにもかかわらず、互いに整合しない事柄が散見されることにお気付きのことと思われる。ここまでの英伊両陣営に関する記述は、主にそれぞれの国の資料に基づいたものだったが、両者を突き合わせてみると、互いに矛盾する点が数多くあり、また同じ国の記録同士でも、いくつかの異説が挙げられている場合がある。

しかし、それはある意味当然のことであり、あの夜の戦いで実際に何が起こっていたのかを正確に把握するのは、事実上不可能である。様々な事象が同時多発的に発生したが、その中には独立に生じたものもあれば、互いに関連し合うものもあり、しかもそれぞれの出来事は時々刻々と変化していった。漆黒の闇が支配する海上で、そこかしこに爆煙や煙幕が漂い、探照灯の光束や青白い照明弾の光、あるいは発砲の輝きによって、ほんの束の間だけ照らし出される艦もあれば、被弾して燃え上がり、自らとその周囲を照らし出しながらのろのろと這《は》い回る艦や動けなくなった艦がある一方で、たびたび針路を変えながら思い思いの方向に高速で駆け抜けて行く艦もいる。個々の目に映った光景は、戦場全体のごく一部でしかなく、その場にいた両軍将士の証言が互いに整合するとは限らないし、同じ艦の同じ艦橋に居合わせた者たちの間でさえ、時にはまるで逆のことを言っている場合があるため、各艦の正確な航跡を再現して、あの夜、あの戦場で何が起こっていたかを具《つぶさ》に描き出すことは、神ならぬ身には到底成し得る業ではない。カニンガム提督は「狂乱の一夜だった」と記したが、この言葉で彼が言いたかったことは、英軍駆逐艦はかなりの仕事を成し遂げはしたものの、海戦後に報告された敵艦とされるものの一部は、実は彼ら自身の部隊の艦だったということだった。

232ページから235ページには、英伊両軍の記録に基づく夜戦時の各艦の航跡図を示したが、英国海軍歴史課が作成した232ページの図の原図には、ほんの数分間で終わった戦艦による砲撃の終盤に相当する2230時以降について、「駆逐艦の位置は疑わしい」と明記されている。

以下この章では、この夜戦における様々な出来事の中で、各種記録の間に矛盾が見出される点や、一つの事象に関して様々な説があるものとして、左に示す(1)〜(4)の件について、筆者が考察した結果を記す。

(1) カッタネオ戦隊の艦列と被弾順

(2) イギリス戦艦回頭のきっかけになった動きをした艦

(3) 停止した炎上艦とその周囲を回った非炎上艦

(4) 2300〜2330時頃に『ステュアート』、『ハヴォック』と関わった艦

両艦隊司令長官の著作や両国海軍の公式記録に、旧敵国の記録と自らのものを比較した様子はない(少なくともその結果は公にされていない)し、それぞれの国の歴史家の著作で、相手国の主張を取り上げていることはあっても、それを自国のものと対照して検討した結果はほとんど見当たらず、一部には自国の主張こそ正しいとするいささか牽強付会《けんきょうふかい》な論調が見られる場合もあるのだが、ここでは第三国の人間の客観的な視点で両国の資料を突き合わせて、それぞれの場面の実相がどうであったのかについて、筆者なりに考えてみた結果を記すこととする。もちろん、両軍の全ての記録や証言を精査したわけではなく、本書の執筆に際して参照した限られた数の文献に基づく推測に過ぎないので、以下の考察が必ずしも正解であるとは限らない。あくまで筆者の力の及ぶ範囲内で、実際はこうだったのではないか、こうだったのかもしれないという可能性を示すものである。

以下本章では、前章より後の海戦の経緯については触れないので、事の次第を追うことをお急ぎの向きには、次の章に進んでいただいても差し支えない。

(1) カッタネオ戦隊の艦列と被弾順

『ポーラ』救援に向かったカッタネオ戦隊6隻の前半部を成した3隻の並び順について、『ザラ』が『フューメ』より前にいたという点では両軍の記録が一致しているものの、イギリス側は、公式記録を含めて、この2隻の前に駆逐艦『アルフィエリ』がいたとする主張が大勢を占める（ただし、第1戦艦戦隊司令官ローリングス少将は、先頭艦が6インチ砲巡洋艦に見えたと報告している）のに対して、イタリア側では、全ての記録や証言で『アルフィエリ』は2隻の巡洋艦の後ろだったとされる。例えば、『アルフィエリ』に乗り組んでいたサンソネッティ中尉は、イギリス戦艦が砲撃を開始した直後の様子について、自艦が被弾する前に「突然、艦首前方数百mに大きな炎が見え、右舷の側で大きくなっていった……爆発音が聞こえ、（艦橋から）駆け出ると、被弾した巡洋艦の複数の大きな破片が宙に舞っているのを見た」という証言を残しているが、これは『アルフィエリ』より前方に被弾、炎上した艦があったということを示しているに他ならない。

これまで見て来たように、イギリス軍はイタリア艦の識別に長《た》けていたとは言い難く、巡洋艦と駆逐艦を取り違えることが多々あっただけでなく、味方駆逐艦を敵と誤認していた場面すらあった。イギリスの文献の中には、『アルフィエリ』が先頭にいた理由として、『ポーラ』が発射した赤い信号弾を見て、それを確認させるために同艦を先行させたのだとするものもあるが、駆逐艦の残り燃料が逼迫《ひっぱく》していた状況下で、カッタネオ提督が駆逐艦に速力を上げさせたとは考えにくく、そもそもこの時点で『ポーラ』までの距離はほんの僅かに迫っていたため、わざわざ駆逐艦を先行させてその報告を待たずとも、カッタネオは自分自身の目で、駆逐艦より高い位置にある自艦の艦橋から状況を確認することができるのである。

以上より、カッタネオ戦隊は前から『ザラ』、『フューメ』、『アルフィエリ』の順に並んでいたと考えるのが妥当であろう。ひょっとすると、イギリス側は『グリフィン』か『グレイハウンド』あたりの味方駆逐艦を、『アルフィエリ』と誤認したということもあるかもしれない。

次に、これら3隻が被弾した順序についてだが、最初に被弾したのは『フューメ』で間違いないと考えている。この点については、カッタネオ戦隊の前半3隻に乗り組んでいた全ての生存者の証言が一致している。『ウォースパイト』の砲術記録でも、最初に『フューメ』を砲撃した後、目標をその左、つまりイタリア艦列で『フューメ』より前にいた『ザラ』に転じたとされる。

だが、『ウォースパイト』に乗っていたカニンガム提督は、次のように書き残しているのである‥

参謀長、旗艦艦長、数名の司令部参謀にも支持された私自身の見解では、『ウォースパイト』は先頭の8インチ砲巡洋艦（艦列2番目の艦）と交戦し、続いて砲火を右に転じてその後ろの艦に向けた。

この記述の中で「（艦列2番目の艦）」とあるのは、筆者による注記ではなく、カニンガム自身が記した括弧書きである。

既述の通り、この時イギリス戦艦から見えていたイタリア艦隊の艦列は、駆逐艦『アルフィエリ』が先頭で、『ザラ』がそれに続き、『フューメ』が『ザラ』の後、すなわち艦列の3番目という順序である。だがカニンガムの目には、『ウォースパイト』に最初に砲撃された艦は「先頭の8インチ砲巡洋艦（艦列2番目）」、つまり『ザラ』であり、その後で右側に見えていた『フューメ』に目標を移したと映っていたことになる。先に筆者が結論付けた『ザラ』、『フューメ』、『アルフィエリ』という艦列順は、カニンガム提

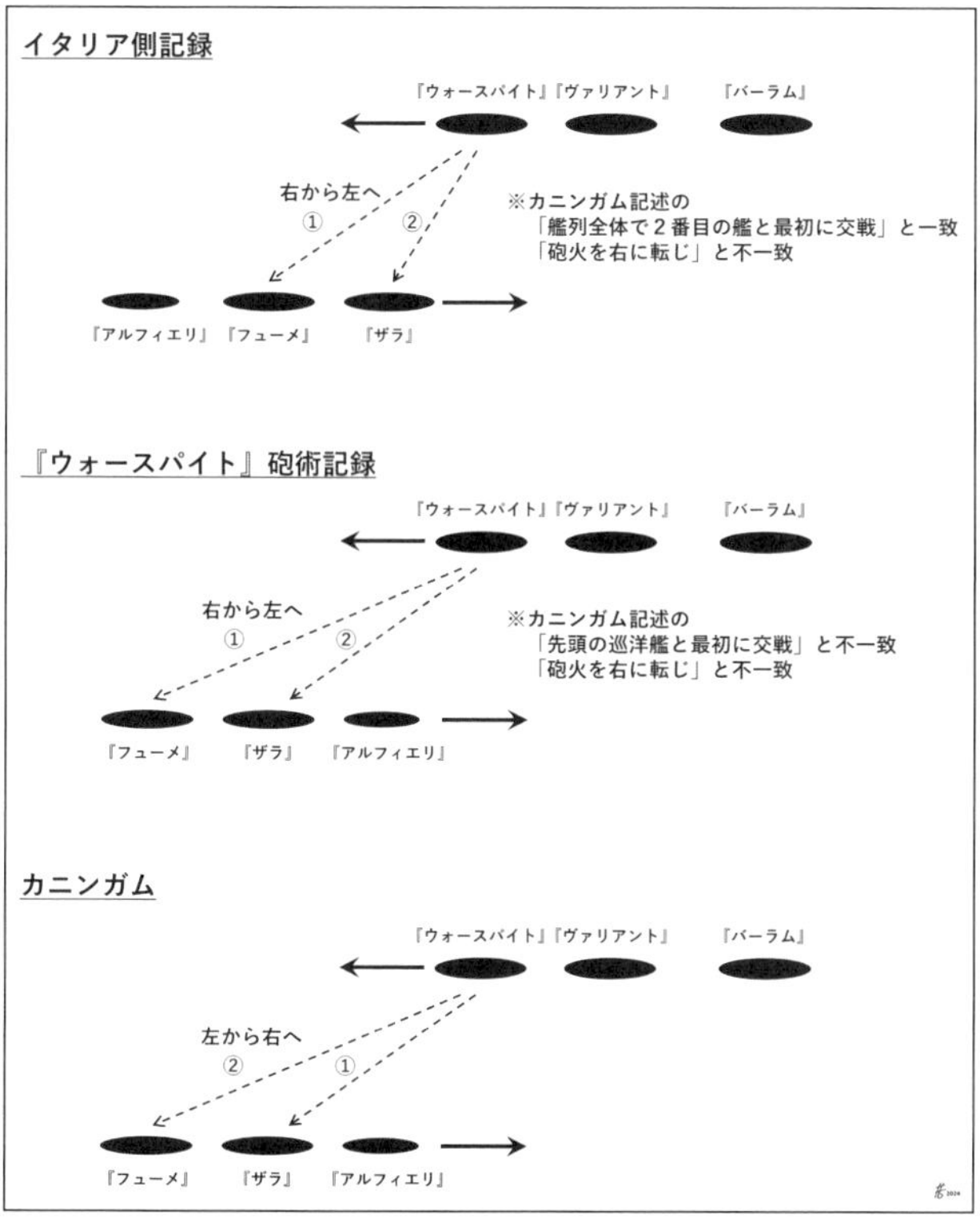

督の記述のうち、最初に「先頭の8インチ砲巡洋艦と交戦」という部分とは合致しないものの、最初に「艦列2番目の艦と交戦」という部分とは矛盾せず、彼の主張のうちの半分とは整合することになる。

巡洋艦2隻のうち前にいたのは『ザラ』であり、その後で砲撃を右、つまり後ろに向けたのであれば、次の目標は『フューメ』ということになるが、先に記したように最初に被弾した艦は『フューメ』であり、そこから砲撃を右に転じたのであれば、『ウォースパイト』から次に砲撃されたのは『アルフィエリ』ということになる。あるいは、『ウォースパイト』は3番目の目標として、さらにその後方、つまり右に見えた『ジョベルティ』と考えられる艦を主砲で砲撃しているので、カニンガムはそのことと混同しているのかもしれない。

次に、『ウォースパイト』の後ろを航行していた『ヴァリアント』は、『ウォースパイト』に遅れること7秒で『フューメ』に対して15インチ砲の斉射を送ったが、艦後部の2砲塔を指向することができなかったため、標的を『フューメ』の左にいる『ザラ』に変えると、全ての15インチ砲塔を指向することができるようになったとされる。イタリア巡洋艦の前後関係から考えて、『ヴァリアント』によるこの敵艦識別は正しかったと考えられる。ただし、『アルフィエリ』を砲撃した後に、目標を『フューメ』に変えたという可能性も捨て切れない。

イギリス戦艦の最後尾にいた『バーラム』は、『グレイハウンド』の探照灯に照らし出された敵の先頭艦、つまりイギリス側の主張によると『アルフィエリ』に1斉射を浴びせ、同艦が激しく燃え上がると、次にその後続艦『ザラ』に狙いを変えたとされるが、先頭艦という認識が正しいのであれば、まず『ザラ』を砲撃した後、目標を『フューメ』に転じたということになる。なお、『バーラム』に座乗していた第1戦艦戦隊司令官のローリングス少将は、先頭艦は軽巡洋艦であると識別し、その艦に対する斉射は2回であったと報告している。

つまるところ、カッタネオ戦隊の前半を構成する3隻が、どの順で被弾したのかについては、『ウォースパイト』が最初の2回の斉射を放った相手が『フューメ』であるということ以外、確としたことは言えないというのが結論である。整然と並んだ戦艦から放たれた、僅か数分間の砲撃についてでさえこの有様なので、その後の駆逐艦による掃討戦の混乱ぶりは推して知るべしである。

(2) イギリス戦艦回頭のきっかけになった動きをした艦

イギリス側の記録では、戦艦が砲撃を開始してから4分後の2231時、敵巡洋艦に続航する3隻の駆逐艦が取り舵を切って戦艦に近付き、1分半後にはそのうちの1隻が魚雷を発射したため、3隻の戦艦は90度右に一斉回頭し、そのまま戦場を後にしたとされる。

しかし、イタリア側の記録によると、艦列の後半にいた3隻の駆逐艦は、英戦艦の発砲を認めると、ただちに右に、つまり英戦艦から離れる方向に旋回し、その後で『カルドゥッチ』のみが煙幕を発しつつ左に舵を切ったのであり、3隻とも魚雷は発射していない。前方の艦が砲撃を受けたのを見て、まず右に回頭したという3隻の動きは、それぞれの艦の生存者たちによるものであり、矛盾した証言は見当たらないため、信頼してよいと考えられる。なお、発射されてもいない魚雷が発射されたと勘違いしたり、ありもしない雷跡が見えるというのは、戦場でよくあることではある。

では、イギリス戦艦が、自らの方に舵を切って近付いてきたと誤認した艦は何だったのだろう。

イタリア艦列の後半3隻のうち、『ジョベルティ』は、針路170度、つまり敵を背にして南の方に進んでいた2231時に、実際には射出できなかったものの、左舷に見える3隻の「敵艦」に攻撃を仕掛けようとして魚雷発射管を左に90度旋回させているが、進行方向がまるで逆であるため、これを指すとは考えにくい。『カルドゥッチ』については、初めに右に急旋回した後で、左に舵を切っているので、この動きを見た可能性はあるだろう。『オリアーニ』に至っては、2231時の時点では一目散に南に向かって逃げているため、これはあり得ない。

イギリス側では、巡洋艦に続航する3隻の駆逐艦が近付いてきたと認識したようだが、そもそも近付いて来たように見えたのがイタリア艦列後半の艦だということが誤りだった可能性もある。では、イタリア艦列の前半分にいた3隻の動きは、どうだろう。

まず『ザラ』は、最初の被弾直後に面舵一杯とし、そのまま右に旋回を続けて敵側に艦首を向けた。『フューメ』は、被弾、炎上して停止した後に再始動して約10分間左に、つまり敵艦に近付く方向にゆっくりと進んだ。『アルフィエリ』は、面舵としたままぐるっと円を描いて、やはり北側に艦首を向けて停止した。なお、『アルフィエリ』ではサンソネッティ中尉が英駆逐艦に向けて魚雷を発射しているが、それは英戦艦が針路を転じたのより40分近くも後のことである。

これらのうち、『フューメ』が被弾後に敵艦に近付く方に進んだのは、いったん停止した後に再始動してからなので、その時イギリス戦艦は既に北に転針している。『ザラ』と『アルフィエリ』は、被弾後すぐに右に旋回を始めて、ぐるっと回って北を向いたので、2隻のうちのいずれかを誤認したのかもしれないが、イギリス戦艦が射撃を開始してから僅か4分後にはイタリア駆逐艦が近付いてきたように見えたということや、旋回の方向が逆であることを考えると、その可能性も低いだろう。

イギリス戦艦に近付いて来るように見えた艦が、実は味方艦だったということも考えられる。232ページや290ページの航跡図を見ると、『ステュアート』と『ハヴォック』は2231時には戦闘艦隊の北西を西向きに進んでいたが、それから左に180度向きを変えて東に向かっているので、この動きを敵駆逐艦と見誤ったのかもしれない。

一方、戦闘艦隊の左翼、つまり敵側にいた『グレイハウンド』と『グリフィン』は、戦艦の射線上から離れるように叱責を受けた後、敵側に向けて取り舵を切って、そのまましばらく南西の方角に進んでいるので、この動きをイタリア駆逐艦と誤認したというのは考えにくい。

いずれにしても、イギリスの3戦艦は枯れ尾花を見て逃げ出してしまったということである。仮に右への回頭をせずにそのまま直進を続けたとすると、カッタネオ戦隊後半の駆逐艦をもう少し叩けたかもしれないが、どのみち反航している相手とはすぐに距離が開いてしまうし、夜間に敵が駆逐艦を引き連れていて、しかももはや奇襲ではなく、相手がこちらの存在を認識している状況で、敵側に向けて戦艦が転針することは、いくらカニンガム提督であろうとも考えられない。イギリス戦艦が右に転針してもしなくても、結果にほとんど違いはないのである。

(3) 停止した炎上艦とその周囲を回った非炎上艦

2259時、『ステュアート』と『ハヴォック』は、炎上して停止した巡洋艦と思しき敵艦Aと、その周りでゆっくりと円を描いていて、火災が発生していない艦B（Aより小さい艦だったとする説もある）を発見し、『ステュアート』が魚雷を8本発射したところ、一方の艦の水面下で鈍い爆発が認められた。

この爆発は艦Bの下部で起きたとする記述が多いが、文献によってはどちらと明記していない場合もある。

２３０１時、『ステュアート』は艦Aに砲撃を加えた。その間に艦Bが離れて行ったため、これを探しに行くと、２３０５時に１・５浬ほど離れた位置に損傷してひどく傾き、停止している艦Cを見つけた。『ステュアート』は、激しい炎に照らされた艦Cが『ザラ』級巡洋艦であることを確認している。その艦に向けて『ステュアート』が２斉射を放つと、大きな爆発が生じ、艦上で火災が発生した。艦Cは艦Bと同じであるとする説と、それとは別の艦であるとする説がある。

イギリスでは、Aが『ザラ』でBが『アルフィエリ』とする説が多いが、逆であるとする説や、Aが『フューメ』でBが『ザラ』であるとする説、Aは『ザラ』か『フューメ』であり、Bは『アルフィエリ』であるとする説もある。英国海軍歴史課の航跡図には、『ザラ』と（艦名不明の）駆逐艦に向けて『ステュアート』が魚雷を発射したと記されている。

前項の繰り返しになるが、これら３隻のイタリア艦が、イギリス戦艦による砲撃を受けた後の動きをまとめると、それぞれ以下のようになる。

まず『ザラ』は、『フューメ』が被弾したのを目撃した直後に自身も被弾し、速力落としながら右への旋回を続け、ぐるっと回って敵側に艦首を向けたところ、今度は右舷に被弾し、しばらく惰性で進んだ後、艦首をほぼ北に向けて停止すると、その横を炎上する『フューメ』が通過していった。その後『ザラ』は右舷主機を再始動させて徐々にスピードを上げたが、また一周回って、再び停止した。この２回目の旋回は、右舷主機のみの運転であるため左旋回になったとも考えられるが、最初の面舵命令を受けた後で舵が効かなくなったと仮定すると、右旋回であった可能性もある。

『フューメ』は、『ウォースパイト』から最初の斉射を受けた後、立て続けにイギリス艦隊の砲撃を浴びて停止した。右への傾斜を増しながら再び動き始め、10分間ゆっくりと左向きに進んで、『ザラ』の近くを通り過ぎた後に停止した。

『アルフィエリ』は、前方で『フューメ』の艦尾が被弾したのを見た後に砲撃され、操舵不能となったが、行き脚が残っていたため減速しながら右に旋回して、敵に艦首を向けて停止した。

以下、艦AからCが、それぞれどの艦であったかについて考えてみよう。

まず『アルフィエリ』については、被弾から停止までにはそれなりの時間があったため、先行する味方巡洋艦2隻の付近に至った可能性はあるが、少なくともイタリア側には『アルフィエリ』と『ザラ』あるいは『フューメ』が接近した記録はない。

『ザラ』は、北に艦首を向けて停止した時に、その傍らを炎上する『フューメ』が通過した。『フューメ』側でも、自身が『ザラ』の近くを通過したことが認識されている。これにより、停止していた艦Aが『ザラ』で、円を描いていた艦Bが『フューメ』である可能性がある。しかしながら、一連の記録から『フューメ』の火災はかなり激しかったと考えられるため、同艦が燃えていなかったように見えた可能性は低い。もちろん『ザラ』でも火災が発生しているが、『ハヴォック』が『ザラ』と思しき巡洋艦を目撃した時には、艦橋横の一箇所で火が出ているだけに見えたとされ、また『ヴァリアント』の報告にも『ザラ』の火災は『フューメ』のものほど長くは続かなかったという記述があるため、『ザラ』の火災は少なくとも一時的には勢いが弱かったと考えられる。

『フューメ』は『ザラ』の傍らを通過した後に停止し、その後に『ザラ』がまた一周回してから停止したので、イギリスの両駆逐艦が目撃したのはこちらの動きだった、つまりAが『フューメ』で、Bが『ザラ』だったのではないだろうか。

艦Cについては、2305時の時点で既にひどく傾いていたということであり、また『ステュアート』が、炎の光に照らされた同艦が『ザラ』級であることを確認しているので、『アルフィエリ』ではないだろう。

なお、後方にいた『カルドゥッチ』についても、英戦艦の副砲による砲撃を受け、それらが北東に転針してからは周囲が静かになって、その後に攻撃されたという記録はないため、『カルドゥッチ』であるとも考えられない。『ステュアート』による認識でも、CはBと同じ艦とされるので、やはり『ザラ』であろうと考えられる。

以上をまとめると、Aが『フューメ』で、BとCは『ザラ』であるという結論になる。

なお、『ステュアート』が8本の魚雷を発射した後、艦B、すなわち『ザラ』の水面下で鈍い爆発が認められたとのことだが、この爆発は必ずしも魚雷の命中によるものとは限らない。魚雷は外れたが、偶々それが『ザラ』の傍を通過するのと同じタイミングで艦内で爆発が生じたという可能性も考えられる。あるいは逆に、イタリアの両巡洋艦には英戦艦が去った後に被雷した旨の証言は見当たらないものの、魚雷が命中して爆発した衝撃が、艦内で生じた一連の爆発に紛れていたのかもしれない。

(4) 2300時〜2330時頃に『ステュアート』、『ハヴォック』と関わった艦

『ステュアート』は、2305時に『ザラ』級巡洋艦と考えられる艦に2斉射を放った後、突然左舷艦首方向から現れた艦Xと衝突しそうになった。左に舵を切って僅か140mほどの距離でこれを避けた後、2308時頃にその艦に向けて二度の斉射を放った。『ステュアート』からは、艦Xが単煙突であり、『オリアーニ』級の準同型艦で外見がほぼ同じ『グレカーレ』級駆逐艦であると識別され、損傷していないように見えた。

2315時には、『ハヴォック』が150mほどの近距離から艦Yに4本の魚雷を発射し、そのうち1発が命中した。艦Yは砲撃を返してきたが、『ハヴォック』が砲撃を続けると炎上し、2330時頃に爆発して沈没した。

なお2315時には、『ステュアート』と『ハヴォック』が、激しく炎上して傾いた艦Zが転覆して沈没するのを等しく目撃している。

上記のうち、まず艦Xについては、イギリスでは『カルドゥッチ』であるとする説が有力であり、『オリアーニ』とする説もある。また、この時点では『カルドゥッチ』は動けなくなっていたため、味方の『ハヴォック』ではないかとする説もある。『ハヴォック』の煙突は2本だが、艦橋と前部煙突の間隔が比較的狭いため、咄嗟《とっさ》の場合に単煙突と見間違えた可能性も否定はできない。

艦Yについては、イギリスでは『カルドゥッチ』とする説、つまりXとYは同一艦とする説が有力だが、『アルフィエリ』であるとする説もある。なお、イタリア側にも『カルドゥッチ』とする説がある。

艦Zについて、イギリスでは一貫して『アルフィエリ』であるとされる。

ここで、この時間帯に沈没したイタリア艦3隻の沈没時刻について見てみると、イギリスでは『フューメ』が2300時、『アルフィエリ』が2315時、『カルドゥッチ』が2330時に沈没したとされ、イタリア側では、『フューメ』2315時、『アルフィエリ』2330時、『カルドゥッチ』2345時とされる。つまり、3隻ともイギリス側の記録がイタリア側より15分ずつ早くなっている。ただし、イギリスにも『フューメ』の沈没は2315時とする説がある。両軍の時計がそもそも15分ずれていたということも考えられるが、イギリス戦艦の砲撃開始時刻については両軍の記録に齟齬《そご》がないため、両者の時計は合っていて、沈没した艦を取り違えたのだと考えられる。あるいは外からは沈没したように見えたが、実際にはまだ完全に沈んでおらず、15分後まで浮いていたのかもしれない。

以下、艦X、Y、Zがそれぞれどの艦であったかについて考察する。

まず、『ステュアート』と『ハヴォック』が、2315時に転覆、沈没したのを目撃し、イギリス側では『アルフィエリ』と考えられている艦Zは、『フューメ』であろうと考えている。2315時という沈没時刻も、沈没時に転覆したということもイタリア側の記録と一致しているし、加えてイタリアでは、『アルフィエリ』は2315時ではなく2330時頃に、転覆することなく沈没したとされるからである。

『アルフィエリ』について、イタリア側の記録では、同艦が『バーラム』の砲撃を受けて損傷し、ぐるっと右に旋回して敵の方（北）に向いて停止した後、高速で接近した『ステュアート』と考えられる駆逐艦から300〜400mの距離で砲撃を受けて被弾し、『ステュアート』はそのまま『アルフィエリ』の右舷200mもないところを通り過ぎたとされる。『アルフィエリ』は、この艦に向けて120mm砲で3回の斉射を放つとともに20mm機銃でも射撃を行い、さらに少なくとも2本の魚雷を発射したものの、再び砲撃を受けて吃水線下に被弾し、右に傾いた。その後、左舷から迫って来た『ハヴォック』と考えられる別の駆逐艦に対して艦首120mm砲と機銃で射撃を加えると、『ハヴォック』は50mにも満たない、艦長が煙草を吸っているのが見えるほどの距離から砲火を返した。停止してから20分以上が経過し、燃え上がって右舷に傾いた『アルフィエリ』は、近付いてきた『ハヴォック』からさらに砲撃を受け、2330時頃に爆発して沈没した。

これらの『アルフィエリ』に関するイタリア側の記録と、この（4）項の冒頭2段落に記した艦X、Yに関するイギリス側の記録を突き合わせると、『ステュアート』、『ハヴォック』両艦と近距離で遭遇して攻撃を受けたことや応戦したこと、2330時頃に爆発して転覆することなく沈んだことから、艦XとYはどちらも『アルフィエリ』であると考えてよいだろう。なお、『ステュアート』と遭遇した時点で『アルフィエリ』は停止していたはずだが、イギリス側には艦Xが『ステュアート』に向かって来ていたという説がある。だが、『ステュアート』自身が高速で動いていたのであれば、暗闇の中に突如見出された艦が、自分の方に迫って来るように見えたということもあるだろう。

『カルドゥッチ』について、イタリア側の記録では、同艦は英戦艦からの砲撃が始まると、すぐに急激な右への旋回を行い、煙幕を張りつつ、さら左に転舵した。その間に戦艦から受けた砲撃によって致命傷を負い、主機が停止して、惰性で左の方に漂った後、停止して、２３４５時頃に沈んだ。戦艦からの砲撃が止んだ後、『カルドゥッチ』の周囲は静かになり、英駆逐艦からの攻撃を受けた記録はない。

なお２３３０時頃、『カルドゥッチ』のジノッキオ艦長は『ザラ』と『フューメ』の残骸がまだ燃えているのを見たが、既に沈んだのか『アルフィエリ』の姿は見えなかったと証言している。しかし、『フューメ』は２３１５時に沈没したと考えられるため、英駆逐艦による認識と同様、ジノッキオは『フューメ』と『アルフィエリ』を取り違えたものと思われる。

以上より、X＝Y＝『アルフィエリ』、Z＝『フューメ』であり、『カルドゥッチ』は『ステュアート』や『ハヴォック』とは無関係に沈んでいったというのが、筆者の結論である。

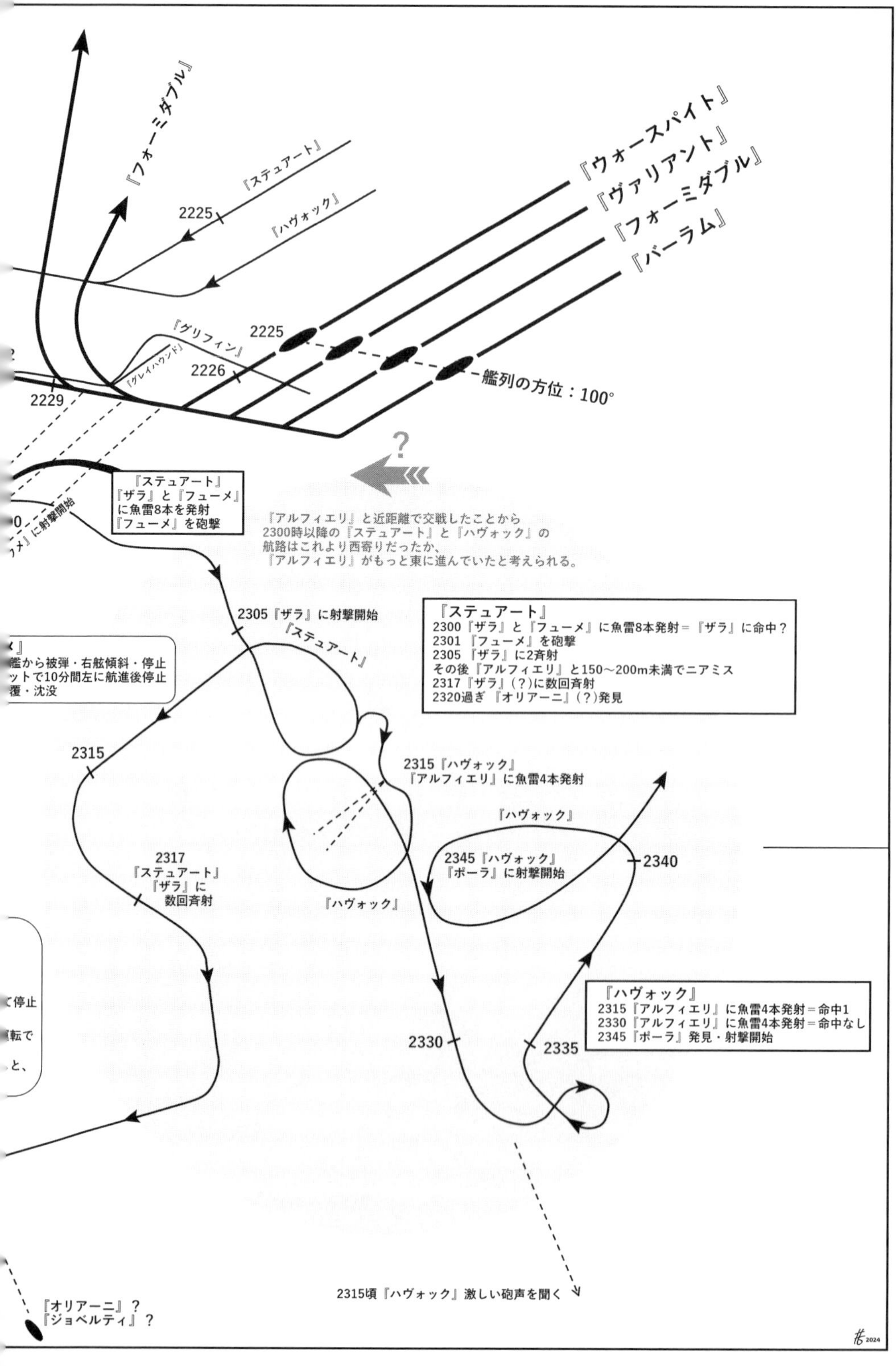
『フォーミダブル』
『ステュアート』
『ハヴォック』
2225
『ウォースパイト』
『ヴァリアント』
『フォーミダブル』
『バーラム』
『グリフィン』
『グレイハウンド』
2225
2226
2229
艦列の方位：100°
?
『ステュアート』
『ザラ』と『フューメ』
に魚雷8本を発射
『フューメ』を砲撃
メ』に射撃開始
『アルフィエリ』と近距離で交戦したことから
2300時以降の『ステュアート』と『ハヴォック』の
航路はこれより西寄りだったか、
『アルフィエリ』がもっと東に進んでいたと考えられる。
2305『ザラ』に射撃開始
『ステュアート』
『ステュアート』
2300『ザラ』と『フューメ』に魚雷8本発射＝『ザラ』に命中？
2301 『フューメ』を砲撃
2305 『ザラ』に2斉射
その後『アルフィエリ』と150～200m未満でニアミス
2317『ザラ』(？)に数回斉射
2320過ぎ 『オリアーニ』(？)発見
メ』
艦から被弾・右舷傾斜・停止
ットで10分間左に航進後停止
覆・沈没
2315
2315『ハヴォック』
『アルフィエリ』に魚雷4本発射
『ハヴォック』
2317
『ステュアート』
『ザラ』に
数回斉射
2345『ハヴォック』
『ポーラ』に射撃開始
2340
『ハヴォック』
て停止
転で
と、
『ハヴォック』
2315『アルフィエリ』に魚雷4本発射＝命中1
2330『アルフィエリ』に魚雷4本発射＝命中なし
2345『ポーラ』発見・射撃開始
2330
2335
2315頃『ハヴォック』激しい砲声を聞く
『オリアーニ』？
『ジョベルティ』？

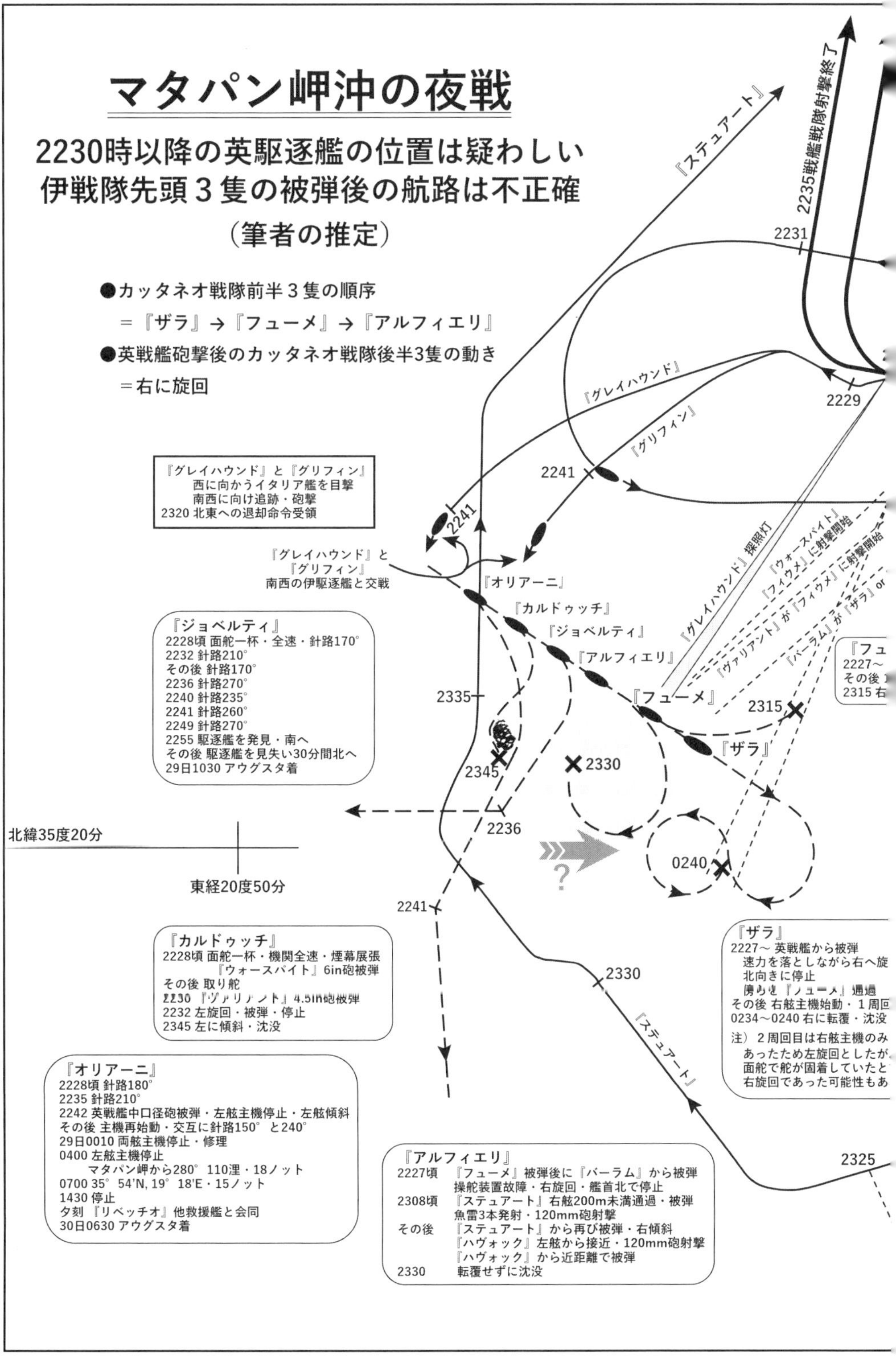
マタパン岬沖の夜戦
2230時以降の英駆逐艦の位置は疑わしい
伊戦隊先頭３隻の被弾後の航路は不正確
（筆者の推定）
●カッタネオ戦隊前半３隻の順序
＝『ザラ』→『フューメ』→『アルフィエリ』
●英戦艦砲撃後のカッタネオ戦隊後半3隻の動き
＝右に旋回
『ステュアート』
2235戦艦戦隊射撃終了
2231
2229
『グレイハウンド』
『グリフィン』
2241
『グレイハウンド』と『グリフィン』
西に向かうイタリア艦を目撃
南西に向け追跡・砲撃
2320 北東への退却命令受領
2241
『グレイハウンド』と
『グリフィン』
南西の伊駆逐艦と交戦
『オリアーニ』
『カルドゥッチ』
『ジョベルティ』
『アルフィエリ』
『フューメ』
『ザラ』
『グレイハウンド』探照灯
『ウォースパイト』に射撃開始
『フィウメ』に射撃開始
『ヴァリアント』が『フィウメ』に射撃開始
『バーラム』が『ザラ』or
『ジョベルティ』
2228頃 面舵一杯・全速・針路170°
2232 針路210°
その後 針路170°
2236 針路270°
2240 針路235°
2241 針路260°
2249 針路270°
2255 駆逐艦を発見・南へ
その後 駆逐艦を見失い30分間北へ
29日1030 アウグスタ着
2335
2345
2330
2315
2236
0240
北緯35度20分
東経20度50分
?
2241
2330
『ステュアート』
2325
『カルドゥッチ』
2228頃 面舵一杯・機関全速・煙幕展張
『ウォースパイト』6in砲被弾
その後 取り舵
2230 『ヴァリアント』4.5in砲被弾
2232 左旋回・被弾・停止
2345 左に傾斜・沈没
『ザラ』
2227～ 英戦艦から被弾
速力を落としながら右へ旋
北向きに停止
傍らを『フューメ』通過
その後 右舷主機始動・１周回
0234～0240 右に転覆・沈没
注）２周回目は右舷主機のみ
あったため左旋回としたが
面舵で舵が固着していたと
右旋回であった可能性もあ
『オリアーニ』
2228頃 針路180°
2235 針路210°
2242 英戦艦中口径砲被弾・左舷主機停止・左舷傾斜
その後 主機再始動・交互に針路150° と240°
29日0010 両舷主機停止・修理
0400 左舷主機停止
マタパン岬から280° 110浬・18ノット
0700 35° 54'N, 19° 18'E・15ノット
1430 停止
夕刻 『リベッチオ』他救援艦と会同
30日0630 アウグスタ着
『アルフィエリ』
2227頃 『フューメ』被弾後に『バーラム』から被弾
操舵装置故障・右旋回・艦首北で停止
2308頃 『ステュアート』右舷200m未満通過・被弾
魚雷3本発射・120mm砲射撃
その後 『ステュアート』から再び被弾・右傾斜
『ハヴォック』左舷から接近・120mm砲射撃
『ハヴォック』から近距離で被弾
2330 転覆せずに沈没

第26章　救難

「狂乱の一夜」が明けた29日の早朝0430時、カニンガム司令長官は麾下《きか》の全部隊に対して、0700時に北緯35度34分、東経21度38分のマタパン岬南西約50浬で合流するよう命じた。『フォーミダブル』は昨夜の戦闘海域を索敵するために3機のアルバコアを発艦させた。2時間後に戻った搭乗員は、多数の漂流者が残骸にしがみついているのを目撃したと報告した。マレメから離陸した第815飛行隊のソードフィッシュ3機も、同様の光景を見た旨、報告を上げた。英空軍第230飛行隊のサンダーランド偵察機もこの海域を飛行し、P・R・ウッドワード機長が駆るそのうちの1機は、オイルや残骸が漂い、25艘《そう》の筏《いかだ》が点在する海域に着水した。ウッドワードは約600人の漂流者が見えたと推定し、スカラマガス基地に漂流者の居場所を知らせた後、離水して哨戒を続けた。

0700時には、イギリス艦隊の全艦が旗艦『ウォースパイト』と会同した。0703時、司令長官は軽快部隊中将に宛てて、「傘の下に来い」と通信を送った。カニンガムは記している‥

3月29日の朝陽が昇り、我が巡洋艦と駆逐艦が戦闘艦隊に合流するのが見える。『ウォースパイト』が昨夜の混戦の中で味方駆逐艦1隻（注：『ハヴォック』のこと）を沈めてしまったのではないかと思っていたので、逸《はや》る思いでその数を数えた。言葉にならないほど安堵《あんど》したことには、12隻の駆逐艦全てが揃っていた。再び私の心は喜びで満たされた。

だが、被害を受けていたのは『ハヴォック』ではなく『ヘイスティ』だった。0733時、司令長官は

『ヘイスティ』に向かって通信を送った‥

貴艦は『ウォースパイト』から2度の斉射を受けたが、それは、貴艦に戦闘灯を点灯するよう「教えて差し上げる」ためだったのである。

『ヘイスティ』のティルウィット艦長は応えた‥

小官が思いますに、本艦は別の駆逐艦と誤認されているようであります。小官は、昨夜はずっとD2と行動を共にしており、小官の近傍に斉射弾は落ちておりません。

０８００時、夜戦があった海域を索敵するために針路を定めると、やがて救命筏や生存者の目撃情報が入って来た。０９５０時頃にその海域に到着すると、海面は重油で覆われていて、艦の残骸と共に、ボートや救命筏に乗った人々が水平線の彼方まで広く散らばっていた。たくさんの死体も浮いていた。その朝の天候は良好で、海面は凪《な》いでいた。敵の飛行機や潜水艦の攻撃を受ける危険性があるにもかかわらず、駆逐艦が救助作業を始めた。

１１００時頃には、そこよりずっと南で別の漂流者のグループが発見された。それは『アルフィエリ』と『カルドゥッチ』の生存者たちだった。１隻の駆逐艦が、『カルドゥッチ』のジノッキオ艦長が乗った筏から１００m余りのところまでごくゆっくりと接近し、漂流者を拾い上げ始めた。ロープが投げられ、漂流者たちがそれを掴《つか》むと、艦上に引っ張り上げられた。駆逐艦はいくつかの死体を集めたが、それらをロープで束ねるだけで、すぐに艦上に引き揚げようとしなかった。おそらく、あとでまとめて回収するつもりだったのだろう。すると突然、ドイツ空軍のJu88爆撃機2機が上空に現れて、駆逐艦に向けて爆撃と機銃掃射を始めた。ドイツ軍機の落とした爆弾により、『カルドゥッチ』の生存者が乗った2艘の筏が転覆して、駆逐艦から遠ざかってしまった。駆逐艦は、死体を束ねていたロープを切断し、救助活動を中止して去っていった。駆逐艦たちは、30日1730時にアレクサンドリアに到着し、捕虜となった生存者たちはエジプト国内の収容所に移送された。

カニンガム司令長官は、ドイツ軍機の不作法な妨害を受けて、やむなく慈善活動を終了し、艦隊全艦がアレクサンドリアに針路を定めた。『フォーミダブル』から、司令長官のメッセージを携えた飛行機が発艦してスダ湾に向かい、メッセージはそこから無線でマルタに伝えられた。その内容は、マルタからイタリア海軍参謀総長に向けて、暗号通信ではなく平文で遭難者の位置を伝えるよう指示したものだった。

バーナードの記述：

翌日の日中、視界に入って来る艦という艦が、「損傷無し、犠牲者無し」と報告して来た。その時、艦隊の全艦が完全に無傷で再集結できたことは、あのような騒乱の一夜の後としては、奇跡のように感じられた。夜戦の戦場になった海域を見渡して、生存者の乗った救命筏が両翼の護衛艦よりも遠い範囲まで広く散らばっていた光景は忘れられるものではない。駆逐艦が生存者の救出を始めると、すぐにドイツ機による空襲が始まって、艦隊は撤収しなければならなくなった。ＡＢＣは、その鉄のような装いの内に秘めた、騎士道的で人情味溢《あふ》れる心を再び表出して、（艦隊が十分に距離を取ってから）飛行機を飛ばして、イタリア海軍の参謀総長に、残してきた生存者の位置を伝える信号を発した。

29日1730時、イギリスの水上偵察機がマタパン岬の南西約90浬に生存者を乗せたボートを発見した

3月29日朝、カッタネオ戦隊の生存者を救助中の英駆逐艦。海面上に何艘かの救命筏が見える。ドイツ空軍Ju88爆撃機の来襲によって、救助活動は中断された。

ギリシャ駆逐艦『イドラ』。3月29日、7隻のギリシャ海軍駆逐艦が生存者を救助するために昨夜の戦場に駆け付け、合計139人の生存者を救出した。

と通報し、それを受けてギリシャ駆逐艦『イドラ』他6隻が派遣された。前日の日中、ギリシャ海軍は、出撃を命じる暗号を解読する際に、「命令 orders」という言葉を「油槽船 oilers」に取り違えるというミスを犯していたため、海戦に参加することができなかった。本来その信号は、「7隻のギリシャ海軍駆逐艦」は「ただちにコリントス運河を通って進出し、ケファロニア島とザンテ島（ザキントス島）の間で命令を待て」というものだったのだが、ギリシャ駆逐艦たちは来るはずのない油槽船を待ち惚《ぼう》けた。このミスのせいで、撤退していくイタリア艦隊を捕捉する任務の支援にこの部隊を使うという機会が、失われてしまった。

　昨夜の戦闘海域に到着したギリシャ駆逐艦は、天候が悪化していた中で救助活動を開始した。沈没当初、36人が乗り込んでいた『フューメ』の救命筏の1艘では、生存者は僅か8人になっていた。多くの者が負傷し、喉の渇きに苛《さいな》まれて亡くなっていた。その日の夜明けには、『フューメ』が穏やかな海面からゆっくりと浮かび上がって来るという集団幻覚を見たという。サンソネッティ中尉ら35人が乗った『アルフィエリ』の救命筏でも、生き残っていたのは8人だけだった。彼らはアテネで艦から下ろされた後、付近の収容所に送られたが、ギリシャが2ヶ月後に降伏したため、イタリアに戻された。ギリシャ駆逐艦は『ザラ』、『フューメ』、『アルフィエリ』

イギリス艦隊に救助され、捕虜となったカッタネオ戦隊の生存者たち。生き残ることができた喜びからか、笑みがこぼれている。

の生存者１３９人（１１０人説や１１１人説あり）を救出した。

カニンガム提督は、イタリア海軍参謀総長リッカルディ提督に生存者の位置を伝えて、高速病院船を派遣するよう提案したが、イタリアからの回答は、既に29日１７００時に病院船『グラディスカ』がタラントを発ったというものだった。ギリシャ海軍の司令長官が、さらに３隻の駆逐艦を送って生存者を救出することを提案したが、それらの駆逐艦の出現が『グラディスカ』に要らぬ誤解を生むかもしれないと考えて、カニンガム提督はこれを送らないよう依頼した。

『グラディスカ』は、30日１９２５時に北緯35度33分、西経20度55分で最初の残骸と海面に浮いた重油を目撃し、英軍から報告のあった海域に向かったものの、何も見つけることはできなかった。

31日００３０時、海軍最高司令部からイタリア機による救命筏の目撃位置を伝えられてそちらに移動し、１０３５時に救命胴衣を着けた２人の遺体を収容した。１９１６時には何艘かの筏を見つけたが、そこに生存者の姿はなかった。救命筏に装備されていた食料箱のうち、状態の良好なものが漂流者によって見つけられたこともあったが、そこに入っていた缶詰の肉は、疲れ果て、喉が渇き切っていた彼らには、とても食べられたものではなく、実際に口にした者はほとんどいなかった。ある者は極度の疲労で死亡し、また別の者は、仲間たちが必死に引き止めようとしたにもかかわらず、発狂して海に身を投げた。その日『グラディスカ』は、4人の生存者を乗せた『アルフィエリ』の筏を発見した。

4月1日の夜明け少し前、探照灯の光で捉えた2艘の救命筏の上に、必死に振られている腕が垣間見えた。その筏は『フューメ』のものだった。『グラディスカ』は付近で他の救命筏も発見し、合わせて数十人を救出したが、それは今回の救難作業の中で最大のグループだった。1725時には、やはり救命筏に乗った『ザラ』の生存者8人を救助することができた。『グラディスカ』に助け上げられる時でさえ、漂流者たちが最初に叫んだ言葉は「イタリア万歳!」だったと言う。そして、それに続く言葉は、もちろん「水!」だった。3日以上も水を口にしていなかった彼らは、ひっきりなしに水を求めたが、寒さに打ち震えてはいたものの、『グラディスカ』船上には感謝と笑いが溢れた。その日、『グラディスカ』は『フューメ』の16艘の救命筏から合計106人を救出し、もう1艘の『アルフィエリ』の筏からは8人を救出した。

一方ドイツ空軍第10航空軍団では、30日の午後遅く、

イタリアの高速病院船『グラディスカ』と生存者を乗せた救命筏。『グラディスカ』は30日夜に海戦の現場に到着し、4月5日まで留まって161人の生存者を収容した。

救難飛行隊のカントZ.506水上機。(USMM)

戦闘海域に派遣されたドイツ軍機から、何も発見することができなかったという報告を受け取った。夕刻、イタリア海軍最高司令部は『グラディスカ』の周囲にいる遭難者を捜索するため、翌日の第10航空軍団による支援を要請した。31日の夜にも同様の要請が行われたが、4月1日に利用できるドイツ軍機はないとの回答が得られただけだった。

そこで、シチリアに所在するイタリア空軍第612救難飛行隊のZ506水上偵察機を派遣することになった。4月1日1210時にシラクサから飛び立った同機は『グラディスカ』を発見し、同船を中心に半径12浬の範囲を捜索したが、空の救命艇10艘(うち3艘は半分沈んでいた)と広範囲に海面を覆った重油を発見したのみだった。

4月2日、『グラディスカ』は海軍最高司令部に対して、その日も捜索海域に留まる旨を伝え、水上機の支援を要請した。1315時にZ506が再びシチリア島から飛び立ったが、海面に浮かぶ残骸と30人ほどの死体を発見しただけで、1915時にシラクサに帰還した。その日の午後、『カルドゥッチ』の生存者が乗った複数の筏が、ようやく『グラディスカ』に拾われたが、4日間にわたる漂流生活の中で喉の渇きに耐えられなくなったり、極度の疲労によって死亡した者や、自ら海に身を投げた者も多く、『カルドゥッチ』のジノッキオ艦長が乗った筏では、当初34人いた生存者が7人にまで減っていた。

『グラディスカ』は4月5日までその海域に留まって、合計161人を救助した。何百もの遺体が発見されたが、回収されたのは7体だけで、それ以外はそのまま海上に打ち捨てられ、従軍司祭が船上から赦免を与えた。何日も飲まず食わずで過ごした漂流者たちは、いきなり大量の食物を摂取することができず、最初に与えられた食事は、コニャックを1滴垂らした砂糖水やフルーツジュースあるいはコーヒーだった。

『グラディスカ』は7日の0830時にメッシーナに帰還し、生存者たちは1500時に下船することができた。海上から助け上げられた161人のうち『フューメ』の1人が航行中に死亡し、55人が入院することになった。沈没した5隻には、合わせて36444人が乗り組んでいたが、そのうち2303人が戦死したとされる（付録8参照）。

第27章　イギリス艦隊の帰還

３月29日の夜明けとともに、ドイツ第１戦略偵察飛行隊の偵察機が、イギリス艦隊の索敵に飛び立っていた。１１０５時に北緯34度35分、東経21度45分でこれを発見した２機のJu88爆撃機は、生存者の救助に当たっていた駆逐艦に爆撃と機銃掃射を始めた。１機は、『フォーミダブル』第８０３飛行隊に所属する３機のフルマー戦闘機に迎撃されて被弾し、撤退を余儀なくされたが、もう１機はその後４時間にわたって接触を続けた。同機は空母艦載機に迎撃されて片肺で帰還することになったものの、その前に、爆撃機の編隊をイギリス艦隊上空に導くことに成功した。

アレクサンドリアに戻る航程で、『フォーミダブル』は戦闘機による「傘」を艦隊の上に展開し続けた。１５１１時、突然警報が鳴った。レーダー・スクリーンには、接近して来る敵機の大編隊が映っていた。それは１３０５時にカターニアを離陸した第30爆撃航空団第Ⅲ飛行隊の18機のJu88爆撃機のうち、エンジン・トラブルで引き返した２機を除く16機であり、１３３０時に北緯35度55分、東経22度10分、クリオ岬の南西１００浬でイギリス艦隊を捕捉して追跡していた。

カニンガム提督への最初の報告は、距離75浬で北西から高速で接近して来る大編隊だった。空母が風上に艦首を向けている時間はなかった。３機のフルマーが艦首の発艦位置に向かったが、今すぐ発艦しても攻撃が開始される前に十分な高度を稼ぐには遅過ぎた。既に空中にあった戦闘機部隊が、遠い位置にいる２機の敵機の迎撃に送られていたが、それは本隊から注意を逸らすための囮《おとり》に過ぎなかったことが、この時点では明らかになっていた。艦隊は戦闘配置に就き、全艦は『フォーミダブル』の上に対空弾幕を張る準備を成すよう命じられた。

20分余りが経過して、敵編隊がいよいよ接近して来ると、艦隊の全砲門が対空弾幕を張り始めた。各艦は全速で疾走した。空は、白や茶色の小さな煙の塊に満たされ、ぎざぎざになった鉄の破片が、辺り一面の海上に降り注いだ。

ドイツ機の攻撃は僅かな時間で終わった。『フォーミダブル』にはきわどい至近弾が4発あったものの、被害はなかった。なお、ドイツ機は第10航空軍団司令部から空母を主たる目標とするよう命令されていたが、この攻撃で1000ポンド爆弾3発が空母に命中したと誤認している。ドイツ側にも損失は無かったが、イギリス側では2機を撃墜したものと、こちらも戦果を誤っている。最初の6機の爆撃は驚くほど正確だったが、後続の編隊は『フォーミダブル』の戦闘機に襲われて、早々に爆弾を投下せざるを得なかった。

第1訓練航空団第Ⅱ飛行隊のJu88爆撃機3機と第26爆撃航空団第Ⅱ飛行隊のHe111爆撃機9機も、イギリス艦隊を攻撃しようと出撃していた。He111のうち6機は爆弾を搭載し、残る3機は雷装していたが、日が沈んで暗くなったため、追跡を断念した。

シチリア島のイタリア空軍もイギリス艦隊にダメージを与えんものと、第278飛行隊のSM79雷撃機4機を2機ずつに分けて離陸させ、さらに6機を待機させていた。最初の2機のSM79のみが、夜戦が行われた海域のすぐ西で3隻の駆逐艦を発見し、1630時に北緯32度30分、東経20度30分で攻撃を行った。しかしながら、雷撃機に狙われていることを察知した駆逐艦が速力を上げたため、照準が定まらずに攻撃は阻止された。

ドイツ空軍も、イタリア空軍も、帰還しつつあるイギリス艦隊にもっと大規模な攻撃を仕掛ける余力はあったのだが、イタリア海軍最高司令部から、タラントへと急ぐ自軍艦隊の護衛を要請されてそちらに注力していたため、攻撃に差し向けられた戦力はごく一部でしかなかった。

その日、それ以上の空襲はなかったが、1機のフルマー戦闘機のエンジンが空中で停止して、『フォーミダブル』の艦尾海面に墜落した。幸い搭乗員は数分のうちに何とか機体から抜け出して、続航していた駆逐艦『ヘイスティ』に救助された。搭乗員には、浅い切り傷以外に負傷はなかった。

翌30日の朝、『フォーミダブル』のフルマー戦闘機がイタリア空軍第92爆撃群のSM79を迎撃して、1機を撃墜した。午後には、潜水艦を探知し、護衛の駆逐艦がすぐに攻撃を加えた。バーナードの記述：

アレクサンドリアに向けてグレート・パスに近付いていた時、真正面に1隻の潜水艦を探知したとの報告があった。その付近は変針するだけの広さがなかったので、ABCは駆逐艦に「艦隊の前程を爆雷で掃討せよ」と命じ、様々なことがあった3日間の華々しい最後を飾った。

30日1730時、イギリス艦隊の大部分がアレクサンドリアに到着した。駆逐艦『ステュアート』、『グリフィン』、『ヒアワード』はピレウス港に行って、GA8船団の2隻の汽船を護衛するよう命じられた。この船団には後に軽巡洋艦『ボナヴェンチャー』が合流した。『ボナヴェンチャー』は、GA8船団の後方で護衛に就いていた31日0300時に、イタリア潜水艦『アンブラ』が発射した魚雷2本が命中して沈没した。23人の士官と125人の下士官・兵が命を落とし、310人が『ヒアワード』に救助された。

4月1日、国王ジョージ6世が地中海艦隊司令長官に送った「貴官の偉大なる勝利に対して、麾下《きか》の全将士に心よりの慶《よろこ》びを述べる」というメッセージは、艦隊全体に大きな歓喜と満足感をもたらした。

第28章　イタリア艦隊の帰還

29日０５００時、イアキーノ提督の下に駆逐艦『ジョベルティ』から通信が入った。

……から撤退、戦隊、駆逐隊諸艦から応答なし。再び敵を求めんとすれども航続距離の限界に達す。我、アウグスタに向け航行中。針路３００度、速力28ノット、位置４２５１-４方区。

何事かあったに違いないが、大したことではないと思われた。通信の中のやや感情的な言い振りから、カッタネオの戦隊が何がしか苦しい経験をしたとは思われたものの、イアキーノには、『ジョベルティ』と同様に他の艦も無事に逃れられたことを望む以外、できることはなかった。『ヴィットリオ・ヴェネト』は、第３戦隊およびその随伴駆逐隊と共にタラントに向けて航行を続けた。０６００時、５機のJu88がシチリア島からやって来て、艦隊の前程に就いた。

傷付いた『ヴィットリオ・ヴェネト』を護衛するために、ブリンディジに向かっていた第８戦隊が呼び戻された。第６駆逐隊の『ペッサーニョ』は主缶の不具合が生じてそのまま基地に戻されたものの、それ以外の艦は、０８００時にコロンナ岬から方位１３９度、距離60浬の位置で戦艦と会同した。その海域には、水雷艇『カノーポ』と『カシオペア』が増援に派遣された。外洋曳船《えいせん》『テゼオ』も出港していたが、司令長官から不要だとの通信を受けて引き返した。最高司令部からは、０５３０時に第７（巡洋艦）戦隊もブリンディジを出港する用意があると連絡があったが、イアキーノは第10駆逐隊の４隻が到来したことで満足した。この駆逐艦たちは、当初はカッタネオ提督の下に向かう予定だったが、最高司令部からの別命を受けて、『ヴィットリオ・ヴェネト』周辺の対潜・対空警戒を強化するために、第８戦隊の左翼の位置に就いた。０９４０時には第10駆逐隊の駆逐艦『リベッチオ』と『マエストラーレ』を『オリアーニ』の救援に向かわせた。

一方イタリア空軍は、麾下《きか》の第４航空艦隊（注：航空艦隊 squadra aerea と称するが、航空機で構成された空軍の部隊である）に対して、０７００時以降に可能な限り多くの戦闘機で『ヴィットリオ・ヴェネト』を護衛するよう命じ、またドイツ空軍第10航空軍団司令部と連絡を取って、ドイツ軍機によるイタリア艦隊の護衛に関する合意を取り付けた。

命令を受けて、イタリア南東部にあるプーリアの飛行場を離陸したイタリア空軍第１５３戦闘群のマッキＭＣ２００戦闘機が、０８００時に艦隊上空に到達した。イオニア海には低い雲が垂れ込めていたため、低空での飛行を余儀なくされたが、以降は３機が15分ずつ交代しながら、上空の哨戒に当たった。イタリア空軍からは、この日０６４５時から１８２０時までの間に、第４航空艦隊の合計80機が投入された。内訳はタラント近郊のグロッターリエから第47爆撃航空団のＺ１００７ｂｉｓ爆撃機21機、ブリンディジから第50爆撃群のＺ１００７ｂｉｓ爆撃機６機、第１５３戦闘群のＭＣ２００戦闘機53機である。

ドイツ第10航空軍団からは、第１訓練航空団第Ⅱ飛行隊のJu88爆撃機11機、第26駆逐航空団第Ⅲ飛行隊のBf１１０戦闘機10機、第３夜間戦闘航空団第１中隊のBf１１０戦闘機８機、第26戦闘航空団第７中隊のメッサーシュミットBf１０９戦闘機10機の合計39機が、イタリア艦隊の護衛に就いた。Ju88のうち１機に故障が発生してタラント湾で行方不明になったが、乗組員３人は、ブリンディジを離陸したイタリアの第35水上爆撃航空団に所属するＺ５０６水上機に救助された。

イタリア艦隊の上空に展開した伊独両空軍による護衛は、実に大規模なものだったが、戦い終えて帰ってきた艦隊の乗組員たちは、自分たちの周りを飛び交うこれらの飛行機を眺めながら、これが１日早ければと思わずにはいられなかったことだろう。しかしながら、大量の上空援護を実施できるのは、本土に近いからこそなのである。

なお第4航空艦隊は、ケファロニア島の西24浬で目撃された3隻のギリシャ駆逐艦に対して、第35爆撃航空団のZ1007bis爆撃機8機と第97独立急降下爆撃群のJu87急降下爆撃機12機を攻撃に向かわせたが、目標を発見するには至らなかった。

第26爆撃航空団第Ⅱ飛行隊の9機のHe111爆撃機は、マルタ島ハル・ファー飛行場の爆撃に向かい、28日深夜から29日0024時にかけて、12発の照明ロケット弾を放ちながら、500kg爆弾7発と50kg爆弾124発を投下していた。

イアキーノが率いるイタリア艦隊の航海は平穏無事なもので、何も起こることなく29日1530時にタラントに帰着した。『ヴィットリオ・ヴェネト』はすぐに曳船に取り囲まれ、マール・グランデにある専用の対潜魚雷網の囲いの中にゆっくりと導かれていった。船体がやや左に傾き、同じ側の2基の主機が故障していたため、曳船による移動はかなり難儀な仕事になったが、やがて定められた位置に停泊した。4月1日、艦尾が下がった戦艦のトリムを水平にするために、巨大な円筒形のタンクが2本、艦首に横向きに並べて置かれ、『ヴィットリオ・ヴェネト』は静々と運河を通過して乾ドックに入って行った。

4月1日、イタリアの公報では、海戦の結果が次のように伝えられた（傍点筆者）：

28日夜から29日にかけて地中海中部で生起せし激しき戦闘にて、我が方は中型巡洋艦3隻と駆逐艦2隻を喪失せり。乗組員の多くを救出せり。未だ完全なる特定には至らざるも、敵に深刻なる損失を与えたるは確実なり。我が方の最大口径砲が英国の大型巡洋艦に命中し、これを撃沈せり。他2隻にも深刻な損傷を与えたり。

タラントに帰港した『ヴィットリオ・ヴェネト』。被雷による損傷で艦尾が下がった船体のトリムを保つために、2本の巨大なタンクが艦首に据え付けられた。

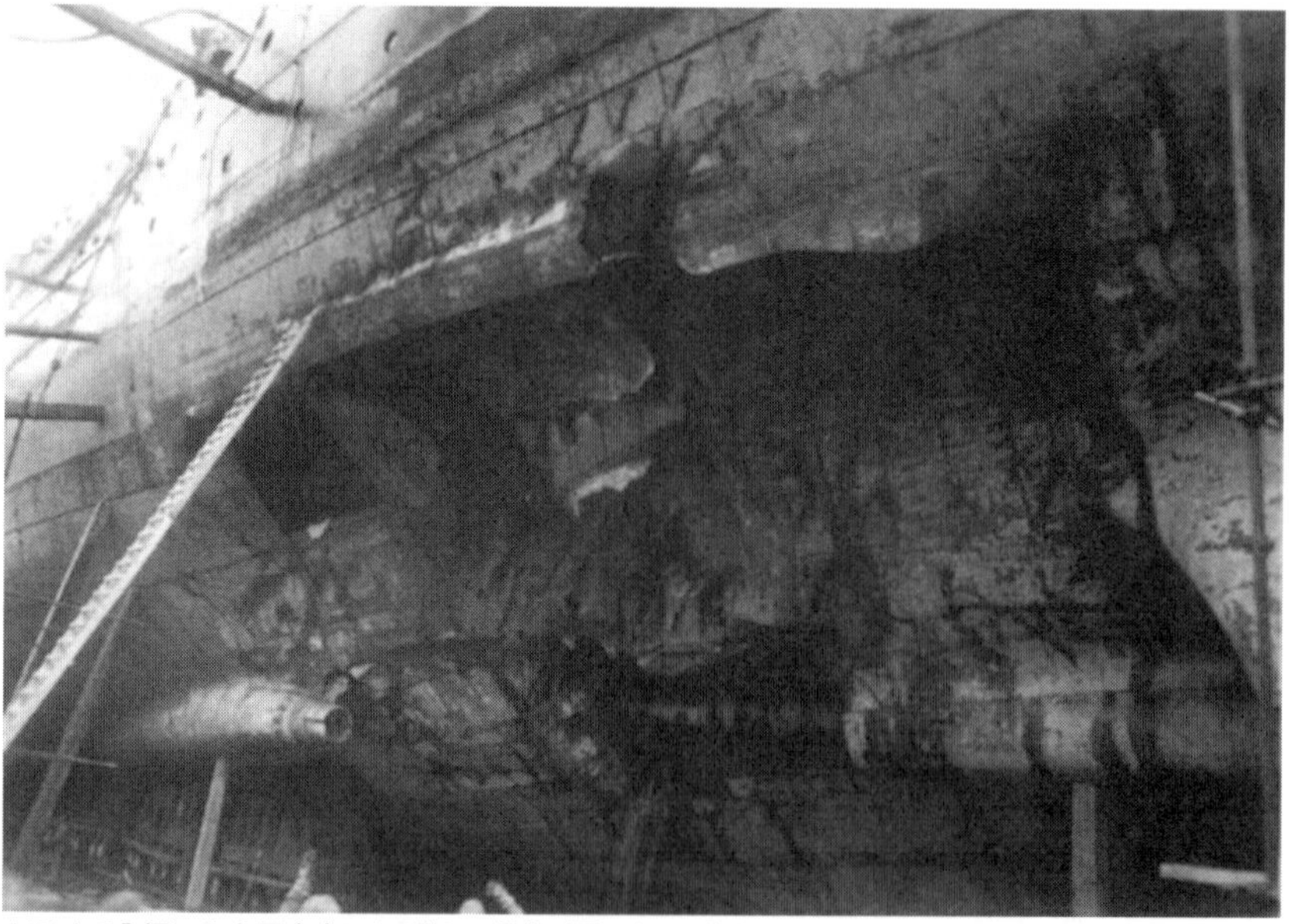

タラントで入渠して、魚雷命中による激しい損傷が露になった『ヴィットリオ・ヴェネト』の艦底。被雷した位置は、プリエーゼ式水中防御構造の外だった。

「大本営発表」は、いずこの国も同じである。

海戦の数日後、ローマに戻っていたイアキーノ提督は、ムッソリーニに呼び出された。司令長官は、既にこの時までに海軍最高司令部から、どちらかと言えば冷淡な反応を受けていたため、独裁者の態度にも期待していなかった。

海軍参謀総長リッカルディ提督と共にヴェネツィア宮殿に着くと、イアキーノは室外で待つように言われ、リッカルディだけがドゥーチェの執務室に招じ入れられた。待機の時間が長くなるにつれ、イアキーノの緊張はだんだんと高まっていった。

だが、ついに執事が、ムッソリーニの執務室として有名な「世界地図の間」の扉を開き、イアキーノをその中へと導き入れた。それは広大な書斎で、ムッソリーニはその最も奥にデスクを置いていたため、訪問者はその部屋を端から端まで歩いて行かなければならなかった。その配置はドゥーチェの意図によるものであり、訪問者を歩かせることで、自分が精神的優位に立てると信じているのだった。どうやらその考えは当を得たものだったようで、この部屋を訪れた多くの人々が、長く歩かされたことで恐怖を感じたと告白している。

イアキーノ提督はこれまでに二度、この部屋にムッソリーニを訪ねたことがあったが、彼はそこを歩くことを楽しいとすら感じていたので、二度とも恐れを感じるには程遠かった。今回もその点については同様で、彼は臆することなくドゥーチェの近くに歩み寄った。ムッソリーニは平服を着ており、デスクの右側には陸軍参謀次長のアルフレード・グッツォーニ将軍が立ち、リッカルディ提督は左側の窓の下で直立不動の姿勢を取っていた。

司令長官は敬礼し、ムッソリーニが話し始めるのを待った。そうしながら、ドゥーチェが厳しくもなければ険しくもない表情で自分を見つめているのに気が付いて、いくらか気が楽になった。それどころかドゥーチェの眼差しは慈悲深く、彼を励ましているかのようであり、まるで彼を安心させることに最も関心があるかのようにさえ見えたのである。

少し間をおいてから、おもむろにドゥーチェが話し始めた。静かで、むしろ愛想よく、作戦中に何が起こったかを話してほしいと求めた。イアキーノが率直に心の内にある全てを話す機会を与えるために、ドゥーチェがこの場を設けたのだと感じられた。

ムッソリーニが既に詳細を知らされているのは明らかだったので、イアキーノは、この面会で詳しい説明をする準備をして来ていなかった。それに加えて、ムッソリーニの時間を浪費するのを避けるために、イアキーノの報告は至極簡潔なものになった。そのため、一時的にではあるにせよイギリス軍を窮地に陥らせることができた軽快部隊中将との日中の戦闘のような、イタリア艦隊にとって好ましい海戦の側面について強調するのを忘れてしまい、後で悔やむことになった。

夜戦について語る際には、『ポーラ』支援のために第1戦隊に戻るよう命令したと述べた。そこでムッソリーニが初めて遮った：「駆逐艦2隻では十分ではないと思ったのかね?」。

この点については、イアキーノが呼び入れられる前に、既にムッソリーニがリッカルディ提督と議論していたのは明らかであり、おそらくリッカルディはムッソリーニに、司令長官のこの件に関する見解を話していたに違いない。イアキーノはその話を繰り返した。2隻の駆逐艦だけでは『ポーラ』を沈めること以外何もできず、それでは救助のために自身が成すべきだと考えたことを諦めることになっただろうと簡潔に答えた。

ムッソリーニは完全に納得したようには見えず、まだ何か言いたそうだったが、気を変えたようだった。そしてデスクの向こうを行きつ戻りつしながら喋《しゃべ》り始めた：「司令長官は、政治的な理由で何よりも必要とされた重要な作戦を遂行した。一方、イギリスが自分たちの領海だと思っている東地中海においてイタリア軍が行動しているという事実が、我が軍の士気に与える影響が大きいということは明白である」。

そこで少し間が空き、やがて三人の将官に向き直ったドゥーチェは、仁王立ちになって続けた：「作戦は、我が軍にとって好ましい状況で始まり、もし必要欠くべからざる空からの支援がありさえすれば、好ましい結果が招来されるはずであった。貴官は作戦の間中ずっと、1機のイタリア機もドイツ機も上空に見ることがなかった。貴官が貴官自身の周りで目にした飛行機は全て敵機であり、奴らは貴官を付け回し、攻め立てたのだ。貴官の配下の艦たちは、遠目が利き、優れた武器を手にした数多くの敵に突然襲われた盲目の巨人のようだった」。

ムッソリーニは、また部屋の中を往復し、やがて立ち止まると、爛々《らんらん》とした目でイアキーノを見据えた。

「これは深刻な事態であり、解決に最も急を要する問題である。だが、この状況を長引かせてはいけない。必要な航空偵察と、そして何を措《お》いても必要とされる戦闘機による護衛なしに、敵に支配された海域で海軍作戦を実施することは考えられない」。

ドゥーチェが喋っている間、イアキーノはその内容に興味を募らせていきながらも、少々呆気《あっけ》にとられて聞き入っていた。と言うのも、ムッソリーニの言葉は、まさしく司令長官自身や、彼と考えを共にする人々が長らく主張してきたことそのものであり、彼らの考えは反対論者たちに激しく論難されてきたのだ。もちろん、その中にはドゥーチェ自身も含まれていた。

少し声のトーンを上げてムッソリーニは続けた：「戦闘機は航続距離がごく限られているため、艦隊は自身の航空護衛を連れて行く必要がある。端的に言えば、海軍部隊は常に少なくとも1隻の空母を伴うことが必要である。課題は既に研究されている。私は、既に幕僚たちに、ただちに空母の建造を手配するよう命じており、間もなく、おそらく1年以内にはそれを手にすることができるものと確信している。

当面は、この目標に到るための努力を惜しむことなく、激しくかつ速やかに働くことが求められるだろう。その一方、艦と人の無益な損失を避けるために、艦隊の行動範囲は、友軍機が確実に支配する海域に、そして陸から来る戦闘機の航続圏内に限定する必要があるだろう。それは、確かに大きな後退だが、我が艦隊が地中海において再び自由を取り戻すために必要なものを遠からず手に入れられると確信して、今はそれを受け入れざるを得ない」。

ムッソリーニの演説は終わった。彼はテーブルの後ろで立ち止まり、まっすぐに司令長官の顔を見つめながら言った：「提督、艦に戻りなさい。貴官が早々に復讐《ふくしゅう》を果たしてくれることを期待しています」。

今回の海戦で、艦隊には空母が必要だというイアキーノの主張が正しかったことが証明された。イアキーノは、状況の変化に驚き、かつ喜びながらドゥーチェの下を辞したものの、ムッソリーニの計画が戦争に間に合うかどうかについては疑問を感じていた。

第29章　イギリス側の省察

カニンガム司令長官は艦隊全艦に向けて、勝利に貢献した全ての部署に賞賛を送る旨の通信を発した。しかしながら、『ヴィットリオ・ヴェネト』を取り逃がしたことについては失望感が広がっていて、それは他ならぬカニンガム自身が、強く感じていたことであった。彼は、以下のように簡潔に綴《つづ》った：

振り返ってみると、もっと上手くやれたかもしれない、いくつかのことに思い至る。しかしながら、夜間、敵を目前にして艦橋から作戦の指揮を執ることと、実際に何が起きたかを百も承知の上で落ち着いて振り返ってみることは、まるで別のことである。重大な決定を即座に下さなければならなかった。間近の海域を複数の部隊が高速で動き回り、激しい砲撃の轟音《ごうおん》がどよもしている中で、ものごとを明瞭に考えるのは容易なことではない。夜間の海上における戦闘ほど、実際に何が起きているかを認識しづらいものはない。

司令長官の煩悶《はんもん》はもちろん、「敵を沈めるために現に交戦中でない全部隊は北東に退却せよ」という、28日2312時に発した命令が、果たして賢明だったのか否かということについてだった。艦隊航海長のブラウンリグ大佐が起草したこの命令文は、カッタネオ戦隊に対する戦艦による砲撃の後に、第10駆逐艦戦隊の4隻の駆逐艦が実施しつつある掃討戦の混乱の中で、味方艦が誤って雷撃されることを避けるために発したものだった。

カニンガムたちは、命令文で用いた言葉が不適切だったために誤解が生じたのであり、もっと巧い表現をすればよかったと考えていたようである。

バーナードは、退却命令について、１９４７年に以下のように述べている‥

交戦中でない部隊を北東方向に退かせるという提督の意図を伝えるために、実際の信号で用いられた言葉の選択は、帰港の途にある艦隊内で大きな議論の的になったし、また間違いなく今後10年のうちには海軍大学で、実際の戦いを知らない者たちから批判の的になるだろう。私は、この件に関して語るべき言葉を持っていない。そのとき私は夜間双眼鏡を覗くのに忙しかったが、信号が発せられたことを聞かされた時、それは戦艦部隊周辺の混乱した海域をクリアにする意図を持ったものであるという印象を持った。部下の士官たちも含めて、ＶＡＬＦはそのとき敵主力と接触していて、そのまま追跡を継続するだろうし、片やD14の駆逐艦は夜襲を決行するものとばかり考えていた。

だが、そもそもこの命令自体が不要だったのではないだろうか。なぜなら、損傷した『ヴィットリオ・ヴェネト』を追っていたプライダム＝ウィッペル提督の軽快部隊と、マック大佐の駆逐艦戦隊は、そのまま追跡を続けるべきだったというのが司令長官の意図であり、あのときカッタネオ戦隊を沈めるために現に交戦中であった第10駆逐艦戦隊を除けば、残るのは3隻の戦艦と1隻の空母だけだが、これら4隻の大型艦は、命令を出す40分以上も前に北東に向けて転針し、一目散に北東に退いていて、混戦の現場からは十数浬も離れていたのである。彼らが勘違いしたように、２２３１時にイタリア駆逐艦が自分たちの方に変針したと思ったのだとしても、そのまま追い縋《すが》って来ていないことはレーダー情報から明らかだったろうし、いずれにしても4隻にできるのは、北東への針路を維持することだけである。つまり、４つに分かれたイギリス艦隊の各部隊が、命令を発した時点で既にそれぞれやるべき事をやっていて、改めて命令を出して何かそれまでとは別の行動を取らせる必要はどこにもなかったのである。

駆逐艦たちに自由に戦わせてやりたいという思いが強過ぎたがために、やらずもがなの命令を発してしまったのだろうが、その前にそもそもその必要がないことに気付くべきだったというのは、後知恵に過ぎないだろうか。

一方、マックによる追跡については、もし彼が前方からではなく、後方から『ヴィットリオ・ヴェネト』を攻撃することにしていたら、これを捕捉できる可能性はずっと高かっただろう。しかし、前方からだとしても、イアキーノが２０４８時に針路を変えてさえいなければ、それは達成できたかもしれない。それよりも、北側から敵を攻撃するというマックの判断に関してさらに重要なことは、『ヴィットリオ・ヴェネト』を視認するという任務を与えられた、プライダム＝ウィッペルの巡洋艦の動きを制約することになったという点である。

ＶＡＬＦの任務について、カニンガムはその報告書に記している‥

軽快部隊中将もまた難しい判断に直面した。日が暮れる頃、敵との接触を維持しようと、彼は巡洋艦を展開した。残照の最後の輝きが消えゆく中で、敵戦隊の一つが引き返して来ているようだったため、彼は自分の部隊を集結させざるを得なくなった。それは間違いなく正しい判断だったが、以降は常に巡洋艦を展開して索敵を再開したいと欲しながらも、D14が攻撃前に敵の北側に駆逐艦戦隊を導くと決定したことによって、少なからずその企図を阻害された。

司令長官の退却信号が発せられるちょうど半時間前の２２４２時に、プライダム＝ウィッペルの巡洋艦『オライオン』、『グロスター』と、マック麾下《きか》の駆逐艦『ヘイスティ』は、赤い発火信号を目撃していたが、それがますます彼らを失望させることになった。それは、『ザラ』と接触を試みていた『ヴィットリオ・ヴェネト』が発したものだったのである。

カニンガムは言う：

退却命令の意図は、駆逐艦が混乱しないように全艦が平行の針路をとって確実に退却できるようにすることにあり、巡洋艦と攻撃部隊が敵と接触しているという誤った推測の下で出したものだった。南西方向で激しい戦闘が観測されていたことが、これを信じ込ませる要因になった。残念なことに、巡洋艦は実際は交戦しておらず、軽快部隊中将は命令に従って北東に退却してしまった。彼はその30分前に北西方向の少し遠くに赤い発火信号を見ており、索敵のために部隊を散開させようとしているところだった。その信号は010度方向に見え、同時にD14はVALFの方角にそれを見て、味方の方位信号だと考え、その方向を索敵しなかった。その後の分析の結果、それは北西に撤退中の残りのイタリア艦隊が発したものであることに疑いの余地はほとんどないように思われる。私が退却のために選んだ方角は、艦隊を東に寄せ過ぎてしまっていた。もっと北寄りの針路にすべきであった。

2242時に赤い発火信号を見た直後の軽快部隊中将の行動について、作戦参謀のパワー中佐は以下のように述べた：

私は後年になった初めて聞いたのだが、この話の要諦は意思疎通の失敗にあり、VALFは『エイジャックス』の大量のレーダー報告を受信しておらず、彼自身、『ヴィットリオ・ヴェネト』の近くにいることに気付いていなかった。『ウォースパイト』艦上の我々が、目にしたことや受信した信号に基づいて、戦闘艦隊が北東に向けて離脱した直後に我が軍の駆逐艦がイタリア艦隊に突入したのだと、どれほどすっかり信じてしまっていたのかということは、その後の信号や報告を読んでも容易には理解できないだろう。

言うまでもなく、イギリス軍にとってこの海戦の最大の戦果は、イタリア海軍第1戦隊の重巡洋艦3隻と駆逐艦2隻を沈めたことだが、逆にそれらの犠牲によって、イタリア艦隊のさらなる被害が回避されたという見方もできる。イギリス戦闘艦隊は、ごく僅かな時間だけカッタネオ提督の戦隊に向けて猛烈な砲撃を放った後、北東に向けてすぐに回頭してしまい、そのあと適切とは言えない表現で伝えられた退却命令によって、イタリア艦隊主力に追い縋っていた2匹の猟犬が踵《きびす》を返すことになったのである。

イアキーノ提督は、もし僅かなタイミングの違いが生じて、第1戦隊が到着する前にイギリス艦隊が『ポーラ』を攻撃し、それによって第1戦隊が警戒することになっていたとしら、あのような惨事は起こらなかっただろうと記している。

最終的には、『ポーラ』との接触が、より大きな成功をイギリス軍が手にする機会を失わせることになった。駆逐艦による掃討戦の後半、動けなくなった『ポーラ』に注意を向けたために、『ヴィットリオ・ヴェネト』の撃破という最大の果実を手にすることができなくなってしまった。自らは1隻も失うことなく、敵の巡洋艦3隻と駆逐艦2隻を撃沈という一方的な勝利を収めながらも、戦艦というのは、逃してしまうには余りに大きな魚だった。

カニンガム司令長官は次のように総括した：

傷付いた『ヴィットリオ・ヴェネト』を逃してしまったため、海戦の結果は全面的に満足できるというものではなかった。夜の間に巡洋艦部隊と駆逐艦部隊が『ヴィットリオ・ヴェネト』の捕捉に失敗したのは不運であり、悔やまれてならない。とは言え、『ザラ』級巡洋艦３隻撃破という、かなりの成果を得ることができた。これらの高速で重武装、重装甲の艦たちが、それより兵装が劣る我が方の巡洋艦にとって常に脅威の的になっていたため、それをまとめて排除できたことには満足している。今回、敵に手厳しく対処したことが、その後のギリシャおよびクレタ島からの撤退で大いに役立ったということに疑いの余地はない。のちに行われたこれらの作戦の多くが、マタパン岬沖海戦の庇護《ひご》の下に実施できたのだと言えるかもしれない。

その一方で、彼は皮肉たっぷりに次のような言葉を残している（傍点部は原文では大文字）：

１９４０年と41年の地中海では、砲術に関する進歩は一切なかった。だが、よく知られたノアやスペイン無敵艦隊の古い戦訓が、多大な労苦と損失によって学びなおされることになった。最も注目すべき教訓は、敵艦隊と砲戦を行う際の地中海艦隊各艦にとっての適切な距離は、砲術士官が外したくても外せない至近距離（現時点では２０００ヤードそこそこ）であるということである。

片や、『ヴィットリオ・ヴェネト』と『ポーラ』に損傷を与え、海戦全体の帰趨《きすう》に決定的な影響を与えた航空部隊を率いたボイド艦隊航空隊少将は、その公式報告の中で次のように記している：

この海戦では、弾着観測を除くあらゆる種類の飛行任務が実施されたため、おそらく艦隊戦闘におけ

る海軍機運用の標準的な事例となるだろう。

クレタ島から飛来する艦隊航空隊とギリシャ本土からの英空軍の支援があったとは言え、『フォーミダブル』は僅か14機の雷撃・観測・偵察機、すなわち10機のアルバコアと4機のソードフィッシュと、フルマー戦闘機13機を搭載しているに過ぎなかった。それだけの機体で、艦隊護衛や対潜哨戒といった通常任務以外に、払暁索敵と、日中に行われた2回の攻撃に加えて薄暮攻撃を求められたのである。薄暮攻撃の後、疲弊した搭乗員たちは、月のない夜の空を2時間以上もかけて陸地に辿《たど》り着いたのだった。一握りの人員でこれをこなさなければならなかったうえ、肉体的な負担を別にしても、そもそも彼らはこの種の任務に必須とされる経験にも乏しかった。識別の誤り、重要な位置情報の欠落、航法計算の誤差といった数《あま》多《た》の事柄が、司令長官の状況判断を阻害する要因になった。

ボイド少将は、またこうも記している：

唯一の確実な命中は『ポーラ』に対する魚雷1本だけである。これによって夜戦が生起し、『ザラ』と『フューメ』を撃破したとは言え、10機による航空攻撃の確かな成果が1発だけということには失望させられる。

これは第三次の薄暮攻撃についての言葉であり、第二次攻撃で、ダリエル＝ステッド少佐が操縦するアルバコアが投下した魚雷が『ヴィットリオ・ヴェネト』に命中し、その速力を低下させたという事実を忘れてはならない。

かくも大きな勝利を挙げたにもかかわらず、カニンガム司令長官もボイド艦隊航空隊司令官も、今回の戦いぶりに対する評価は厳しいものだったが、勝って兜《かぶと》の緒を締めるその姿勢にこそ、イギリス海軍の強さの秘訣《ひけつ》があったのだと言えるだろう。

ここで、カニンガム提督が夜間の成功を手にすることを可能にした主な要因を列挙すると、それは次に示す4つになるだろう。

（1）イタリア軍の作戦準備について警告し、その実行日と目的を明らかにした「ウルトラ」情報

（2）『ヴィットリオ・ヴェネト』の速力を低下させ、『ポーラ』を行動不能にした空母『フォーミダブル』の雷撃機

（3）暗夜に損傷した『ポーラ』とカッタネオ戦隊を発見したレーダー

（4）イギリス海軍が長年にわたって研鑽《けんさん》を積んできた大口径砲による夜間砲撃

これらのうち、「ウルトラ」情報に関しては、戦争が終わってからも長期間にわたって厳重に秘密が守られ、枢軸国側にはそれに関するニュースも、疑惑すらも存在しなかった。

4月2日のドイツ海軍司令部の戦時日誌には、次のように記されている：

英国情報筋からのニュースによると、失敗に終わった3月28日から29日の海上交通に対するイタリア軍の作戦は、その対策を講じるのに十分な時間を確保するために、イギリス軍に事前に知らされていたに違いない。作戦は48時間延期され、秘密保持に関するイタリア軍の規律の欠如を鑑みるに、作戦計画が漏洩《ろうえい》していた可能性が極めて高い。

秘密保持ができていなかったというこの疑惑は、イタリア国内にも存在しており、マタパン岬沖の惨事は、長年にわたってイタリアの諸港を監視下に置いているイギリスの工作員によって伝えられた情報によるものだと考えられていた。中でも『ヴィットリオ・ヴェネト』が、ナポリで3月23日から26日まで停泊していたという事実が、大きな意味を持つと考えられた。

しかし今日では、イタリア海軍の動きに関する情報が、それがかなり概括的な内容であったとは言え、「ウルトラ」情報を通じてカニンガム提督に届けられたことが知られている。これは戦前から専門の機関を設けて、長きにわたって研究を続けてきた成果であるに他ならない。

イギリス海軍は世界で最も早期に航空母艦を開発した国であり、レーダーに関しても、連合国側の技術の進歩が枢軸国側に大きく先んじていたのは周知の事実である。夜間戦闘についても、イギリス海軍は消炎装薬の大口径砲への適用だけでなく、虹彩《こうさい》シャッターとエヴァーシェッド方位指示器という技術的改良を成し遂げ、不断の努力を続けて夜間の戦術や手段を進化させ、訓練を積み重ねていた。

この海戦の後、イタリア水上艦隊がマタパン岬より東に進出することは二度となかった。ギリシャおよび北アフリカ作戦の間に、イタリア海軍の水上部隊から大規模な妨害を受けるような事態はついぞ起こらず、イギリスは国家の死命の鍵を握るスエズ運河を維持することができたのである。その後、航空攻撃、潜水艦、機雷、人間魚雷や小型潜航艇等によって、東地中海のイギリス艦隊がその勢力を減殺され、リビア沿岸のロンメル将軍に対する補給が妨げられることなく届けられた時期もあったとは言え、マタパン岬沖海戦の2年余り後には北アフリカから敵が駆逐され、東地中海における海上輸送路に対する全ての危険が取り除かれた。

カニンガム提督は、国王が自分にバス上級勲章を授ける意向だと聞いた時、本心からこう言ったとされる：「私は、ハリケーン戦闘機3個飛行隊を下賜くださることを希望します」と。彼は、ダドリー・パウンド卿《きょう》の後を継いで第一海軍卿および海軍参謀総長になった。またシスル勲章を授与されて、ハインドホープのカニンガム男爵として爵位を授けられ、のちにメリット勲章と子爵の地位をも与えられた。

第30章　イタリア側の省察

マタパン岬沖海戦は、事前の情報収集、各種の装備やその性能となって結実する科学技術や工業力、日頃の訓練、作戦計画と実際の運用など、いずれの点においてもイタリア側に勝ち目はなかった。イギリス海軍は、新しいアイディアを採り入れ、それが有効だと判断されれば受け入れる態勢が整っていたが、イタリア海軍は全般的に革新に対して懐疑的で、旧来の方法に固執する傾向があった。

ここでは、この海戦に対するイタリア側の反省やその後の対応、さらにドイツ側の評価について見ていくこととする。

イアキーノによる総括

イアキーノ提督は、4月21日に海軍最高司令部に提出した任務報告書で、今回の海戦を以下のように総括した：

1　計画された作戦は、敵の輸送船の往来が行われている海域に不意打ちで到達することが可能であった場合にのみ一定の成功を収めることができた。27日の午後にサンダーランドに目撃されたため、成功の可能性はほぼゼロになった。

しかし、たとえ成功の見込みがなかったとしても、少なくとも敵に最も近い海域において上空援護が十分に確保されてさえいれば、この作戦は我が方の部隊にとって大きな危険をもたらすことはなかったであろう。そのような援護がなかったため、損失が発生することは避けられなかった。28日の午後は、効果的な航空偵察が行われなかったため、敵の大部隊が接近することに気付くことができなかった。この重大な手抜かりと、敵が新しい技術的手段を保有していたことが相俟《あいま》って、夜戦における損害を想像以上に大きなものにした。

2　これら全ての事から、我が海軍は、援護と海上での偵察の両方のために航空機の適時の介入が確実に保証されている海域でのみ、作戦を遂行できるということになる。艦隊防空は、敵が雷撃機を出撃させて攻撃する可能性がある夕暮れ時に、特に必要であることが証明された。

3　我が方が装備していない無線遠隔測定装置（レーダー）のような機器を敵が使用することで、劣勢にある海軍にとって最も有利であるべきであり、また常にそう考えられてきた夜戦において、我が艦隊は決定的に劣勢に立たされる。

したがって将来的には、これまでよりもさらに、常に駆逐艦を前方警戒の位置に置いて、夜間の奇襲に警戒する必要がある。

4　『ヴィットリオ・ヴェネト』への暗号部門の配備は、敵通信の遅滞なき傍受・解読を可能としたため、極めて有用であった。今後も情報部門との協力を追求し、可能な限りそれを深めるべきである。

5　ドイツ第10航空軍団の協力は、主に連携の欠如のために、期待された結果をもたらさなかった。艦艇と航空機の協力が計画されるか、あるいはそれが可能な海域では、ドイツ軍機だけでなく、我が軍の航空機とも連携を促進するための演習が絶対に必要である。

6　乗組員の行動は、常の如く見事なものだった。本作戦の全ての出来事が模範的に遂行されたため、この作戦の完遂は、全将士の誇りの源泉であり、我が海軍の名誉とすべきものである。

28日午前の戦術行動、被雷した『ヴィットリオ・ヴェネト』の帰港、敵による深刻な脅威に晒《さら》された海域における400浬以上の航行、日没後の雷撃機による攻撃に対する即席の防御は、全ての階級と全ての配置の乗組員による全力の献身と同様、艦長たちの操艦能力、我々のチームの全般的な準備と効率性を示すエピソードである。

不運な夜間戦闘は、指揮官、士官、乗組員たちの犠牲と職務への献身を示す新たな素晴らしき1ページである。敵に圧倒されはしたものの、打ち負かされたのではなく、斃《たお》れた我が戦友たちは、イタリア海軍水兵の極めて高い士気をを改めて確認し、必ずや実を結ぶであろう素晴らしい模範を皆人に示し、純粋な英雄主義という我が海軍の伝統を、より強固なものにすることに大いに貢献するであろう。

それゆえ、クレタ島沖での作戦に参加した者たちは、手痛い損害を被ったにもかかわらず、誰一人として意気消沈したり落ち込んだりせず、敗北を感じていないのである。

誰もが、能《あた》う限り自らの義務を果たし、自らが置かれた困難な状況で最善を尽くしたという確信を持っている。誰もが将来の、そして最終的な勝利を心から信じている。

軍事技術

今回の海戦が、特に夜間において完全な負け戦になった要因のうち、軍事技術的な側面に関しては、概ね前章の後半（1）〜（4）に記したイギリス側の勝因の裏返しになるが、そうなってしまった責任の所在は、必ずしもひとりイタリア海軍だけにあったわけではない。

（1）イギリス海軍はイタリア海軍のエニグマ暗号を解読していたが、解読に至ったきっかけの一つは、暗号通信員の凡ミスあるいは怠慢によるものだった。なお、イタリア側でも海戦中に敵の暗号通信を傍受し、その全てではないにしても解読することができていた。

（2）イタリア海軍が空母を保有しなかったのは、陸海空三軍間の力のバランスやムッソリーニの意向、あるいはそれほど広くない地中海では、陸上を基地とする航空機が、どこでも望むタイミングで艦隊上空に到達できるという誤った認識に基づくものだった。だが、航続可能な距離や時間の制限、あるいは通信の遅延等により、実際にそれが可能なのは、陸地からそう遠くない海域に限られていた。また伊・独両空軍とも、艦艇の識別は正確ではなかった。

（3）海戦当時、イタリア艦隊の艦艇でレーダーを装備した艦は1隻もなかったが、これには、同国科学技術の相対的な後進性もさることながら、少ない予算を、人間魚雷等を含めた特殊な隠密・奇襲作戦のための技術開発に奪われて、レーダーの開発に回す余裕がなかったという事情もあった。

（4）の大口径砲による夜間砲撃については、次の項の（Ⅲ）～（Ⅴ）で、作戦運用の観点と絡めて記すこととする。

これら以外で、技術的な面におけるイタリア側の欠点は、第11章および付録4に記した広過ぎる散布界の問題である。この戦いの中で唯一、僅かながらでも勝敗の天秤《てんびん》をイタリア側に傾け得るチャンスがあったとすれば、それはガウド島沖の砲戦においてだった。巡洋艦同士の砲戦となった第1フェーズに関しては、巡洋艦の長距離射撃が当たらないのは、どこの国でも似たり寄ったりなのだが、他ならぬイタリア艦隊の最高戦力『ヴィットリオ・ヴェネト』が砲撃した第2フェーズについて、プライダム＝ウィッペルの巡洋艦に対して何度も夾叉《きょうさ》を得た94発（実際に発射されたのは83発）の主砲弾のうち、1発でも命中して、相手を沈めるには至らないまでも、それなりの損害を与えていたとしたら、仮にその後の夜戦の結果が史実通りだったとしても、後世これほど一方的な敗北という評価にはならなかったかもしれない。

もちろん、仮に『ヴィットリオ・ヴェネト』の砲撃が英巡洋艦に命中したとしても、それによってその後の両軍各艦、各部隊の動きが変化した結果、逆に『ヴィットリオ・ヴェネト』が沈められるという結末に到る可能性もあるわけであり、軽々に「たられば」を論じることができないのは言うまでもない。

作戦運用

技術的な問題とは別に、イタリア側の作戦運用という観点で考えると、この海戦における重大なポイントとして、以下の（Ⅰ）～（Ⅴ）に示す5つを挙げることができるだろう。

（Ⅰ）サンダーランド偵察機に発見された後も作戦を継続したこと

3月27日の午後、第3戦隊が英空軍第230飛行隊のサンダーランド偵察機によって発見された時、奇襲が失敗に終わったことは明らかであり、この作戦を成功に導くための最も大きな要因が失われた。だが、翌日には無線方向探知によってクレタ島の南にいると信じられたイギリスの巡洋艦戦隊と交戦することを期待して、その結果として生じるリスクには目を瞑《つぶ》り、エーゲ海に向かう予定だった第1・第8戦隊をクレタ島の南に向かう『ヴィットリオ・ヴェネト』と合流させて、作戦が継続された。この時点で作戦目標が輸送船から敵艦隊に変更されたことは明らかであり、そのために全戦力を集中した点はよかったが、イタリア艦隊内でそれが徹底されていたようには見受けられない。

イタリア艦隊司令部は、イギリス戦艦と比較して自国の艦が速力の点で大いに有利であると考え、また敵の海陸航空戦力の危険性を軽く見ていたが、そもそもこの海戦の前まで、外洋において機動性の高い艦艇に対する航空攻撃は脅威とは見なされていなかった。しかしながら、空母『フォーミダブル』に搭載された低速な複葉雷撃機による攻撃は、爆撃機の攻撃と組み合わされた昼間の攻撃と、薄暮時の攻撃という両方の場面で、効果的であることが証明された。

(Ⅱ) 海空協力不足

イアキーノ提督は、伊・独両空軍司令部に対して、戦闘機による護衛とイギリス戦艦の動きに関する正確な情報を提供しなかったとして厳しく非難した。出撃前に航空支援体制の徹底を再三にわたって求めたにもかかわらず、その計画は戦術的状況の様々な変化に対応できる柔軟性には欠けていて、彼が自由に使えるのは、各艦の艦載偵察機だけだった。イタリア艦隊に対する航空支援によって得られた成果は、確かに物足りないものだったが、これは作戦に参加した現地の伊・独両空軍司令部や、実際に作戦に従事した各機のミスもさることながら、作戦指示を出す側の対応の拙さによるものが大きかったと言えるだろう。

3月28日の日中、イタリア艦隊はシチリア島を発したドイツ軍戦闘機がカバーした海域の東端付近、ロードス島とスカルパント島(カルパトス島)を拠点とするイタリア軍戦闘機がカバーした海域のほとんど外縁付近で活動していた。視界が悪かったにもかかわらず、これらの偵察機は午後の早い時間に、戦艦と空母を含む強力なイギリス艦隊の存在について警報を発していたのだが、その後の確認が取れなかったために、イアキーノ提督は情報の正確さを疑い、敵艦隊はもっと遠くにあるものと考えた。英戦艦と空母が海上に出ているという傍受通信に注意を払わず、イタリア艦隊を追撃するために英地中海艦隊の大部隊が出撃したという、航空偵察と海軍最高司令部から受領した貴重な報告も、重く受け止めてはいなかったのである。

その一方で、イアキーノ提督だけでなく、海軍最高司令部のリッカルディ参謀総長やカンピオーニ参謀次長らは、海戦の後でドイツ海軍司令部や伊・独両空軍に対して攻撃的な態度を見せた。ドイツ海軍司令部が圧力を掛けたせいでイタリア艦隊が災難に巻き込まれたと非難し、イタリア空軍も同様に、イギリス地中海艦隊が洋上に出ていることや、その編成に関する正確で時宜を得た情報を艦隊司令部に与えず、艦隊を無防備なまま敵に晒した主犯とされたが、これらの非難は必ずしも当を得たものとは言えない。

ドイツ側は、バルカン作戦が微妙だった当時、同盟国に対して攻勢的な態度を求めるという、至極真っ当な要望を出しただけなのである。なおドイツ側では、空軍による支援の不備は、あの夜の惨事を引き起こした主たる要因ではないと認識していて、この作戦は、成功裏に終結させる可能性が十分にあったと考えていた。

だが、イアキーノ提督やイタリア海軍最高司令部が、ドイツ海軍司令部の言い分を受け入れず、イタリア空軍に対しても厳しい非難を続けたために、戦後長らく論争が続くことになった。非難の矛先の一つは、エーゲ海の空軍偵察部隊に向けられており、同司令部は航空機を適切に使用せず、イタリア艦隊に近い海域にのみ偵察機を展開させたという主張がなされた。またイアキーノ提督は、ドイツ軍偵察機が『ヴィットリオ・ヴェネト』に最も近い敵部隊、つまりプライダム＝ウィッペル提督の巡洋艦に張り付いていたために、すぐ近くまで迫っていたイギリス戦闘艦隊を発見できなかったのだとしたが、これらの主張はやや的外れなようである。

なぜなら、28日の午後にはクレタ島周辺の様々な海域に敵艦が存在するとの報告が数多く寄せられていたため、ドイツ軍偵察機が軽快部隊中将の部隊だけに注意を向けていたとは考えられないからである。例えば、1機のJu88は、1600時に『ヴィットリオ・ヴェネト』から170浬以上離れて南南東に向かう駆逐艦を報告したが、このオーストラリア駆逐艦『ヴェンデッタ』は、ガウド島沖の戦いの後、機関故障のためにアレクサンドリアに帰投しているところだった。

ドイツ空軍偵察機は、第10航空軍団司令部が計画した通りの飛行パターンを忠実に実行し、一方イタリア空軍機の任務は、ローマにおけるイタリア海軍最高司令部との会議において事前に明確に規定されていた。イタリア空軍最高司令部とドイツ第10航空軍団司令部は、いかなる海域も未調査とならないよう、各部隊に特定の海域と飛行パターンを割り当てたが、仮にそれを変更したとすれば、密に索敵できる海域ができる一方で、必ず疎になる海域が生じるのであり、むしろ事前の計画を変更しないことが理に適っていると言える。そもそもエーゲ海空軍司令部が保有する偵察機の数はごく限られていたため、それを臨機応変に操って、計画外の運用を期待するのは無理というものだろう。

（Ⅲ）『ポーラ』救援に関する判断

イアキーノ提督は、２００５時に海軍最高司令部から受領した連絡にあった、『ヴィットリオ・ヴェネト』の僅か75浬後方に存在するという敵旗艦が、戦艦であるとは考えなかった。そのうえで、２隻の駆逐艦だけでは『ポーラ』を曳航《えいこう》することができず、また同艦を沈めるとしても、その是非は将官が判断すべきであり、駆逐艦２隻では乗組員の救助にも不足であるとして、カッタネオ戦隊全艦での救援を命じた。

一方カッタネオ提督は、第９駆逐隊の駆逐艦２隻だけを『ポーラ』支援のために派遣するよう、「別段の命令がない限り」という但し書き付きで艦隊司令部に要請したが、これは彼が（戦艦であると考えたかどうかは別にして）敵部隊の接近を確信していて、低速で曳航していれば、夜明けには捕捉されるのが確実であるため、駆逐艦の魚雷で『ポーラ』を沈めて、乗組員だけを救出しようと考えていたからである。カッタネオは暫《しばら》くの間、針路を変更することを躊躇《ためら》っていたものの、最終的にはイアキーノの最初の命令から40分以上後に、『ポーラ』に向けて麾下《きか》の全艦で踵《きびす》を返すことになったのだが、この間、司令長官の心変わりを待っていたのだとの証言もある。この遅延により、彼の戦隊が反転した時には、停止した『ポーラ』

28日午後にイアキーノ司令長官が受領した航空偵察および無線方向探知報告

受領時刻	目撃/探知時刻	位置	情報源	内容
1345	1230	北緯34度10分・東経24度15分	Ju88	イタリア艦隊を追跡するB部隊を目撃。
1425	1215	北緯34度10分・東経24度10分	SM.79	針路210°・速力18ノットの戦艦1・空母1・巡6・駆5を目撃。巡洋艦のうち2隻は戦艦の誤り。イアキーノが受領した通信報告では駆逐艦は5隻とされた。
1504	1315	トブルクから方位60°・110浬(『ヴェネト』の南東約170浬)	無線方向探知	クレタ島とアレクサンドリアに命令を伝える敵艦。
1505		北緯33度50分・東経25度15分(第3戦隊航路の南約40浬)*	Ju88	針路285°高速航行中の戦艦2・重巡1・駆8のイタリア艦隊を目撃。後に戦艦1・駆4に訂正。この報告は位置 and/or 艦隊構成の誤差が大きい。
1600	1500(1550)	北緯34度05分・東経25度04分	Ju88	針路300°高速航行中の戦艦1・重巡4・軽巡3・駆12を目撃。イアキーノの任務報告書には1550時目撃、1600時受領、針路30°と記載。海軍最高司令部の記録には1500時目撃、針路285°と記載。
1615	1515	北緯35度55分・東経23度15分	Ju88	針路270°でチェリゴット海峡を出る軽巡3を目撃。後に駆逐艦3に訂正。
	1600	北緯32度50分・東経25度15分	Ju88	針路120°を高速で航行する駆逐艦(機関故障によりアレクサンドリアに帰投する『ヴェンデッタ』)。
1945	1735	北緯34度10分・東経24度15分	SM.79	針路285°・速力8ノットの巡1・駆4に護衛された7隻の輸送船団を攻撃、巡洋艦に爆弾1発命中と認識。実際には英輸送船団は航行しておらず、英側に巡洋艦が被弾した記録はない。時刻が正しいとすると、位置誤差が大きすぎる。
2005	1745	クリオ岬から方位240°・40浬(『ヴェネト』の75浬後方)	無線方向探知	英旗艦がアレクサンドリアと交信。

*Mattesini作成図によると、経度は22度15分であったと考えられる。同図では針路は300°と記されている。

は既に25浬後方まで離れてしまっていた。そこから『ポーラ』の位置に到達するまでには1時間以上を要し、その間に敵戦艦がさらに接近することになった。

イアキーノ提督は、海軍最高司令部から十分な情報が届けられなかったと主張したが、それは事実とは言えないかもしれない。あの日の午後、『ヴィットリオ・ヴェネト』で受信された敵艦隊の動きに関する報告は、表に示すように、ささやかと言えるようなレベルのものではなかった。

少なくとも巡洋艦の1個戦隊と数隻の駆逐艦がイタリア艦隊に密着して追跡しているという証拠があったにもかかわらず、イアキーノ提督は差し迫った危険があるとは考えず、『ポーラ』の救援に駆逐艦2隻だけを送るというカッタネオ提督の要求を却下し、彼の指揮下にある全艦を反転させるという重大な決断を下した。

イアキーノ提督は、イギリス戦艦が近くにいる可能性を否定するという判断ミスを犯したものの、プライダム＝ウィッペル提督の軽快部隊との遭遇は考慮していたが、もし敵が襲撃して来るとしても、それは駆逐艦だけによるものであると考えていたため、重巡2隻と駆逐艦4隻を擁するカッタネオ戦隊にとっては、脅威ではないと考えた。それでも彼は用心深くも、「もし優勢な敵部隊と遭遇したら、『ポーラ』を見捨てよ」と命じて、カッタネオ提督に自律的な判断の余地を与えてはいる。ここで言う「優勢な敵部隊」とは、戦艦ではなく、あくまで4隻の軽巡洋艦を指すが、彼が想定していた敵の攻撃は、軽巡の主砲による砲撃ではなく、駆逐艦による雷撃、あるいはせいぜい小口径砲による砲撃であったし、その点についてはカッタネオ提督も同様だったろう。仮に、これらイアキーノが前提とした事柄が全て正しかったとするならば、カッタネオ戦隊全艦で救援に向かうという判断は、妥当なものだと考えられる。

では、あの夜カッタネオ戦隊と遭遇したのが、戦闘艦隊ではなく軽快部隊（こちらも『エイジャックス』が新式レーダーを搭載している）だったら、どうなっていただろう。確かに、軽巡洋艦の主砲である6インチ砲の破壊力は、戦艦の15インチ砲に比べて遥かに小さいものだが、こちらの存在に気付いていない相手を一方的に砲撃するという状況は同じであり、威力が小さくても数が多く（15インチ砲24門に対して6インチ砲36門。ただし戦艦は3隻合わせて片舷に6インチ砲10門、4・5インチ砲10門を指向できた）、発射速度も高い（スペック上は15インチ砲が毎分2発に対して6インチ砲は毎分6〜8発）軽巡主砲を雨霰《あめあられ》と浴びせかければ、イタリア重巡洋艦は上部構造物や船体の非装甲部を蜂の巣にされて、寸刻のうちに戦闘力を失ったことだろう。戦艦主砲に叩かれるのに比べれば、僅かながら反撃の暇《いとま》はあったかもしれない し、船体枢要部の装甲を抜かれさえしなければ沈むことはないだろうが、指揮命令系統を破壊されて浮かぶ鉄屑《てつくず》になってしまえば、あとは駆逐艦に加えて軽巡からも発射される魚雷に止めを刺され、沈没に至るという運命に変わりはなかっただろう。畢竟《ひっきょう》、イタリア人たちは自国の大口径砲が夜間には使えないという事実に縛られて、その限界が敵にも当てはまると考えた結果、あの夜の悲劇を招来したのだと言える。

なお、戦後のイタリア国内では、イギリス軍が夜間に大口径砲を使用するとは思っていなかった、またレーダーを保有しているとは思っていなかったというイアキーノの主張は、自己弁護のための方便だと見なす向きがあるようである。

さらに、英戦艦が1隻のみであるという報告が誤りであると疑って、3隻全ての戦艦が出撃している可能性に考え至るべきだったとして、イアキーノ提督を批判する論も存在する。確かに、遅くとも27日の時点でアレクサンドリア港内に3隻の戦艦の健在が確認されてはいるが、表に示したいずれの報告にも、海上に出ている英戦艦が3隻であるとしたものはない。よほど用心深ければ（あるいは悲観的であれば）、それまで全く索敵に引っ掛かっていない戦艦2隻を含む別働隊がいて、都合3隻の戦艦が背後に迫っていると想定するのかもしれないが、そこまで望むのは、それこそ後知恵、自ら戦場に立つことのない批評家の空論というものだろう。カニンガム提督がいみじくも言ったように、「敵を目前にして艦橋から作戦の指揮を執ることと、実際に何が起きたかを百も承知の上で落ち着いて振り返ってみることは、まるで別のこと」なのである。

(Ⅳ) カッタネオ戦隊における駆逐艦の位置

『ポーラ』救援に向かう際に駆逐隊を巡洋艦の後方に置いたことに関しては、のちにイタリア国内で多くの批判が生じ、これは駆逐艦を前方の夜間警戒位置に置くべしとする海軍の規則に違反するものだと主張された。１９４６年に設けられた『ザラ』喪失に関する特別調査委員会でも、駆逐隊を前方に配置するのが適当だったと判断されている。

しかしその後の研究では、当時はこの規則の例外規定が存在していて、夜間で視界が悪い場合には、駆逐艦は大型艦の後方を一列あるいは二列で航行しなければならないとされていたことが分かっている。実際あの夜は月がなく、特に東方に向けて雲が出ていて、極めて視界が悪かった。背の低い駆逐艦が『ポーラ』を見過ごす可能性があり、また万が一にも敵艦と遭遇した時に巡洋艦の（主砲ではなく副砲の）射界を遮る可能性があるという事実をも考慮し、カッタネオ提督は例外規定に従って、駆逐艦を後方に配置したのだと考えられる。海軍最高司令部も、第9駆逐隊が後方に占位したことについては、海戦後に何ら問題視していない。

前述の夜間航行規則では、大型艦で敵を発見した後、駆逐艦は水雷襲撃のために目標に向かって突撃するが、大型艦は駆逐艦による攻撃を妨げることのないように、ただちに反転して戦闘水域を離脱することとされていた。駆逐艦と違って、巡洋艦等の大型艦は夜間戦闘の訓練を受けておらず、主砲には消炎装薬も装備されていなかったのであり、最初に巡洋艦が餌食になってしまった原因は、規則そのものにあったと言える。海戦後イアキーノ提督は、駆逐艦を前方に配置しておくべきだったと主張したが、これは起こってしまった厄災に対する自らの責任を、少しでも軽くしようという意図が働いてのことなのかもしれない。なお、なんとも苦い偶然ではあるが、巡洋艦の主砲で消炎装薬を用いた最初の演習が、出撃前日の3月25日に『フューメ』で行われたばかりであり、その成果は艦と共に失われてしまった。

第1戦隊は不測の事態を考慮して、敵が到達する前に十分な余裕を持って『ポーラ』の位置に到達できるように、少しでも早いタイミングで反転したうえで、能う限りの高速で航行することが望ましかった。だがカッタネオ提督は、やはり夜間無照明時の航行規則に従い、また駆逐艦の燃料欠乏のために、速力を上げるようには命じなかった。

（V）夜の奇襲に対する反応

イアキーノ提督は、海戦から2ヶ月後の5月30日に海軍最高司令部に送った報告書の中で、マタパン岬

における一夜の大惨事は、敵の奇襲によってイタリア艦の反応が妨げられたためだったと述べている‥

夜戦は、我々の部隊にとっては奇襲だったが、敵は細部まで完璧に準備していた。この事実と、前衛駆逐艦がなかったことで、第1戦隊は敵の砲撃開始の時点で明らかな劣勢に立たされていた。

敵の砲弾は、それが何であるかを我が部隊が認識する前に艦内に到達した。大口径砲弾の爆発や、探照灯の点灯と大量の照明弾によって乗組員は茫然《ぼうぜん》自失となり、行動を起こそうとする本能が麻痺《まひ》させられた。最初の砲撃で受けた極めて大きな被害により、各種兵装と射撃指揮装置や照準器との間のリンクが破壊され、予《あらかじ》め装塡されていた砲さえも発射することができなくなった。破壊の局面があまりに唐突かつ激しいものであったため、どの艦もまともな反応を示すことができなかったのである。唯一『アルフィエリ』だけは、敵の攻撃で動けなくなった後に、確かに魚雷を発射した。艦を救おうと試みた時も、艦を放棄した瞬間さえも、そして最後に筏《いかだ》の上で物心両面の苦しみと闘った時も、被害を受けた艦に乗り組んでいた皆の態度は、いつもと同じように立派だった。

『ザラ』級巡洋艦の203㎜砲は（戦艦主砲も同様に）夜間射撃することは想定されておらず、そもそも当時のイタリア艦隊の規則には、戦艦や巡洋艦の主砲による夜間の砲戦実施に関する規程が存在しなかった。夜間には発砲時の火炎が照準手の目を眩《くら》ませて、正確な射撃ができなくなり、また発砲炎によって敵に自らの位置を晒すことになるため、消炎装薬は不可欠なのだが、大口径砲用の消炎装薬は用意されていなかったのである。『ザラ』、『フューメ』両艦で夜間に射撃準備がされていたのは、それぞれ6基の連装100㎜砲だけであり、両艦とも、これらの砲には敵戦艦に砲撃を受けたまさにその瞬間に、適切に人員が配置されていた。彼らは十分な数の弾薬も供給されていて、夜間の見張りは配置に就いており、実際『ポーラ』が停止していると考えられる位置に戦隊が近付いて行った時には、特別当直を維持していたことが知られている。だが『ウォースパイト』の最初の斉射が艦内の電気系統を破壊してしまったため、有効な反撃を行うことができなかった。

イタリア海軍は、大型艦同士の夜間戦闘は困難であると考えていた。彼らは、自身のように弱体な海軍にとって夜間戦闘が極めて重要であるという認識は持っていて、軽艦艇や特殊部隊を用いた敵の海上交通線や根拠地に対する夜間の攻勢作戦は積極的に推進していたものの、大型艦の砲戦は、それを実現するのに必要な装備が欠如していたために制限されていた。イタリア海軍の探照灯は旧式で、その不完全さゆえに夜戦の助けとなるよりむしろ厄介な代物と見なされており、彼らはそれを使用することを放棄していた。レーダーの開発に到る有望な研究はなく、夜間砲戦技術も創出されなかった。

海戦後イタリア海軍では、イアキーノ提督が中心となって、夜戦における欠点をどのように克服するかという問題に取り組み、駆逐艦を主力艦隊の前方に配置することや、戦艦主砲に至る大口径砲でも夜間砲撃に備え、夜戦では魚雷よりも艦砲を主として交戦する等、規則の大改訂を行った。しかしながら、探照灯を運用する技術の未熟さや、探照灯と連携して使用すべきであると彼らが考えたレーダーが無いということを理由に、その後も夜戦における探照灯の使用を禁止し続けた。レーダーの開発は最優先課題とされたが、実用に堪える機能・性能を有する装置の配備は遅れ、１９４３年9月に休戦が発効した時点でも、ごく一部の艦に国産あるいはドイツ製のレーダーが搭載されるにとどまった。

マタパン岬沖海戦の後、イタリア艦隊の中で、レーダーの助け無しに夜間は活動できないという考えが生じ、それは戦争中ずっと陸上および艦隊の指導部に付いて回った。大型の探照灯と優秀な光学機器の欠如に加え、訓練の不足により、イタリア艦隊は最後まで十分な夜間戦闘能力を獲得することはなかった。

もちろん、そのための努力は継続され、単艦では夜間戦闘に勝利した事例もあるし、1941年の秋頃には、イギリス海軍に対する戦技・戦術面の劣勢を概ね克服して、戦闘能力の差による不利の大部分を縮小することができたという希望的観測が、イタリア海軍内で大勢を占めつつあったものの、敵対するイギリス海軍は、優秀な装備に加えて豊富な経験や知見を有し、さらには連合国間の良好な協力関係も手伝って、イタリア側を上回るスピードで進化していたのだった。

ドイツ側の評価

マタパン岬沖海戦に敗れたのは、煎じ詰めれば、イタリアの科学技術や工業技術力、戦術、訓練における後進性のためだと言うことができる。だがイタリア軍はそれを脇に置いて、海戦の後にドイツ軍に対して激しい批判を浴びせかけた。自分たちの技術や訓練の進歩を同盟国に知らせなかったドイツ側に非があると言うのである。だがイタリア側も、MAS魚雷艇に関する技術をはじめとする秘密を漏らさないようにしていたことは、棚に上げていた。

ここで、ドイツ側が今回の海戦をどのように評価していたかを見てみよう。ドイツ海軍司令部が、この海戦について戦時日誌に残したコメントは、実に辛辣なものだった‥

クレタ島南方海上におけるイタリアの通商破壊作戦は、遺憾ながら完全な失敗に終わり、重大な損失がもたらされた。イギリス海軍(おそらく巡洋艦)との夜間戦闘で、巡洋艦『ザラ』、『ポーラ』、『フューメ』、駆逐艦2隻が撃沈された。これまでの態度を放棄して、以前とは対照的に戦争における攻勢的行動を決定した現イタリア海軍指導部は、深刻な打撃を受けた。作戦の失敗は、SKL(ドイツ海軍司令部)とローマの連絡要員からの要請と絶え間ない圧力に負うところが大きい。地中海の戦略的状況により、海上通商路に対するこの種の作戦の実施が早急に求められていた。今回の初めての攻勢作戦がこのような敗北につながったという事実は、戦術の実行力、艦隊および個々の艦艇の指揮能力、兵器の運用準備という点において、イタリア海軍が全く無能であったということに専《もっぱ》ら帰することができる。また、ローマの連絡要員の見解によると、イタリア軍の稚拙かつ時代遅れの戦術が、この作戦の不幸な結果の主たる要因である。イタリア海軍に作戦上の問題について助言を与える際に、海軍部隊の指揮、準備、実行に関するドイツ軍の基準を適用することは不可能である。イタリア海軍が全く無能であることを考慮すると、今後ＳＫＬは、より攻勢的な作戦実施の提案を放棄せざるを得ない。現時点では、参謀本部における連絡将校の交流を強化するといった適切な手段によって、イタリア海軍の戦術に我々の考え方を導入したり、（ドイツ海軍）士官の支援によって海上における戦術指揮に一定の影響を及ぼすことが可能であるか否かは疑問である。この問題を解決するには、イタリア人のメンタリティに対する極めて慎重な対応を要する。

一方、今回の作戦失敗は、イタリア海軍最高司令部にその遂行を推し進めさせた「ドイツ側の圧力に主に起因する」と認識したことによって、ドイツ海軍司令部は苦々しい反省を促されることになった。４月２日の報告書には次のように記されている：

今次作戦の経験から、イタリア軍乗組員の訓練が不足しており、イタリア艦艇の装備は不十分（例えばレーダーの欠如）であることが判明したため、イタリア海軍が攻勢的行動に出るよう圧力を掛けるのは得策ではないことが立証された。艦隊および個々のイタリア艦艇の戦術能力の状態は、明らかに最低限必要な条件を満たしていないため、十分に検証および評価することすらできない。

ドイツ側は、イタリア海軍の明らかな技術的・戦術的能力の不足に驚いており、ドイツ海軍のイタリア方面連絡参謀長であるヴァイホルト提督は、この問題について、自身の手記に次のように記している‥

ドイツ海軍司令部、そして私自身は、マタパンの戦いの時点までイタリア海軍の艦船が、レーダーやそれに類する機器を装備していないことを知らなかった。一方、イタリア側はドイツ海軍に対し、その件に関して問い合わせたり、それらの装置について彼らが実施している研究への支援を要請しなかった。これは、共同で戦争を遂行するその初期の段階において、枢軸国間の協力関係が貧弱であったことの証左である。そして、この事態に対しては、双方に等しく責任があると付け加えなければならない。

海戦の後で、レーダー元帥は再びヒトラー総統に対して、地中海にドイツ・イタリア統一司令部を設置するよう進言したが、総統の反応は従前通りだった。

その後

マタパン岬沖海戦の後、イタリア海軍の攻勢的な活動は一気に低調になったが、これは必ずしも彼我の戦力比が変化したことによるものではなかった。なぜなら、地中海の東西に所在するイギリスの二つの艦隊と比較して、イタリア海軍は3隻の重巡洋艦を失った後でも、依然として巡洋艦勢力において明らかな優位を維持していたからである。むしろ、それは士気の問題であり、陸上と艦上とを問わず、イタリア海軍内で戦術、技術、訓練の有効性に関して――特に夜戦について――自らがイギリス海軍より劣っているという劣等感や不安によって引き起こされたものだった。彼らの目には、この点に関してイギリス海軍との間に存在したギャップは、埋めがたいもののように映ったのである。

今次作戦によって海空協力の分野における大きな欠陥が容赦なく露呈されることになったが、それは主に、戦前には空母反対派が主流を占めていたことと技術的な後進性のために、航空母艦を建造できなかったことに起因する。

空母を獲得するまでの暫定的な措置として、海軍最高司令部は、名目上は陸海空三軍を監督する立場にあるイタリア軍最高司令部と合意の上で、戦闘機の行動範囲内に留まるために、艦隊の行動範囲は沿岸の空軍基地から１００浬以内に限定されるという規定を設けた。この制限は暫定的なものだったはずだが、それはイタリア海軍最高司令部によって戦争中ずっと有効とされ、イタリア艦隊は、その後の戦争中に生じた無数の有利な状況を活かすことができなかった。

大戦の末期、ヴァイホルト提督は次のように論評している‥


「敵空母の存在があらゆる海軍作戦を不可能にする」という根本的な確信がイタリア人たちの間に醸成され、「暗闇の中で作戦を行うことに対する真の恐怖」が定着し、最終的には「優勢なイギリス海軍に対する攻勢作戦を行うことへの深い嫌悪と頑《かたく》なな拒否」が生まれた。


イタリア軍が、適切なタイミングでイギリスの海上輸送を遮断し、敵の兵力増強を阻止してくれるというドイツ側の望みは潰《つい》えた。

海戦後、イタリア海軍は外洋客船『ローマ』を空母に改装して『アークィラ』と名付け、さらに姉妹船『アウグストゥス』も改装することにして『スパルヴィエロ』という名を与えた。だが、必要な物資の入手が困難だったため、作業は遅々として進まなかった。

ムッソリーニの下を尋ねた際にイアキーノ提督が感じた疑念は、事実によって証明された。格納庫の容量、飛行甲板の照明、搭載予定だったRe２００１陸上機に対応するための着艦装置、対空兵装等々に関して解決すべき数多くの問題に直面し、２隻の改装は１９４３年６月に中断された。同年９月８日の休戦協定締結の時点で、『アークィラ』の改装は9割まで工程が進んでいたものの搭載機がなく、『スパルヴィエロ』は上部構造物を撤去しただけで、改装に手が付けられたばかりだった。

イアキーノは、この海戦の敗北について多くの批判に晒されたものの、１９４３年4月まで艦隊司令長官の座に留まり、大将に昇進した。

エピローグ

３月29日の夜、海軍情報部長ジョン・ゴドフリーがブレッチリー・パークに電話をかけた。あいにくディリー・ノックスは帰宅した後だったが、ゴドフリーは「我が軍が地中海で大勝利を収めたことを、ディリーに伝えていただきたい。この勝利は、ひとえに君と君の女の子たちの功績によるものだ」と伝言を残した。実際、マタパン岬沖海戦は、「ウルトラ」情報を活用して勝利を得た最初の海戦だった。

翌30日、ノックスはマタパン岬沖の大勝利を記念し、自分の班の暗号解読員の「女の子たち」から、お茶汲みの女性に至るまで、彼の班に属する全員について、それぞれの功績を讃えた詩を作ってきた。それは一人につき一節、四行ずつの形式になっていて、メイヴィスについての節には、ラテン語を交えて次のように詠まれていた（各節四行目の最後の単語は、彼女たちの名前の韻を踏んだ言葉で締め括られていたが、拙い訳詩ではそこまで再現できていない）。

When Cunningham won at Matapan
By the grace of God and Mavis,
Nigro simillima cygno est, praise Heaven,
A very rara avis.

カニンガム、マタパン沖に勝ちし時
神とメイヴィスの恵みにて
汝《なんじ》黒鳥の如し、天を讃《たた》えよ
こよなく稀《まれ》なる鳥

カニンガム提督は、ノックスの暗号解読班に感謝の意を伝えるため、帰国後にブレッチリー・パークを訪ねた。メイヴィスをはじめ若い女性暗号解読員たちは、提督が真っ白な海軍制服を着て、ペンキ塗りたての白い壁の前に立っているのを見ると、いたずら心を抑えきれなくなってしまった。皆でカニンガムを取り囲み、あろうことか、その壁に彼の背中を押し付けたのである。その夜、帰宅して着替えをするまで、カニンガムは自らの背中の惨状に気付かなかった。

その後、ノックスの班に所属する「ディリーの女の子たち」の一人であるマーガレット・ロックが、ドイツ国防軍情報部が主に使用していた暗号機の復元に成功した。これにより、１９４１年12月８日には、その暗号通信文が初めて解読された。ディリーの班の業績を受けて、政府暗号学校の事実上の長官であるアラステア・デニストンは、「ノックスは、自らがエニグマ問題に関する最も独創的な調査員であるということを証明してみせた。……彼は今回の成功を、二人の若いスタッフ、ロック嬢とリーヴァー嬢の功績だとして彼女らを絶賛している。無論、リーダーは彼であり、その風変わりな手法で仕事を進めるのを支援してもらうために、スタッフを厳選して訓練してきたということに疑いを差し挟む余地はない」とのメモを残している。

「ウルトラ」の秘密は、大戦後も長きにわたって明かされることがなかった。１９６２年、イギリスの作家モンゴメリー・ハイドが、著書"The Quiet Canadian"（静かなるカナダ人）の中で、カニンガム提督がマタパン岬沖海戦でイタリア艦隊を発見できた理由について、自説を展開した。

曰《いわ》く、ワシントンのイタリア大使館に海軍駐在武官として勤めていたアルベルト・ライス提督が、シンシアと名乗るブロンド美女のハニー・トラップにかかり、イタリアの海軍暗号を解く鍵である暗号表を渡してしまった。その複製がカニンガム提督の手に渡ったというのである。

これに対して、ライス提督の息子と甥《おい》が原告となって名誉毀損で訴訟を起こし、１９６４年に裁判が始まった。裁判では、当時イギリス軍がイタリア軍の暗号を解読していたか否かが焦点になったが、ミラノ高等裁判所は、どちらであるかを立証することはできなかった。だがその一方で、ハイドの説が事実と異なるということに疑いの余地はないと判断された。ハイドの記述によると、ライスがシンシアに暗号表がある場所を教えたのは二人が別れる時、ライスがイタリアに帰る船の上だったとされる。しかしながら、彼がアメリカを発《た》ったのは、海戦の約1ヶ月も後の4月25日なのである。実際にライスの帰国を港で見送ったのは、彼の娘であるエレン一人だけだった。しかも海戦当時、彼の息子はイタリア海軍の軍艦に乗り組んで、地中海にいた。息子を危険に晒《さら》すことなど、父であるライスがする筈《はず》がない。そもそもライス提督は、イタリア海軍の暗号表にアクセスできる立場にすらなかったのである。

世間の人々が初めて「ウルトラ」の存在を知ったのは、1974年にF・W・ウィンターボーザムが出版した"The Ultra Secret"（邦題『ウルトラ・シークレット』）によってである。だがウィンターボーザムは、ドイツ空軍エニグマ暗号の解読を秘匿することに主に携わった人物であり、同書にはドイツ、イタリア両海軍のエニグマ解読については触れられていない。そのため、その後もしばらくの間、「ディリーの女の子たち」がマタパン岬沖海戦の勝利に貢献したことはもちろん、ドイツ海軍エニグマの解読におけるチューリングの働きすら、世に知られることはなかった。

メイヴィスは、ブレッチリー・パークで知り合ったキース・ベイティと、1942年11月に婚約した。キースは、ドイツ空軍エニグマ暗号解読員の一人だったが、ノックスは「あんな奴は、賢《さか》しらしい数学者連中の一人に過ぎないじゃないか」と言って、別れさせようとした。だが当人たちの意志が固いと知ると、何とか気持ちに整理を付け、二人が結婚した時には豪華な祝いの品を贈ったという。

1942年、癌《がん》が再発していることが発覚して、ノックスは入院した。しかし、彼は入院先のベッドを抜け出してまで、暗号解読の成功を讃えて贈られた聖ミカエル・聖ジョージ三等勲章の叙勲式に出席した。ノックスは、西インド諸島での転地療養を切望しており、チャーチル首相がそのための軍艦の手配を約束したという噂も囁《ささや》かれたが、結局それが実現することはなく、翌年、大戦の結末を見届けることのないまま、58歳でこの世を去った。
第一次世界大戦当時からノックスの暗号解読の同僚であり、海戦当時は政府暗号学校における海軍部門の責任者だったウィリアム・クラークが、ノックスについての一節を詩に付け加えた。

When Cunningham won at Matapan
By the grace of God and Dilly,
He was the brain behind them all
And should ne'er be forgotten, Will he?

カニンガム、マタパン沖に勝ちし時
神とディリーの恵みにて
彼こそ陰の頭脳なれ
ゆめゆめ彼を忘るまじ

メイヴィスは、戦後しばらくイギリス外交部で働いた後、庭園史家になり、その功績で１９８７年に大英帝国勲章を授与された。庭園史ついての数多くの著作とともに、ブレッチリー・パークにまつわる本も出版している。夫との間に一男二女を儲《もう》け、92年の長寿を全うした。

完

あとがき

第二次世界大戦のヨーロッパにおける海戦の中では最大級、そして最も決定的で、最も一方的な戦いとなったマタパン岬沖海戦の戦記です。エニグマ暗号通信を傍受し、それを解読した「ウルトラ」情報に基づいて、敵方の動向を事前に察知したイギリス海軍が、餌となる輸送船団を出港させてまんまと敵をおびき出し、暗夜にレーダーを駆使して見事に勝利を収めました……あれ？ こう書いてしまうと、北岬沖海戦とまるで同じですね。

実際、これら二つの戦いは、「ウルトラ」情報が重要な役割を果たした海戦の代表格であり、レーダーが大きく貢献して、どちらもイギリス海軍が完勝したのですが、今回この海戦を題材としたことに、そのような共通点があるものを選ぶという意図があったわけでありません。ただ単に、北岬沖海戦がドイツだったので、今度はイタリアと考えただけのことでした。

当初は、北岬沖海戦と同じように適当な原著を見繕って翻訳しようと思ったのですが、例えば両軍艦隊司令長官や、空母『フォーミダブル』乗組員だったS・W・C・パックの著作は、この海戦に関する古典ではあるものの、いずれも「ウルトラ」情報に関する秘密が公開されるより前に刊行されたものですので、当然その点に関する言及はありませんし（そもそもカニンガム提督以外の二人は知る由もありません）、海戦の当事者が書いたものですので、主に自身の経験と自国の情報に基づいた記述になっています。比較的近年になってからこの海戦をテーマとして書かれた本もあるのですが、海戦自体についての記述が淡白だったり、戦記の読み物というより資料集のような構成になっていますし、もちろんエニグマ解読を題材にした書籍では、マタパン岬沖海戦の扱いはごくごく限られています。

そこで、英伊両国の文献に基づいて、できるだけ公平に海戦の様相を描いてみようと考えました。海戦の中の様々な事象が、両軍の目にそれぞれどのように映っていたかを書くようにしたため、記述が冗長になった感がありますが、そういう意図ですので、ご容赦いただきたいと存じます。

さて、一般的には「マタパン岬沖海戦」として知られるこの海戦ですが、その実態は、日中にガウド島の南方海上で生起した砲戦および英軍機による航空攻撃と、マタパン岬沖でイギリス艦隊が傍若無人に暴れまわった夜戦という二つの部分に分かれています。イタリア艦隊司令長官だったイアキーノ提督は、戦後この海戦についていくつかの著作を残していますが、そのうち最初の本のタイトルは"Gaudo e Matapan"（ガウドとマタパン）でしたし、イタリア国内では、そもそも戦闘の準備すらしていなかった同国艦隊を、レーダー探知によってこっそり忍び寄ったイギリス戦艦部隊が、まるで射撃演習であるかのように砲撃した夜の戦いについては、海戦ですらないと考える向きもあるようです。しかしながら、敵艦隊の接近に気付けず、まともな戦いに持ち込めなかったのはイタリア側の軍事技術の後進性に起因するものであり、戦争がそれぞれの国の総力を結集して戦うものである以上、自らが保有していない技術を敵が使ったからといって、それを卑怯《ひきょう》と呼ぶべき筋合いのものではありません。それはそれとして、この戦いが大きく二つの場面に分かれていたのは事実ですので、本書のサブタイトルにはそういう意味合いを込めました。

結果として、イタリア海軍は重巡洋艦３隻と駆逐艦２隻を沈められ、旗艦である戦艦までもが大きな損傷を被ったのに対して、イギリス側の損失艦はゼロという、極めて不均衡な結末を迎えたこの海戦ですが、もし仮にイタリア側から一矢報いるチャンスがあったとすれば、それはガウド島沖における戦艦『ヴィットリオ・ヴェネト』の砲撃だったでしょう。

イギリス巡洋艦に対して何度も夾叉《きょうさ》したというその砲弾が１発でも命中していたら、そしてそれが、軽快部隊中将旗艦の指揮系統や機関部などの枢要部を破壊するような、古今数多《あまた》の海の戦いに現れた「ラッキー・ヒット」であったなら、『ヴィットリオ・ヴェネト』は混乱に陥ったイギリス巡洋艦戦隊をさらに蹂躙《じゅうりん》し、意気揚々と凱歌《がいか》を上げながら帰還の途に就いて、その夜の惨劇は起きなかった可能性もあります。あるいは、巡洋艦を追い回している間にイギリス戦艦が戦場に到達して、戦艦同士の昼間砲戦というスペクタクルが繰り広げられることになったかもしれません。その場合、彼我の戦艦3対1の戦いとなりますが、イギリス海軍の戦い方の常として、どんどんと距離を詰めて来たとしたら、散布界が広過ぎるという『ヴィットリオ・ヴェネト』主砲の欠点を敵自らが帳消しにしてくれることになり、最新のイタリア戦艦と数に勝る旧式イギリス戦艦のどちらに軍配が上がるのだろう、などと妄想してしまうこともあります。マタパン岬沖海戦に関する本の表紙と言えば、イギリス、イタリア両国ともに夜戦の場面が定番なのですが、本書の表紙を『ヴィットリオ・ヴェネト』の砲撃シーンにしてもらったのは、そういう趣意（と筆者の偏好）によります。

しかしながら、この海戦には、北岬沖海戦にはなかった空母『フォーミダブル』や陸上基地の航空機という、まるで異質な兵器が登場しますので、『ヴィットリオ・ヴェネト』が深追いをしていれば、より重大な損害を被っていた可能性もあります。この戦いで『ヴィットリオ・ヴェネト』と『ポーラ』に魚雷を命中させたのは古めかしい複葉の雷撃機でしたが、2ヶ月後の北大西洋では、ドイツの新鋭戦艦『ビスマルク』が、機種こそ違えどやはり鈍重な複葉雷撃機に舵を破壊されて航行の自由を失い、ついには英艦隊の捕捉するところとなって沈められています。『ヴィットリオ・ヴェネト』は被雷によって速力が落ちたものの、航行は可能であったため、生還することができましたが、当たり所が少し違っていれば、ドイツ戦艦と同じ運命を辿《たど》っていたかもしれません。それに、敵巡洋艦に主砲を1発くらい命中させたところで、すぐに第一次航空攻撃が始まるということに変わりはないので、やはり史実とそう大きく異なる結果になることもなかったでしょう。
「ラッキー・ヒット」を受けなければ逃げ果《おお》せることができたであろう『シャルンホルスト』、「ラッキー・ヒット」を当てれば少しは増しな結末に至ったかもしれない『ヴィットリオ・ヴェネト』、いずれの戦いでも勝ったのはイギリス海軍であり、それぞれの海戦で勝敗を分けたのは、戦闘の最中と言わず、平時の兵器開発や訓練と言わず、倦《う》まず弛《たゆ》まず常にその先を求め続けたイギリス人たちの姿勢にあったということに間違いはありません。

執筆にあたって参考とした文献の一覧を巻末に記しましたが、イタリア側の文献としては、フランチェスコ・マッテジーニの〝L'operazione Gaudo e lo scontro notturno di Capo Matapan〟（ガウド作戦とマタパン岬沖の夜戦）が極めて有用でした。同書は、戦後50年を経て初めて公開された大戦当時の資料を反映して、１９９８年にイタリア海軍歴史局から刊行された書籍で、Ａ５版とＢ５版の中間という比較的小さい版型ながら、７４０ページという大著であり、そのうち実に４００ページが伊英両国の一次史料の複写で占められています。その内容は、両軍の公式資料に基づくだけでなく、同書刊行以前に出版された公刊書籍の内容についても触れられていて、それまでの歴史家の見解をも紹介するものになっており、本海戦に関する研究書の決定版と言えるものです。惜しむらくはイタリア語で書かれていることですが、いつの日か英語翻訳版が出れば、両国でさらに研究が進むかもしれません。

今回、英伊両国の文献に目を通して、特に夜戦時の記録や認識に、互いの国の間だけでなく、同じ国の中でも、あるいは同じ艦の乗組員同士の間でさえ、様々な違いがあることが分かりました。第25章には、互いに矛盾する各種の説を比較した上で、筆者なりに考察した結果を示しましたが、ここで話の腰を折る形になってしまっています。付録にすることも考えたのですが、著作というものが筆者の考えを示すものであるとするなら、この部分こそが筆者のオリジナルですので、敢えて1章を設けることにしました。（あとがきを先に読む人が一定数いらっしゃることを考慮して）話の先をお急ぎになられたい方は、この章を飛ばして次に進んでいただければ結構ですし、筆者の考察に対してご意見やご指摘をいただけましたら、それに勝る喜びはありません。

参考とした文献の収集に際しては、今回も阿部安雄先生に大切なご蔵書をお貸しいただきました。コロナ禍がまだ明け切らず、ご自宅に伺うのが憚《はばか》られた2022年の夏、書店に平積みされた『海防戦艦』を眺めてこっそり悦に入ろうと出掛けた筆者の都合に合わせて、猛暑の中、重たい本を何冊も携えて神田までお越しくださり、貴重なご助言を頂いたことは決して忘れません。そこはかとないプレッシャーで筆者の背中を押してくださったイカロス出版の武藤善仁様をはじめ、本書の出版に携わってくださった皆様に深甚の感謝を申し述べます。いつも最初の読者になってくれる妻、千穂からは、今回も鋭い突っ込みを沢山もらいました。

沈没した5隻の内訳（源泉資料が異なるため全乗組人数はその右側４項目の合計とは必ずしも一致しない）

	全乗組人数	死亡	イギリス駆逐艦による救助	ギリシャ駆逐艦による救助	『グラディスカ』による救助
『ザラ』	1086	782	267	12	8
『フューメ』	1083	813	60	104	106 *1
『アルフィエリ』	245	211	0	23	12
『カルドゥッチ』	206	169	0	0	35
『ポーラ』	1024 *2	328	696 *3	0	0
合計	3644	2303	1023 *4	139 *5	161

*1　『グラディスカ』船上で1人死亡。
*2　5隻の全乗組人数3644人として他4隻の合計から逆算。1041人とする説がある。
*3　*2と死者328人から逆算。全乗組人数1041人の場合は713人。
*4　*2と*3を前提とする。『ポーラ』全乗組人数1041人の場合は1040人。
　　1062人とする説や、士官145人と下士官・兵850人の合計995人とする説がある。
*5　110人とする説や111人とする説がある。

『グラディスカ』による救助人数の内訳

	士官	下士官	兵	合計	備考
『ザラ』	0	0	8	8	
『フューメ』	5	22	78	105	左記以外に船上で1名死亡
『アルフィエリ』	3	2	7	12	
『カルドゥッチ』	5	4	26	35	
合計	13	28	119	160	

る説もある）。生還した160人の内訳は、士官13人、下士官28人、兵119人である。

『イドラ』をはじめとするギリシャ駆逐艦が救助した139人のうち、士官は2人で、137人が下士官および兵だった。なお、ギリシャ駆逐艦が救助した人数について、110人とする説や111人とする説もあるが、これらは『イドラ』1隻分だけである可能性もある。

イギリス駆逐艦が救助し、捕虜とした人数について、逆算により表では合計1023人としたが、士官145人、下士官・兵850人の合計995人とする説や、合計1062人とする説がある。

■付録は363ページから、後ろから前の順にお読みください。

付録８　救助人数の内訳

カッタネオ提督麾下の沈没した５隻には、合わせて3644人が乗り組んでいたとされ、そのうち2303人が戦死したとされる。

ただし、軍艦には正規の軍人以外の軍属や、時にはジャーナリストなどの民間人が乗っている場合があり、これらを数に入れるか入れないかによって人数が変動する。また、ひとくちに「戦死」と言っても、艦と共に海に沈んだ人ばかりではなく、その後の漂流中に力尽きた人や、救難に駆け付けた艦船に拾い上げられた後に、その船上で亡くなった人もいれば、場合によっては陸に上がってから戦傷が原因でのちのち死亡する人もいる。戦死者としてどこまでを数えるかは史料や文献によってまちまちだが、数え方の基準が明記されていない場合がほとんどであるため、どの説を採用するかによって誤差が生じ得る。また、一つの文献内の別々の個所に記された人数が異なっている場合や、一つの表の内訳人数と合計人数が一致していない場合すらあって、正確な人数を導き出すのは困難である。

ここでは、合計3644人、戦死2303人という数字を採用することとし、これをベースに各艦の戦死者と生還者の人数をまとめると、表のようになる。この表で『ポーラ』については、全乗組員数や、イギリス駆逐艦によって救助後に捕虜となった全人数を明記した資料を見出せなかったため、他４隻の値から逆算した。なお、表中の全乗組人数は、死亡・救助人数の源泉とは異なる資料に基づくものであるため、必ずしもこれらの合計とは一致しない。

『ザラ』から生還したのは287人で、そのうち279人が捕虜となった。戦死者について、士官35人、下士官123人、兵619人、民間人23人とする説があるが、これらを足し合わせると800人となって、表に示した782人とは18人の誤差が生じる。

『フューメ』では、106人が病院船『グラディスカ』に救い上げられたものの、同船がメッシーナに帰る途中に１人が死亡した。一方、イギリス駆逐艦によって救助された60人とギリシャ駆逐艦に救助された104人の合計164人が捕虜となった。戦死者は、士官38人、下士官86人、兵685人に加えて、ジャーナリスト１人を含む民間人５人で、合計814人である。

『アルフィエリ』では、12人が『グラディスカ』によって、23人がギリシャ駆逐艦によって救助され、211人が亡くなった。戦死者は210人であるとする説もある。

『カルドゥッチ』の生還者は、士官５、下士官４、兵26の合計35人で、全員が『グラディスカ』に救助された。戦死者は士官４、下士官22、兵145の合計171人とする説がある。

『ポーラ』の全乗組員数は、前述したように逆算すると1024人となり、そのうち戦死者は328人である。英駆逐艦『ジャーヴィス』は、『ポーラ』からデ＝ピーザ艦長を含む士官22人、下士官26人、兵および民間人209人の合計257人を捕虜にした。他の英駆逐艦が『ポーラ』付近の海面から救助した人数について明記した資料は見出せなかったが、逆算すると『ジャーヴィス』の分を合わせて表に示した696人になる。ただし、『ポーラ』の乗組員は1041人だったとする説があり、その場合は17人増える計算になる。

病院船『グラディスカ』は、合計161人を海から拾い上げたが、前述のようにメッシーナへの帰還途上で『フューメ』の１人が死亡した（162人を救出して2人が亡くなったとす

付録7　3月28日2227～2232時のイギリス戦艦15インチ砲による射撃

艦	総発射弾数	斉射No.	発射時刻	距離[ヤード(m)]	目標艦	発射弾数	方位[deg]
『ウォースパイト』	被帽徹甲弾40	1	2228時00秒	2900(2652)	『フューメ』	6	232
		2	2228時40秒	3000(2743)	〃	8	不明
		3	2229時18秒	3500(3200)	『ザラ』	8	186
		4		不明	〃	不明	不明
		5		不明	〃	不明	不明
		6		不明	〃	不明	不明
		7	2233時00秒	2500(2286)	『ジョベルティ』	不明	239
『ヴァリアント』	被帽徹甲弾39	1	2226時35秒	4000(3658)	『フューメ』	4	230
		2	2227時22秒	3825(3498)	『ザラ』	7	不明
		3	2228時09秒	3675(3360)	〃	7	不明
		4	2228時58秒	3325(3040)	〃	8	不明
		5	2230時00秒	3225(2949)	〃	6	不明
		6	2230時41秒	3475(3178)	〃	7	不明
『バーラム』	弾種不明21	1		3100(2835)	『アルフィエリ』	6?	艦首左舷
		2		不明	『ザラ』or『アルフィエリ』	2?	不明
		3		不明	〃	不明	不明
		4		不明	〃	不明	不明
		5		不明	〃	不明	不明
		6		不明	〃	不明	不明

注)この表の「目標艦」はイギリス側による識別であり、誤っている可能性がある。

『バーラム』に座乗した第1戦艦戦隊司令官ローリングス少将の報告によると、

『バーラム』は先頭艦に対して最初の２回の斉射で6発と2発を撃ったとされる。

『ヴァリアント』の時計は『ウォースパイト』より1分32秒遅れていると考えられる。

付録6　3月28日のイギリス海軍艦隊航空隊の航空機運用

時刻	運用	任務	機種・機数	所属・機数(特記以外『フォーミダブル』)	備　考
0445	離陸	索敵	TSR4	マレメ第815飛行隊ソードフィッシュ4	うち1機はエンジン不具合で帰還
0550-0558	発艦	索敵 対潜哨戒 哨戒A	TSR5 TSR1 戦闘機2	第826飛行隊アルバコア4・ソードフィッシュ1 第826飛行隊ソードフィッシュ1 第803or第806飛行隊フルマー2	平均針路:方位310°・16ノット・風向050° アルバコア5B機はバルディアに着陸
0749	発艦	哨戒B	戦闘機1	第803or第806飛行隊フルマー1	補助発艦装置による発艦 2番機補助発艦装置装着不可
0802-0808	発艦	哨戒C 対潜哨戒	戦闘機1 TSR1	第803or第806飛行隊フルマー1	平均針路:方位310°・16ノット・風向040°
	着艦	哨戒A 対潜哨戒	戦闘機2 TSR1	第803or第806飛行隊フルマー2 第826飛行隊ソードフィッシュ1	〃
0830	発艦	弾着観測	偵察機1	『グロスター』第700飛行隊ウォーラス1	
0845	着陸	索敵	TSR3	マレメ第815飛行隊ソードフィッシュ3	
0952-1004	発艦	攻撃 護衛 任務J	TSR6 戦闘機2 TSR1	第826飛行隊アルバコア6(1機は第829飛行隊?) 第803飛行隊フルマー2 第826飛行隊ソードフィッシュ1	第一次攻撃隊 平均針路:方位310°・22ノット・風向040°
	着艦	哨戒BC 索敵 対潜哨戒	戦闘機2 TSR1 TSR1	第803or第806飛行隊フルマー2 第826飛行隊アルバコア2	
1045-1050	発艦	哨戒	戦闘機2	第803or第806飛行隊フルマー2	平均針路:方位300°・22ノット・風向040°
	着艦	索敵	TSR2	第826飛行隊アルバコア2	〃
1050	離陸	攻撃	TSR3	マレメ第815飛行隊ソードフィッシュ3	
1131-1133	着艦	索敵	TSR1	第826飛行隊ソードフィッシュ1	空母のみ風上に変針
1215-1225	発艦	偵察 弾着観測 弾着観測 弾着観測	TSR1 TSR1 TSR1 TSR1	『ウォースパイト』第700飛行隊ソードフィッシュ1 『ウォースパイト』第700飛行隊ソードフィッシュ1 『ヴァリアント』第700飛行隊ソードフィッシュ1 『ヴァリアント』第700飛行隊ソードフィッシュ1	観測任務「B」 スダ湾に着水 スダ湾に着水 スダ湾に着水
1222-1243	発艦	攻撃 任務K 護衛	TSR5 TSR1 戦闘機2	第829飛行隊アルバコア3・ソードフィッシュ2 第803飛行隊フルマー2	第二次攻撃隊 『フォーミダブル』と駆2のみ風上に変針
	着艦	攻撃 護衛 哨戒	TSR6 戦闘機2 戦闘機2 偵察機1	第826飛行隊アルバコア6 第803飛行隊フルマー2 第803or第806飛行隊フルマー2 『グロスター』第700飛行隊ウォーラス1	
1312-1315	発艦	哨戒	戦闘機4	第803or第806飛行隊フルマー4	
1330	着陸	攻撃	TSR3	マレメ第815飛行隊ソードフィッシュ3	
1355	発艦	哨戒	戦闘機2	第803or第806飛行隊フルマー2	補助発艦装置による発艦
1357-1404	発艦	索敵	TSR3 偵察機1	第826飛行隊アルバコア3 『グロスター』第700飛行隊ウォーラス1	以降、空母は戦艦と共に行動・針路変更小 着艦/着陸/着水先不明
	着艦	任務J	TSR1	第826飛行隊ソードフィッシュ1	
1450-1455	発艦	索敵	TSR1		索敵ギャップを埋めるために1機追加
1516-1520	発艦	哨戒	戦闘機2	第803or第806飛行隊フルマー2	
	着艦	哨戒	戦闘機4	第803or第806飛行隊フルマー4	
1554-1605	着艦	攻撃 索敵 任務K 哨戒 護衛	TSR4 TSR1 TSR1 戦闘機2 戦闘機2	第829飛行隊アルバコア2・ソードフィッシュ2 第803or第806飛行隊フルマー2 第803飛行隊フルマー2	指揮官機未帰還
1600	着陸	索敵	戦闘機	マレメ所属部隊不明フルマー1	離陸時刻不明(1330時より後)
1648-1700	発艦	哨戒	戦闘機4	第803or第806飛行隊フルマー4	
	着艦	— 索敵	戦闘機1 TSR1	第803or第806飛行隊フルマー1	エンジン不具合
1655	揚収	偵察	TSR1	『ウォースパイト』第700飛行隊ソードフィッシュ1	
1715	離陸	薄暮攻撃	TSR2	マレメ第815飛行隊ソードフィッシュ2	
1730-1740	発艦	薄暮攻撃	TSR8	第826飛行隊アルバコア6・第829飛行隊ソードフィッシュ2	第三次攻撃隊
	着艦	哨戒	戦闘機2	第803or第806飛行隊フルマー2	
1745	発艦	任務Q	TSR1	『ウォースパイト』第700飛行隊ソードフィッシュ1	
1745-1746	着艦	索敵	TSR1		
1751-1755	発艦	哨戒	戦闘機3	第803or第806飛行隊フルマー3	補助発艦装置による発艦
1840-1841	発艦	夜間追跡	TSR1	アルバコア5MG機	陸上に着陸
1853-1855	着艦	哨戒	戦闘機3	第803or第806飛行隊フルマー3	
1905-1910	着艦	哨戒	戦闘機3	第803or第806飛行隊フルマー3	
1942-1943	着艦	索敵と追跡	TSR1		『フォーミダブル』艦載機運用終了
2125	着水	任務Q	TSR1	『ウォースパイト』第700飛行隊ソードフィッシュ1	スダ湾
2100-2300	着陸	薄暮攻撃	TSR10	第826飛行隊アルバコア6 第829飛行隊ソードフィッシュ2 マレメ第815飛行隊ソードフィッシュ2	マレメに着陸あるいはクレタ島付近に着水

TSR(Torpedo Spotter Reconnaissance):雷撃・観測・偵察機(アルバコアあるいはソードフィッシュ)

付録5　イタリア艦隊に対するイギリス軍の航空攻撃

時刻	緯度・経度	部隊	機種・数	機体識別コード	目標	兵装	結果
1120-1130	34°06′N・23°58′E	艦隊航空隊第826飛行隊 注1) 艦隊航空隊第803飛行隊	アルバコア6 フルマー2	4A, 4C, 4F, 5A, 4P, 4K	『ヴェネト』	魚雷	命中なし
1205	34°04′N・23°22′E	艦隊航空隊第815飛行隊(マレメ)	ソードフィッシュ3		第3戦隊	魚雷	命中なし
1420	34°38′N・22°30′E	空軍第84飛行隊	ブレニム3		『ヴェネト』	爆弾	命中なし
1450	34°42′N・22°15′E	空軍第113飛行隊	ブレニム6		『ヴェネト』	爆弾	命中なし
1510-1525	34°50′N・22°00′E	艦隊航空隊第829飛行隊 艦隊航空隊第829飛行隊 艦隊航空隊第803飛行隊	アルバコア3 ソードフィッシュ2 フルマー2	5G, 5F, 5H 5K, 4B	『ヴェネト』	魚雷	『ヴェネト』に1発命中 5G機未帰艦
1515-1645	35°30′N・21°22′E ～ 35°43′N・20°58′E	空軍第113飛行隊	ブレニム6		第1・第8戦隊	爆弾	『ザラ』と『ガリバルディ』に至近弾
		空軍第84飛行隊	ブレニム5		第1・第8戦隊	爆弾	
1520-1700	34°49′N・21°50′E ～ 35°03′N・21°21′E	空軍第84飛行隊	ブレニム4		第3戦隊	爆弾	『トレント』と『ボルツァーノ』に至近弾
		空軍第211飛行隊	ブレニム6		第3戦隊	爆弾	
1930-1950	35°15′N・20°58′E	艦隊航空隊第826飛行隊 注2) 艦隊航空隊第829飛行隊 艦隊航空隊第815飛行隊(マレメ)	アルバコア6 ソードフィッシュ2 ソードフィッシュ2	4A, 4K, 4P, 5A, 5F, 5H 4H,5K	集結したイタリア艦隊	魚雷	『ポーラ』に1発命中

注1) アルバコア6機のうち1機は第829飛行隊とする説がある。
注2) 5F、5H機も第826飛行隊とされているのは、第829飛行隊指揮官機5Gが未帰還により第826飛行隊指揮下に入ったためか？

イギリス海軍雷撃機の搭乗員

機種	機体識別コード	操縦士	観測員	電信士／機銃手
アルバコア	4A	ソーント少佐	ホプキンス大尉	増槽搭載 注3)
	4C	ブラッドショー中尉	ドラモンド中尉	増槽搭載
	4F	エリス大尉	ハワース大尉	増槽搭載
	4K	エイブラムス大尉	スミス・シャンド大尉	増槽搭載
	4P	テューク中尉	マレット中尉／ウィルソン中尉 注4)	増槽搭載
	5A	G. P. C. ウィリアムズ中尉	デイヴィス少尉	ブース兵長
	5F	A. S. ホイットワース大尉	エリス中尉	モリス兵長
	5G	ダリエル＝ステッド少佐	クック大尉	ブレンクホーン兵曹
	5H	ビビー中尉	パリッシュ中尉	ホッグ兵長
ソードフィッシュ	4B	スミス大尉	記録無し	記録無し
	4H	ソープ中尉	ラッシュワース・ランド大尉	ジャップ飛行士
	5K	オズボーン大尉	ペイン大尉	モンターギュ兵曹
	（マレメ）	トレンス＝スペンス大尉	ウィンター中尉	増槽搭載
	（マレメ）	キゲル中尉	ベイリー中尉	増槽搭載

注3) 電信士／機銃手の代わりに航続距離を延伸するための燃料タンクを搭載。
注4) 第一次攻撃ではマレット中尉、第三次攻撃ではウィルソン中尉。

つまり散布界には程よい広さがあるということであり、それは射程や対敵姿勢等、様々な要因によって変化する。当時のイギリス戦艦主砲の散布界は、概ねこの適正レベルに近かったようで、夾叉を得さえすれば、かなりの確率で命中を出すことができていたのに対して、イタリア艦では、夾叉しているにもかかわらず１発も命中しないという事態がしばしば生じていた。

さらに、散布界の広さは斉射された砲弾の数に比例するほど大きく変化するわけではないため（※）、夾叉したという前提条件の下では、斉射された砲弾の数が多ければ多いほど（きれいに正比例するわけではないにしても）命中する確率が高くなるわけだが、ガウド島沖の砲戦における『ヴィットリオ・ヴェネト』の主砲射撃については、29回の斉射で実際に発射された砲弾の数が83発だったということから、斉射１回につき平均3発にも満たないという計算になる。

3連装主砲を3基搭載する『リットリオ』級戦艦では、斉射は砲塔単位の斉発によるものと規定されており、複数の砲塔から同時に発砲する場合は最大2基までと定められていた。ガウド島沖での砲撃における最初の3回の斉射では、少しずつ仰角を変えた3基の砲塔から殆ど時間差なく立て続けに発砲され、合わせて9発の381mm砲弾がほぼ同時に着弾したということである。その後26回の斉射が、それぞれ何門ずつどういう時間間隔で行われたかは不明だが、最初の3斉射と違って、各々の斉発がある程度以上の時間を置いて実施されたとすると、１回が高々3発では、夾叉したとしても実際に命中する可能性は低くなるだろう。

なお、マタパン岬沖の夜戦におけるイギリス戦艦の砲撃では、3隻合わせて19回の斉射で100発と、１斉射当たり平均5発を超えているが、これは極めて近い距離での射撃であったため例外的に斉発が行われた結果であり、イギリス海軍では各砲塔1門ずつ合計4発の斉射が通常の打ち方とされたので、ガウド島沖での『ヴィットリオ・ヴェネト』の砲撃と直接比較することには意味がない。

また、斉発を行うと、隣接する砲身から発砲された際に生じる爆風や、互いにごく近い距離を超音速で飛翔する砲弾から生じる衝撃波が互いに干渉することによって弾道が逸れ、散布界が拡がってしまう。旧日本海軍では、この問題への対策として発砲遅延装置（九八式発砲装置）を開発し、斉発した時に隣り合う砲の発砲時間をごく僅かずつ（0.05秒程度）ずらす措置を執った結果、散布界を4割程度減少させることに成功していたが、イタリア海軍でこのような対策がなされた形跡はない。ただし、日本海軍艦艇の散布界について、アメリカ海軍では、むしろ狭過ぎて命中機会を失していると考えられていた。

※ 例えば、日本海軍の36cm砲12門搭載戦艦の射程25,000mにおける遠近散布界の長さについて、6門斉射時で約300m、12門斉射時で約360mというデータがある。

最大射程付近での遠距離砲戦を企図した結果ではなく、装甲貫徹力の増大や弾道の低平化の目的で砲口初速を高くしたことの副産物に過ぎないのである。ちなみにイタリア重巡洋艦の主砲である203mm砲でも、最大射程は30,000mを超えていたものの、17,000～21,000mが最適とされたため、ガウド島沖における砲戦では、戦艦、巡洋艦ともに射程が過大だったということになる。

散布界の広さを決定する要因は多岐にわたるが、表から分かるように、例えばイタリア戦艦の主砲はイギリス戦艦の主砲に対して砲身が2割ほど長く、砲口初速も相応に高かった。長い砲身では、その基部から砲口に向かって下垂する程度や発射時の振動が大きくなる。厳密な証拠となるデータは持ち合わせていないが、表に示した両砲の砲身重量がほとんど変わらないということ、つまりイタリアの砲が長さの割りに軽く造られていたことも、この傾向を助長したものと考えられる。また高初速の砲では、同じ射程を得るために砲身に与える仰角が小さくなるため、砲弾は低平な軌道を飛翔して、理想的な状態では敵艦に命中する確率が高くなるが、砲身内面の摩耗が早いため、事前の計測値に対して誤差の増大が早くなるといった問題があり、当然その分だけ砲の寿命も短くなる。

当時のイタリアでは、砲の製造メーカーに提示する仕様書の中で、精度に関しては規定がなかった（あるいはごく僅かな言及にとどまっていた）一方で、砲口初速については、規定値より高くなればなるほど高額の褒賞金が与えられることになっていたため、メーカー側は初速の増大にのみ腐心し、そのことがもたらす散布界への悪影響については注意が払われていなかった。また各メーカーとも、試験の際には仕様に厳密に則って製造した砲弾や発射装薬を用意するが、品質管理基準が緩く、実際に生産ラインに乗った弾薬の製造精度は、イギリスをはじめとする他国より劣っており、特に発射装薬についてそれが顕著だったとされる。

さらに、飛翔中の砲弾の空力的な安定性に影響を及ぼす砲弾の形状や重心位置、砲身内壁に施された旋条によって砲弾に与えられるスピンの速さ等が散布界に大きな影響を与えるとされるが、これらに関する知見や経験でも、イギリス海軍には一日の長があった。

なお、ここで気を付けなければならないのは、散布界は狭ければ狭いほど良いというわけではないということである。散布界が狭過ぎる場合には、その中に目標が入る確率自体が低くなるため、それはそれで命中する機会が減少する要因になるのである。極端な話、散布界がゼロ、すなわち斉射された全ての砲弾が一点に集中して着弾したとすると、ちょうどそこに目標を捉えるという確率は、ごくごく低いものにしかならないだろう（もちろん、1発の砲弾が目標となった艦に命中する範囲は一つの点ではなく、目標艦の大きさや向き、砲弾の落角等に応じた面積を有している）。また、例えば1隻の戦艦に搭載された主砲が9門で、その全てで斉射するとして、散布界がゼロの場合は、1発が命中すれば9発全てが命中するということを意味するが、仮にその命中を得るために9回の斉射が必要だとすれば、散布界が広くて1回の斉射で9発中1発しか命中しない場合と比べて、数字としての命中率は同じだが、実戦では何度も斉射しているうちに状況が刻一刻と変化してしまい、同じ射撃諸元で斉射し続けられるわけではないため、1回の斉射で1発だけでも命中する方が実質的に得られる効果は高いのである。

付録４　『ヴィットリオ・ヴェネト』主砲の散布界

『リットリオ』級戦艦の主砲である50口径381mm砲（砲身の内径（≒砲弾の直径）が381mmで、砲身（厳密には砲腔）の長さがその50倍の砲）の散布界を、同じ直径の砲弾を使用する『ウォースパイト』等、第一次世界大戦以降の多くのイギリス戦艦が搭載した42口径15インチ砲と比較すると、砲弾の飛行経路に対して左右方向の散布界の広さには大きな違いがなかったものの、遠近方向については1.5倍から2倍（一説に3倍以上とも）も長かったとされる。散布界が広ければ、夾叉する確率は高くなるものの、夾叉しても実際に命中する確率が低くなる。

参考までに、両砲の諸元と、発射された砲弾のうち50%が着弾すると期待される範囲の広さについて、艦の揺動等による誤差の生じない陸上の射撃試験場で実施した計測の結果を下の表に示す。

砲の諸元と50%着弾範囲の広さ（射撃試験場における計測）

国		イタリア				イギリス			
砲		50口径381mm砲				42口径15インチ（381mm）砲			
砲身全長 [mm]		19,781				16,520			
砲腔長 [mm]		19,050				16,002			
砲身重量 [kg]		102,400				101,605			
弾種		被帽徹甲弾 Palla		徹甲弾 Granata Perforante		被帽徹甲弾 4crh		被帽徹甲弾 6crh	
弾重 [kg]		884.8		824.3		871		879	
装薬重量 [kg]		271.65		271.65		196		196	
砲口初速 [m/s]		850		870		731.5		731.5	
着弾範囲の長さ [m]		遠近	左右	遠近	左右	遠近	左右	遠近	左右
射程 [m]	500	77	0	76	0	データ無し			
	5,000	85	3	81	2	45.7	3.6	45.7	6.3
	10,000	120	6	106	3	64.0	5.4	45.7	6.3
	15,000	162	10	138	5	91.4	8.1	54.9	6.3
	20,000	206	14	176	7	118.9	11.9	64.0	8.2
	25,000	252	19	216	10	152.5	15.5	73.1	10.0
	30,000	304	24	262	12	182.9	20.0	100.6	15.5
	35,000	363	31	316	15	射程外			
	40,000	438	38	379	19				
	45,000	538	47	456	22				

注）砲身重量は尾栓を含む。

表を見ると、例えばガウド島沖での『ヴィットリオ・ヴェネト』の砲撃に近い射程25,000mにおいて、イタリアの381mm砲は被帽徹甲弾で遠近約250ｍ・左右約20ｍ、徹甲弾で遠近約220m・左右10mであるのに対して、イギリスの15インチ砲では、旧式砲弾（4crh）で遠近約150m・左右約15m、最大射程を延伸するために形状を改良した新式砲弾（6crh）で遠近約70m・左右10mであり、やはり左右方向については大差ないものの、遠近方向では最大で3倍以上異なっている。

『リットリオ』級戦艦の381mm砲は、世界の戦艦史上最長となる42,800mという長大な射程を、僅か36度の最大仰角で達成する強力な艦砲だが、その最大射程の半分にも満たない19,000～21,000mが、最適砲戦距離であるとされていた。視界が良好な場合には、25,000～30,000mでの砲撃も可とされたが、イタリア海軍最高司令部は1942年9月に、これを25,000mに下方修正している。『リットリオ』級主砲の長大な射程は、

が付くことになり、スパダ岬海域ではなく、ガウド島近傍を飛行することになった。

雷撃機の活動空域は、北緯34度20分から35度00分、東経22度00分から25度00分と定められた。

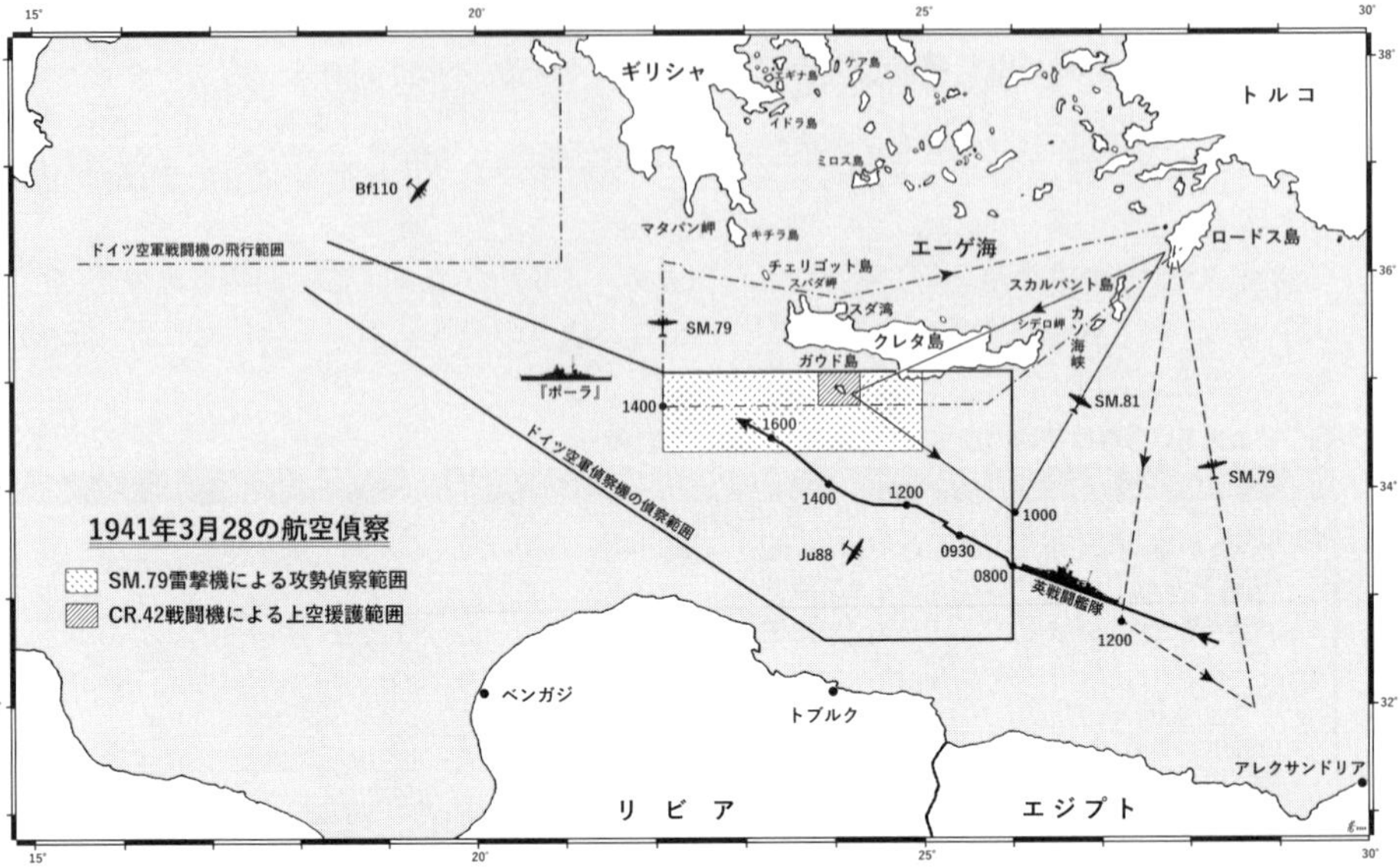

3月28日、伊独両空軍機の大半は、艦隊の動きに合わせてクレタ島の南方で行動することになり、クレタ島の北のエーゲ海南部に派遣されたイタリア機は、2機のZ.506と1機のSM.79だけだった。

SM.79とSM.81のそれぞれ1機は、カソ海峡で低い雲と激しい雨に阻まれて実質的に視界がゼロになったため、任務を遂行できず、第34爆撃群の5機のSM.79も、クレタ島上空の雲に阻まれて、予定した爆撃を実施できなかった。

艦隊の上空援護を受け持つはずだった第162陸上戦闘飛行隊のCR.42戦闘機の大半は、悪天候のために計画通りの時刻に離陸できず、艦隊を発見することもできなかった。実際に護衛に就けたのは3機のみだったが、その3機も航続距離の制限によって艦隊の上空に留まることができた時間は僅か10分間でしかなかった。また、『ヴィットリオ・ヴェネト』の部隊は、スカルパント島から離陸するCR.42の索敵範囲外にあったため、いずれにしても午後には艦隊上空に到ることはできなかった。

これに対して、ガドゥーラから攻勢偵察に出た第34爆撃群の2機のSM.79は1時間余りにわたって上空援護に就き、艦隊に張り付いていた英索敵機を撃退した。

結果的に、28日のクレタ島南方海域とカソ海峡―アレクサンドリア間における通常および攻勢偵察は、ドイツ空軍第10航空軍団のJu88爆撃機9機と、3機の艦載偵察機を含むイタリア機9機だけで行われた。

4) 0530時にマリッツァを離陸する第56爆撃群のSM.81爆撃機1機によるクレタ島南方海域、ガウド島―アレクサンドリア間の払暁偵察。同機はガウド島の南から北緯33度40分、東経26度00分までを飛行。

5) 艦隊防衛のために、第34爆撃群のSM.79雷撃機2機と第281独立雷撃飛行隊のSM.79雷撃機2機が、夜明けとともにガドゥーラを離陸して攻勢偵察。

全機雷装のうえ、前者は0530時から0630時にかけて、後者は0630時から0730時にかけて、それぞれクレタ島南方の東経22度から25度の間の海域を監視。

6) 0730時から、第162陸上戦闘飛行隊のCR.42戦闘機12機がスカルパント島（カルパトス島）飛行場を離陸、『ザラ』グループ（第1・第8戦隊）護衛のためにスパダ岬近傍海域で活動。護衛のシフトは以下の通り：

- 0730～0745時：3機
- 0800～0815時：3機
- 0830～0845時：3機
- 0900～0915時：3機

必要があれば、この12機が護衛を繰り返し、1030時から1200時まで、スパダ岬近傍海域を巡航。

同時に、0630時から0830時まで、第163陸上戦闘飛行隊のCR.32戦闘機4機が、2機ずつのペアで交代しながら、スカルパント島飛行場を離陸し、これまで数度にわたって英軍機による爆撃を受けている同飛行場上空を監視。

7) 夜明け以降、マリッツァに所在する第56爆撃群の4機のSM.81爆撃機が待機。連絡用に波長60.435m（4.96MHz）の無線周波数を割り当てる。

8) 次の7機も予備機として待機。

- 警戒用SM.79雷撃機1機
- 偵察用カントZ.1007 bis爆撃機1機とSM.81爆撃機1機
- ロードス島空港の対空警戒用CR.42戦闘機2機とCR.32戦闘機2機

しかし、ロードス島やクレタ島、エーゲ海を含む一帯の天候が数日前から不良であり、28日の朝にはさらに悪化するという予報が出ていたことに加え、月がなかったため、計画の一部が変更され、ロードス島のマリッツァ飛行場とガドゥーラ飛行場に所在する偵察機と爆撃機の出発を28日の夜明けまで遅らせることになった。

また、エーゲ海で偵察任務に就く予定だったSM .79爆撃機1機が予備機として地上に待機することになり、雷撃機にはクレタ島南方の新しい海域に割り当てることになった。

戦闘機については、『ヴィットリオ・ヴェネト』グループと『ザラ』グループの両方の護衛に当たるには数が不足であるという意見が出されたため、より重要な前者にのみ護衛

付録3　3月28日のイタリア空軍の作戦計画

3月28日の時点でドデカネス諸島に所在するエーゲ海空軍司令部所属機の構成は、表の通りだった。なお、イタリア空軍の部隊階層は、下位から順に小隊Sezione、飛行隊Squadriglia、群Gruppo、航空団Stormoである。

部隊	機種	所属機数	稼働機数
第39陸上爆撃航空団 第92爆撃群	SM.79	10	2
第39陸上爆撃航空団 第56爆撃群	SM.81	13	8
第11陸上爆撃航空団 第34爆撃群	SM.79	11	7
第281独立雷撃飛行隊	SM.79	4	3
第172戦略偵察飛行隊	Z.1007 bis	1	0
第162陸上戦闘飛行隊	CR.42	18	13
第163陸上戦闘飛行隊	CR.42	2	1
	CR.32	8	4
第161独立水上戦闘飛行隊	Ro.44	7	4
	Ro.43	1	1
第84水上偵察群	Z.506	3	2
	Z.501	7	6
救難小隊	Z.501	1	1
合計		86	52

海戦前日3月27日の午前におけるイタリア空軍機による28日の作戦計画は、稼働機体のほとんどを動員するものであり、下記1)～8)のようになっていた。

1) 夜明けとともに、第34爆撃群の5機のSM.79爆撃機によってクレタ島の飛行場を爆撃。0340時から0415時の間にガドゥーラを離陸し、スペリアに3機、イラクリオンに2機を差し向ける。

2) 夜明けから1200時まで、0415時にマリッツァを離陸する第92爆撃群の2機のSM.79爆撃機によって、クレタ島―モレア―エギナ湾―ケア島―ミロス島―シデロ岬の海域を偵察。

1番機の予定ルート：ケア島―ミロス島―カソ海峡―北緯36度20分・東経24度00分―イドラ島―エギナ島。

2番機の予定ルート：イドラ島―モレア海岸―チェリゴット島（アンティキティラ島）―スパダ岬―カソ海峡。

上記2機のSM.79爆撃機の後に、第185および第147水上偵察飛行隊のカントZ.506水上機2機が、0800時にレロス島を離陸して同じ海域を偵察。帰還予定は1200時。

3) 0530時にマリッツァを離陸する第56爆撃群のSM.81爆撃機1機によるカソ海峡―アレクサンドリアの経路に沿った払暁偵察。同機は北緯32度40分・東経28度40分までを飛行。

付録2　航空部隊の機種構成

国	母艦／根拠地	所属部隊	機種
イギリス	空母『フォーミダブル』	海軍艦隊航空隊第803飛行隊	フルマー戦闘機
		海軍艦隊航空隊第806飛行隊（元『イラストリアス』）	フルマー戦闘機
		海軍艦隊航空隊第826飛行隊	アルバコア雷撃機
		海軍艦隊航空隊第829飛行隊	アルバコア雷撃機，ソードフィッシュ雷撃機
	クレタ島	海軍艦隊航空隊第815飛行隊	ソードフィッシュ雷撃機
	戦艦『ウォースパイト』，『バーラム』	海軍艦隊航空隊第700飛行隊	ソードフィッシュ雷撃機
	巡洋艦『グロスター』	海軍艦隊航空隊第700飛行隊	ウォーラス偵察機
	アレクサンドリア，コリントス	空軍第201航空団	サンダーランド偵察飛行艇
	アレクサンドリア，スカラマガス	空軍第230飛行隊	サンダーランド偵察飛行艇
	メニディ	空軍第113飛行隊	ブレニム爆撃機
		空軍第84飛行隊	ブレニム爆撃機
	パラミティア	空軍第211飛行隊	ブレニム爆撃機

国	根拠地／母艦	所属部隊	機種
イタリア	ブリンディジ	第16陸上爆撃航空団 第50爆撃群	Z.1007 bis爆撃機
		第35水上爆撃航空団	Z.506水上偵察/爆撃機，Z.1007 bis爆撃機
		第153独立戦闘群	MC.200戦闘機
	グロッターリエ	第47陸上爆撃航空団	Z.1007 bis爆撃機
	ガラティーナ	第97独立急降下爆撃群	Ju87急降下爆撃機
	シチリア島	第278独立雷撃飛行隊	SM.79爆撃/雷撃機
		第612救難飛行隊	Z.506水上偵察/爆撃機
	ロードス島	第11陸上爆撃航空団 第34爆撃群	SM.79爆撃/雷撃機
		第39陸上爆撃航空団 第92爆撃群	SM.79爆撃/雷撃機
		第39陸上爆撃航空団 第56爆撃群	SM.81爆撃機
		第281独立雷撃飛行隊	SM.79爆撃/雷撃機
		第172戦略偵察飛行隊	Z.1007 bis爆撃機
	ロードス島・スカルパント島	第162陸上戦闘飛行隊	CR.42戦闘機
		第163陸上戦闘飛行隊	CR.32戦闘機
	レロス島	第84水上偵察群	Z.501水上偵察機，Z.506水上偵察/爆撃機
		第147水上偵察飛行隊	Z.506水上偵察/爆撃機
		第185水上偵察飛行隊	Z.506水上偵察/爆撃機
		第161独立水上戦闘飛行隊	Ro.43水上偵察機，Ro.44水上戦闘機
		救難小隊	Z.501水上偵察機
	戦艦・巡洋艦	海軍補助航空隊	Ro.43水上偵察機
ドイツ	シチリア島	第10航空軍団 第1戦略偵察飛行隊（1.(F)/121＋2.(F)/123）	Ju88爆撃機
		第10航空軍団 第30爆撃航空団 第III飛行隊（III/KG30）	Ju88爆撃機
		第10航空軍団 第1訓練航空団 第II，第III飛行隊（II/LG1，III/LG1）	Ju88爆撃機
		第10航空軍団 第26爆撃航空団 第II飛行隊（II/KG26）	He111爆撃機
		第10航空軍団 第26駆逐航空団 第III飛行隊（III/ZG26）	Bf110戦闘機
		第10航空軍団 第3夜間戦闘航空団 第1中隊（1./NJG3）	Bf110戦闘機
		第10航空軍団 第26戦闘航空団 第7中隊（7./JG26）	Bf109戦闘機

注）この表は本書に登場した機体の所属部隊を示すものであり、上記が各部隊の所属機種の全てとは限らない。

イタリア

◎司令長官座乗艦　○:司令官／司令座乗艦

部隊	指揮官	艦種	艦名	艦長
-	A. イアキーノ中将:イタリア艦隊司令長官	戦艦	『ヴィットリオ・ヴェネト』◎	G. スパルツァーニ大佐
第10駆逐隊 10a Squadriglia Cacciatorpediniere	U. ビシャーニ大佐:駆逐隊司令	駆逐艦	『マエストラーレ』○ 『リベッチオ』 『グレカーレ』 『シロッコ』	U. ビッシャーニ大佐 E. シモーラ中佐 E. カカーチェ中佐 D. エミリアーニ中佐
第13駆逐隊 13a Squadriglia Cacciatorpediniere	V. デ=バーチェ大佐:駆逐隊司令	駆逐艦	『グラナティエーレ』○ 『フチリエーレ』 『ベルサリエーレ』 『アルピーノ』	V. デ=バーチェ大佐 A. ヴィリエーリ中佐 G. デ=アンジョーイ中佐 G. マリーニ中佐
第3巡洋艦戦隊 3a Divisione Incrociatori	L. サンソネッティ少将:司令官	重巡洋艦	『トリエステ』○ 『トレント』 『ボルツァーノ』	U. ルーゼレ大佐 A. パルミジャーノ大佐 F. マウジェリ大佐
第12駆逐隊 12a Squadriglia Cacciatorpediniere	C. ダリエンツォ大佐:駆逐隊司令	駆逐艦	『コラッツィエーレ』○ 『カラビニエーレ』 『アスカリ』	C. ダリエンツォ大佐 G. シッコ中佐 M. カラマーイ中佐
第1巡洋艦戦隊 1a Divisione Incrociatori	C. カッタネオ少将:司令官	重巡洋艦	『ザラ』○ 『ポーラ』 『フューメ』	L. コルシ大佐 M.デ=ピーザ艦長大佐 G. ジョルジス大佐
第9駆逐隊 9a Squadriglia Cacciatorpediniere	S. トスカーノ大佐:駆逐隊司令	駆逐艦	『アルフィエリ』○ 『ジョベルティ』 『カルドゥッチ』 『オリアーニ』	S. トスカーノ大佐 M. ラッジョ中佐 A. ジノッキオ中佐 V. キニゴ中佐
第8巡洋艦戦隊 8a Divisione Incrociatori	A. レニャーニ少将:司令官	軽巡洋艦	『アブルッツィ』○ 『ガリバルディ』	V. バチガルピ大佐 S. カラチョッティ大佐
第6駆逐隊 *) 6a Squadriglia Cacciatorpediniere	U. サルヴァドーリ大佐:駆逐隊司令	駆逐艦	『ダ・レッコ』○ 『ペッサーニョ』	U. サルヴァドーリ大佐 C. ジョルダーノ中佐

*)第16駆逐隊とする説がある。

注)イギリス側は各部隊を発見順に下記のように呼称した。
X部隊:第3戦隊, 第12駆逐隊
Y部隊:『ヴィットリオ・ヴェネト』, 第13駆逐隊
Z部隊:第1戦隊, 第8戦隊, 第9駆逐隊, 第6駆逐隊

艦種	艦級	艦名	竣工年	排水量[t]	全長[m]	幅[m]	吃水[m]	速力[kt]	主要兵装	装甲厚[mm] 舷側	装甲厚[mm] 甲板	搭載機
戦艦	『リットリオ』級	VIttorio Veneto	1940	43,624	237.7	32.9	10.5	30	381mm-9, 152mm-12, 120mm-4, 90mm-12	350	150	3
重巡洋艦	『トレント』級	Trento	1929	10,511	197	20.6	6.6	35	203mm-8, 100mm-16, 533mmTT-8	70	50	3
		Trieste	1928	10,505	〃	〃	〃	〃	〃	〃	〃	〃
	『ザラ』級	Zara	1931	11,870	182.8	20.6	6.2	33	203mm-8, 100mm-12	150	70	2
		Fiume	1931	11,508	〃	〃	〃	32	〃	〃	〃	〃
		Pola	1932	11,870	〃	〃	〃	〃	〃	〃	〃	〃
	『ボルツァーノ』	Bolzano	1933	11,065	197	20.6	6.6	35	203mm-8, 100mm-16, 533mmTT-8	〃	〃	〃
軽巡洋艦	『アブルッツィ』級	Luigi di Savoia Duca degli Abruzzi	1937	9,592	187	18.9	6.1	34	152mm-10, 100mm-8, 533mmTT-6	130	40	4
		Giuseppe Garibaldi	1937	〃	〃	〃	〃	〃	〃	〃	〃	〃
駆逐艦	ナヴィガトリ級	Nicoloso da Recco	1930	1,900	107.3	10.2	3.4	38	120mm-6, 533mmTT-6	-	-	-
		Emanuele Pessagno	1930	〃	〃	〃	〃	〃	〃	〃	〃	〃
	『マエストラーレ』級	Maestrale	1934	1,615	106.7	10.2	3.3	38	120mm-4, 533mmTT-6	-	-	-
		Libeccio	1934	〃	〃	〃	〃	〃	〃	〃	〃	〃
		Grecale	1934	〃	〃	〃	〃	〃	〃	〃	〃	〃
		Scirocco	1934	〃	〃	〃	〃	〃	〃	〃	〃	〃
	『オリアーニ』級	Vittorio Alfieri	1937	1,675	106.7	10.2	3.4	38	120mm-4, 533mmTT-6	-	-	-
		Vincenzo Gioberti	1937	〃	〃	〃	〃	〃	〃	〃	〃	〃
		Giosue Carducci	1937	〃	〃	〃	〃	〃	〃	〃	〃	〃
		Alfredo Oriani	1937	〃	〃	〃	〃	〃	〃	〃	〃	〃
	ソルダーティ級	Alpino	1939	1,830	106.7	10.2	3.3	38	120mm-5	-	-	-
		Ascari	1939	〃	〃	〃	〃	〃	〃	〃	〃	〃
		Bersagliere	1939	〃	〃	〃	〃	〃	120mm-4, 533mm-6	〃	〃	〃
		Carabiniere	1938	〃	〃	〃	〃	〃	〃	〃	〃	〃
		Corazziere	1939	〃	〃	〃	〃	〃	〃	〃	〃	〃
		Fuciliere	1939	〃	〃	〃	〃	〃	〃	〃	〃	〃
		Granatiere	1939	〃	〃	〃	〃	〃	〃	〃	〃	〃

TT:魚雷発射管

付録1　艦隊編成

イギリス

◎司令長官座乗艦　○:司令官／司令座乗艦

部隊	指揮官	艦種	艦名	艦長／飛行隊指揮官
A部隊／戦闘艦隊 Force A/Battlefleet	A. B. カニンガム大将:地中海艦隊司令長官 H. B. H. ローリングス少将:第1戦艦戦隊司令官	戦艦	『ウォースパイト』◎ 『バーラム』○ 『ヴァリアント』	D. B. フィッシャー大佐 G. C. クック大佐 C. E. モーガン大佐
	D. W. ボイド少将:艦隊航空隊司令官	航空母艦	『フォーミダブル』○ 第803飛行隊 第806飛行隊 注1) 第826飛行隊 第829飛行隊	A. W. LaT. ビセット大佐 K. M. ブルーエン大尉 J. N. ガーネット少佐 W. H. G. ソーント少佐 J. ダリエル=ステッド少佐
A部隊／第14駆逐艦戦隊 Force A/14th Destroyer Flotilla	P. J. マック大佐:駆逐艦戦隊司令	駆逐艦	『ジャーヴィス』○ 『ジェイナス』 『モホーク』 『ヌビアン』	P. J. マック大佐 L. R. P. ローフォード大尉 J. W. M. イートン中佐 R.W. レイヴンヒル中佐
B部隊／軽快部隊 Force B/Light Forces	H. D. プライダム=ウィッペル中将:司令官	軽巡洋艦	『オライオン』○ 『エイジャックス』 『パース』(豪) 『グロスター』	G. R. B. バック大佐 E. D. B. マカーシー大佐 P. W. ボウヤー=スミス大佐 H. A. ローリー大佐
B部隊／第2駆逐艦戦隊 Force B/2nd Destroyer Flotilla	H. St. L. ニコルソン大佐:駆逐艦戦隊司令	駆逐艦	『アイレクス』○ 『ヘイスティ』 『ヒアワード』 『ヴェンデッタ』(豪) 注2)	H. St. L. ニコルソン大佐 L. R. K. ティルウィット少佐 T. F. P. U. ペイジ大尉 R. ローズ少佐
C部隊／第10駆逐艦戦隊 Force C/10th Destroyer Flotilla	H. M. L. ウォーラー大佐:駆逐艦戦隊司令	駆逐艦	『ステュアート』(豪)○ 『グレイハウンド』 『グリフィン』 『ホットスパー』 注2) 『ハヴォック』	H. M. L. ウォーラー大佐 W. R. マーシャル=エイディーン中佐 J. リー=バーバー少佐 C. P. F. ブラウン少佐 G. R. G. ワトキンス大尉
D部隊 Force D		駆逐艦	『ジュノー』 『ジャガー』 『ディフェンダー』	St. J. R. J. ティアウィット中佐 J. F. W. ハイン少佐 G. L. ファーンフィールド少佐

注1)第806飛行隊は『イラストリアス』から移乗。

注2)『ヴェンデッタ』は3月28日朝のガウド島沖海戦後に機関不調で帰投。以降『ホットスパー』をB部隊に編入。

艦種	艦級	艦名	竣工年	排水量[t]	全長[m]	幅[m]	吃水[m]	速力[kt]	主要兵装	装甲厚[mm] 舷側	装甲厚[mm] 甲板	搭載機
戦艦	『クィーン・エリザベス』級	Warspite	1915	31,315	196.2	31.7	9.5	24	15in(381mm)-8, 6in(152mm)-8, 4in(102mm)-8	330	127	2
		Barham	1915	31,100	〃	〃	〃	23	15in-8, 6in-12, 4in-8	〃	〃	-
		Valiant	1916	31,585	195.0	〃	〃	24	15in-8, 4.5in(114mm)-20	〃	〃	2
航空母艦	『イラストリアス』級	Formidable	1940	23,000	229.6	29.2	8.7	31	フルマー13, アルバコア10, ソードフィッシュ4 4.5in-16	114	76	27
軽巡洋艦	『リアンダー』級	Orion	1934	7,270	169.0	17.0	5.8	32.5	6in-8, 4in-4, 21in(533mm)TT-8	102	32	1
		Ajax	1935	〃	〃	〃	〃	〃	〃	〃	〃	〃
	『パース』級	Perth(豪)	1936	6,980	171.4	17.3	5.6	32.5	6in-8, 4in-4, 21inTT-8	〃	〃	1
	『グロスター』級	Gloucester	1939	9,400	180.3	19.0	6.3	32.3	6in-12, 4in-8, 21inTT-6	114	38	1
駆逐艦	V級	Vendetta(豪)	1917	1,090	95.1	9.4	2.9	34	4in-4, 3in(76mm)-1, 21inTT-6	-	-	-
	『スコット』級	Stuart(豪)	1918	1,801	101.3	9.7	3.8	36.5	4.7in(120mm)-5, 3in-1, 21inTT-6	-	-	-
	D級	Defender	1932	1,375	100.3	10.1	3.8	36	4.7in-4, 21inTT-8	-	-	-
	G級	Greyhound	1936	1,335	98.5	10.1	3.8	36	4.7in-4, 21inTT-8	-	-	-
		Griffin	1936	〃	〃	〃	〃	〃	〃	〃	〃	〃
	H級	Hasty	1936	1,340	98.5	10.4	3.8	36	4.7in-4, 21inTT-8	-	-	-
		Havock	1937	〃	〃	〃	〃	〃	〃	〃	〃	〃
		Hereward	1936	〃	〃	〃	〃	〃	〃	〃	〃	〃
		Hotspur	1936	〃	〃	〃	〃	〃	〃	〃	〃	〃
	I級	Ilex	1937	1,370	97.5	10.1	3.8	36	4.7in-4, 21inTT-10	-	-	-
	トライバル級	Mohawk	1939	1,870	108.4	11.1	4.0	36.5	4.7in-8, 21inTT-4	-	-	-
		Nubian	1938	〃	〃	〃	〃	〃	〃	〃	〃	〃
	J級	Jervis	1939	1,695	106.7	10.7	4.2	36	4.7in-6, 21inTT-5	-	-	-
		Jaguar	1939	1,690	〃	〃	〃	〃	〃	〃	〃	〃
		Janus	1939	〃	〃	〃	〃	〃	〃	〃	〃	〃
		Juno	1939	〃	〃	〃	〃	〃	〃	〃	〃	〃

TT:魚雷発射管

John Campbell, *Naval Weapons of World War Two*, Naval Institute Press, 1986.
V.E. Tarrant, *Battleship Warspite*, Naval Institute Press, 1991.
井原裕司訳, 戦艦ウォースパイト：第二次大戦で最も活躍した戦艦, 元就出版社, 1998.（上記の邦訳）
Hugh Sebag-Montefiore, *ENIGMA : The Battle for the Code*, Wiley, 2004.
小林朋則訳, エニグマ・コード：史上最大の暗号戦, 中央公論新社, 2007.（上記の邦訳）
Mavis Batey, *Dilly: The Man Who Broke Enigmas*, Dialogue, 2009.
Vincent P. O'Hara, *Struggle for the Middle Sea: The Great Navies at War in the Mediterranean Theater, 1940-1945*, Naval Institute Press, 2009.
Vincent P. O'Hara & Trent Hone編, *Fighting in the Dark: Naval Combat at Night, 1904-1944*, Naval Institute Press, 2023.
本吉隆訳, 夜戦 日露戦争と世界大戦の夜間水上戦闘1904～1944, イカロス出版, 2024.（上記の邦訳）
Mark Simmons, *The Battle of Matapan 1941 : The Trafalgar of the Mediterranean*, The History Press, 2011.
Jane Harrold, Dark Seas : *The Battle of Cape Matapan*, Plymbridge Distributors Ltd., 2012.
Marco Santarini, "Gunfire dispersion of Large Italian Naval Guns, The starnge case of the 381/50 ANSALDO-OTO mod. 1934 gun", *Warship International Vol.57 No.4*, pp.303-327, International Naval Research Organization, 2020.
United States Fleet Headquaters of the Commander in Chief, "Battle Experience, Battle for Leyte Gulf", *Secret Information Bulletin No.22*, 1944.
黛治夫, 艦砲射撃の歴史, 原書房, 1977.
黛治夫, 戦艦主砲命中率の変遷（下）, 軍事史学19（4）, pp.67-80, 軍事史学会, 1984.
月刊誌「世界の艦船」No.50, 51, 52, 262, 263, 283, 327, 368, 429, 477, 485, 517, 529, 563, 570, 634, 649, 839, 978, 海人社.

【写真の源泉】

Imperial War Museum (IWM), Australian War Memorial, Ufficio Storico della Marina Militare (USMM), Crypto Museum：https://www.cryptomuseum.com/, Naval History and Heritage Command (NHHC), Forsvarets Bibliotek

【参考文献】

Angelo Iachino, *Gaudo e Matapan,* Mondadori, 1946.

Angelo Iachino, *La sorpresa di Matapan*, Mondadori, 1957.

Angelo Iachino, *Il punto su Matapan*, Mondadori, 1969.

Andrew B. Cunningham, *Despatch by the Commander-in-Chief Mediterranean*, the London Gazette, 29th, July, 1947.

Andrew B. Cunningham, *A Sailor's Odyssey*, Hutchinson, 1951.

Ufficio storico della Marina Militare, *La marina italiana nella seconda guerra mondiale, Dati Statitici*, Istituto Poligfafico dello Stato, 1950.

Ufficio storico della Marina Militare, *La marina italiana nella seconda guerra mondiale, Navi Perdute Tomo I-Navi Militari*, Istituto Poligfafico dello Stato, 1951.

Stephen W. Roskill, *The War at Sea, Vol.I The Defensive*, H.M.Stationery Office,1954.

Ronald Seth, *Two Fleets Surprised*, Geoffrey Bles, 1960.

Stanley W.C. Pack, *The Battle of Matapan*, MacMillan, 1961.

Stanley W.C. Pack, *Night action off Cape Matapan*, Ian Allan, 1972.

Giuliano Capriotti, *Morte per acqua a Capo Matapan*, Lerici, 1965.

Giuseppe Fioravanzo, *La marina italiana nella seconda guerra mondiale, Volume IV, Le azioni navali in Mediterraneo. dal 10 giugno 1940 al 31 marzo 1941 3a dizione*, Ufficio storico della Marina Militare, 1970.

Frederick W. Winterbotham, *The Ultra Secret*, Harpercollins, 1974.

平井イサク訳, ウルトラ・シークレット―第二次大戦を変えた暗号解読, 早川書房, 1976.（上記の邦訳）

Arrigo Petacco, *Le battaglie navali del Mediterraneo nella seconda guerra mondiale*, A. Mondadori, 1976.

Giorgio Giorgerini, *Almanacco Storico delle Navi Militari Italiane 1861-1975*, Ufficio Storico Matina Militare, 1978.

Erminio Bagnasco, *Le armi delle navi italiane nella seconda guerra mondiale*, Albertelli, 1978.

Ermingo Bagnasco, Augusto de Toro, *The Littorio Class: Italy's Last and Largest Battleships 1937-1948*, Seaforth Publishing, 2011.

Robert Gardiner, *Conway's All the World's Fighting Ships 1922-1946*, Conway Maritime Press, 1980.

Robert Gardiner, *Conway's All the World's Fighting Ships 1906-1921*, Conway Maritime Press, 1985.

Francesco Mattesini, *Il giallo di Matapan. Revisione di giudizi*, Edizioni dell'Ateneo, 1985.

Francesco Mattesini, *L'operazione Gaudo e lo scontro notturno di Capo Matapan*, Ufficio Storico della Marina Militare, 1998.

■組織・イベント・事物等

■地名

■航空機

マルケーゼ, アルフレード／伊
海軍機関中尉,『ザラ』機関員　239-240
ムッソリーニ, ベニート／伊
王国首席宰相及び国務大臣,
国家ファシスト党統領
32-35,38,41,243-244,307-310,324,339
モーゼル／独 空軍大尉　54,67,163
モドゥーニョ , ジョルジョ／伊
海軍機関大尉,『アルフィエリ』機関長　248
ライス／英 海軍兵曹, ボルト機操縦士
135,177,187
ライス, アルベルト／
ワシントン伊大使館海軍駐在武官　341-342
ラッジョ , マルカウレリオ／伊
海軍中佐,『ジョベルティ』艦長　250-252,362
ラファエリ, ヴィンチェンツォ／伊
海軍大尉, カッタネオ提督副官　193-194
リー＝バーバー , ジョン／英
海軍少佐,『グリフィン』艦長　221,229,363
リーヴァー(ベイティ) , メイヴィス・L ／英
政府暗号学校, 暗号解読者　19,24,28-30,340-343
リッカルディ , アルトゥーロ／伊
海軍参謀総長・国務次官
36,44-47,50,53,56-57,244,255,294-296,307-308,
326
レーダー , エーリヒ／独 海軍元帥　35-36,337
レニャーニ, アントニオ／伊
海軍少将, 第8戦隊司令官　10,49,64,99,362
ローリングス, ヘンリー・B・H ／英
海軍少将, 第1戦艦戦隊司令官
220,224,277,280,352,363
ロック, マーガレット／英
政府暗号学校, 暗号解読者　341
ロンメル, エルヴィン／独 陸軍中将　319
ワトキンス, G・R・G ／英
海軍大尉,『ハヴォック』艦長　268,363

■艦船

『アーク・ロイアル』／英 空母　34,39,42
『アイレクス』／英 駆逐艦
80,88,176,205,363
『アウグストゥス』／伊 外洋客船　338
『アークィラ』／伊 空母　338-339
『アシャンギ』／伊 潜水艦　56
『アスカリ』／伊 駆逐艦　65,362
『アブルッツィ』(『ルイージ・ディ・サヴォイア・ドゥカ・デリ・アブルッツィ』) ／伊 軽巡洋艦
49,66,82,84,99,167,362
『アルピーノ』／伊 駆逐艦
65,181,362
『アルフィエリ』(『ヴィットリオ・アルフィエリ』) ／伊 駆逐艦
5,12,64,194,197,213,216,219,221,224,227-228,
248-255,274,277-281,283-284,286-288,293,295,
297,333,350-352,362
『アルマンド・ディアツ』／伊 軽巡洋艦　64
『アンドレア・ドーリア』／伊 戦艦　32
『アンブラ』／伊 潜水艦　56-57,302
『イーグル』／英 空母　41,73,150
『イラストリアス』／英 空母
9,17-18,33-35,41-42,62,89,361,363
『ヴァリアント』／英 戦艦
5,9,15,18,39,41-42,46-47,61-62,80,104-105,133,
178,209,211-213,215,219-220,224,253,279,284,
352-353,363
『ヴィットリオ・ヴェネト』／伊 戦艦
6,12,15,20,32,34,42,44-45,48-57,64-65,67-71,
74-75,81-86,91,93,96-97,110-113,116,118-129,131,
134,136-140,144-146,148,151-155,157,160-166,
168-171,173-174,177,180-181,183,187-193,195,
197,199-201,205,209,212,223,244,249,257,
265-266,268-271,303,306,311-319,322-325,
327-329,345-347,354-355,357-359,362
『ヴェンデッタ』／豪 駆逐艦
78,96,102,176,327,329,363
『ウォースパイト』／英 戦艦
5-7,9,15,21,40-42,59,61-62,76,80,89,104-105,117,
132-134,142,170,173,175-178,201,203,211-213,
217-225,228,237,245,247,250,252-253,256,
278-280,283,292-293,315,334,352-353,357,361,
363
『エイジャックス』／英 軽巡洋艦
11,61,79,84,100,200,207,209-210,314,330,363
『オライオン』／英 軽巡洋艦
11,61,78-79,84,89-90,100,102,104,112-113,116,
129,146,192,200-201,207,209-210,313,363
『オリアーニ』(『アルフレード・オリアーニ』) ／
伊 駆逐艦
64,194-195,213,228,250-252,254-257,261,274,
281,286,304,362
『カーライル』／英 軽巡洋艦　62
『カイオ・ドゥイリオ』／伊 戦艦　32,42
『カシオペア』／伊 水雷艇　303
『カノーポ』／伊 水雷艇　303
『ガラテア』／伊 潜水艦　56
『カラビニエーレ』／伊 駆逐艦　65,362
『ガリバルディ』(『ジュゼッペ・ガリバルディ』) ／
伊 軽巡洋艦　10,49,66,157,167,354,362
『カルドゥッチ』(『ジョズエ・カルドゥッチ』) ／伊
駆逐艦
12,64,194,196,213,227,250-256,270,274,280-281,
285-288,293-294,298,350-351,362
『グラディスカ』／伊 病院船　296-299,350-351
『グラナティエーレ』／伊 駆逐艦
65,85,181,362
『グリフィン』／英 駆逐艦
13,144,175,205,211,213,221,226,228-230,268,278,
282,302,363
『グレイハウンド』／英 駆逐艦
144,175,205,211,213,216-219,221,228,230,

スコット, ウォルター／英
海軍中佐,『ジャーヴィス』副長　208,271-272
ソーント, ジェラルド／英
海軍少佐, アルバコア雷撃隊指揮官
106,109,123-124,128,145,174,180,182-183,354,363
ダリエル＝ステッド, ジョン／英
海軍少佐,『フォーミダブル』第二次攻撃隊指揮官
144,151-154,158,160,317,354,363
チマーリア, ミケーレ／伊
海軍大尉,『カルドゥッチ』砲術長　253
チャーチル, ウィンストン／英 首相　41,342
チューリング, アラン／英
政府暗号学校, 暗号解読者　26-28,342
デ＝クールテン, ラッファエーレ／伊
海軍少将　36
デ＝ピーザ, マンリオ／伊
海軍大佐,『ポーラ』艦長
168,190,258-261,263,351,362
ティルウィット, L. R. K. ／英
海軍少佐,『ヘイスティ』艦長　293,363
デニストン, アラステア／英
政府暗号学校長官　341
トスカーノ, サルバトーレ／伊
海軍大佐, 第9駆逐隊司令　12,248-250,362
トレンス＝スペンス, F・M・A ／英
海軍大尉, 第815飛行隊ソードフィッシュ操縦士
180,186,188,354
ニコルソン, ヒュー・St・L(D2) ／英
海軍大佐,『アイレクス』艦長,
第2駆逐艦戦隊司令　61,175,205,272,363
ノックス, アルフレッド・D(ディリー) ／英
政府暗号学校, 暗号解読者　19,28-30,340-343
バーナード, ジェフリー／英
海軍中佐, 艦隊砲術長
76-78,117,132,176,178,201-202,204,212,215,218,
222,229,267,294,302,312
ハイド, ハーフォード・M ／
"The Quiet Canadian"著者　341-342
パウンド, ダドリー／英
海軍元帥, 第一海軍卿　319
バスティアニーニ, ドメニコ／伊
海軍機関中佐, 第1戦隊機関長　242,244-245
バラテッリ, フランコ・M ／伊
海軍大尉,『ヴィットリオ・ヴェネト』Ro.43観測員　83
パロディ, サルヴォ・G ／伊
海軍機関大尉,『ザラ』機関員　239-242,245
パロディ, ジョルジョ／伊
海軍中尉,『ザラ』航海士　236-240
パワー, マンリー・L ／英
海軍中佐, カニンガム司令長官作戦参謀
60,177,214,314
ハワース, マイク／英
海軍大尉, アルバコア4F機観測員
124,151,154-155,159,354
ピーニ, ウラディミーロ／伊
海軍中将, ナポリ基地司令長官　53
ビセット, A・W・LaT ／英
海軍大佐,『フォーミダブル』艦長
148-150,363
ヒトラー , アドルフ／独 首相, 国家元首(総統)
34-35,37,43,337
ビンビ, イタロ／伊
海軍大尉,『アルフィエリ』　249
フィッシャー , ダグラス・B ／英
海軍大佐,『ウォースパイト』艦長　218,363
フィッシャー , ラルフ・L ／英
海軍中佐, 軽快部隊作戦参謀
101,116,146-147,190,209-211
フェラーリ, フランチェスコ／伊
海軍大尉,『ザラ』次席砲術長　238
フォンタナ／伊 空軍少佐　55
プライダム＝ウィッペル, ヘンリー・D ／
VALF ／英 海軍中将, 軽快部隊司令官
10-11,61-62,78,80,88-92,96,98-105,107-110,
112-113,116-118,121,123,129,131-133,136,139,141,
144,146-147,150,173-175,178-179,189,192,195,
199-201,204,207-209,211-212,215,225,265-266,
272,292,308,312-314,324,327,330,363
ブラウンリグ, トーマス・M ／英
海軍大佐, 英 艦隊航海長　146-147,213,266,311
ブラット, トーマス・L ／英
海軍中佐, 戦隊砲術長　210
フランチーニ, フランコ／伊
海軍機関少佐,『ポーラ』機関長　258-259
フリッケ, クルト／独 海軍少将　36
ブレンクホーン, ジョージ・L ／英
海軍兵曹, アルバコア5G機機銃手　158,354
ブレンゴラ, シルバーノ／伊
海軍中佐,『ポーラ』副長　258
ブレンタ, エミリオ／伊 海軍代将　36
ホイットワース, A・S ／英
海軍大尉, アルバコア5F機操縦士　158,354
ボイド, デニス／英
海軍少将, 艦隊航空隊司令官
9,89,143-144,173,316-317,363
ポータル, レジナルド・H ／英
海軍大佐,『ヨーク』艦長　187
ホジキンソン, ヒュー／英
海軍大尉,『ホットスパー』乗組員　206
ホプキンス／英
海軍大尉, ソーント機観測員
109,123,125,128,183-184,354
ボルト, アーサー・S ／英
海軍少佐,『ウォースパイト』観測機観測員
133,135,172,176-179,182,186,201,203-204,206
マック, フィリップ・J(D14) ／英
海軍大佐,『ジャーヴィス』艦長,
第2駆逐艦戦隊司令
13,61,175,201,204-205,207-211,225,263,265-266,
268-274,312-314,363

索引

■人名

アコレッティ, エンリコ／伊
海軍代将, 第二艦隊参謀長　48,111
アッシュマン／独 海軍中佐　36
イアキーノ, アンジェロ／伊
海軍中将, 艦隊司令長官
6,44-57,60,64-65,67-73,75,80-84,93,96-99,103,110-113,118,120-122,124,126-129,131,136-142,149,152-153,161-166,168-172,180-181,187-195,197-198,206-207,244,251,254-255,257,259,270,303,305,307-310,313,315,321,326-327,328-332,334,339,345,362
ヴァイホルト, エーベルハルト／独
海軍少将, イタリア方面連絡参謀長
35,46-47,337-338
ヴィートゥス／独 空軍大佐　54,67
ウィリアムズ, グレインジャー・P・C／英
海軍中尉, アルバコア5A機操縦士　183,354
ウィルキンソン, ブライアン・J・H／英
海軍大佐, 英 艦隊機関長　105
ウィン, T・C／英
海軍中佐,『オライオン』乗組　116
ウィンターボーザム, フレデリック・W／
"The Ultra Secret"著者　342
ウェーヴェル, アーチボルド／英
陸軍大将, 中東駐留軍司令官　42-43
ウォーラー, ヘクター・M・L(D10)／豪 海軍大佐,
『ステュアート』艦長, 第10駆逐艦戦隊司令
13,61,175,211,227-228,267,363
ウッドワード, P・R／英
空軍サンダーランドL.2160機長 292
エデルステン, ジョン／英
海軍代将, 艦隊参謀長 214
エンケ, エゥジェニオ／伊
海軍少佐,『ジョベルティ』副長 250
オコーナー, リチャード／英
陸軍中将, 西方砂漠軍司令官 42
カヴァニャーリ, ドメニコ／伊
海軍大将, 前参謀長・海軍次官 44
カッタネオ, カルロ／伊
海軍少将, 第1戦隊司令官
7,40-42,58-62,69,73-74,76,78,80,89-90,104-105,107-110,117,129,131,133-134,142-147,150,152,158,166,170,172-175,177-179,189,199-209,211-215,217-218,220-223,225-226,229-230,265-270,275,278-279,282,292,294,296,300,302,311-315,317-320,331,340-341,343-344,363
カブレリ, フェルッチオ／伊
海軍中佐,『フューメ』砲術長　246
ガルダーノ, ヴァルテル／伊
海軍機関大尉,『ポーラ』機関員　259
カンナヴィエッロ, ヴィットリオ／伊
空軍少佐, 第34爆撃群第68飛行隊SM.79　86
カンピオーニ, イニーゴ／伊
海軍中将, 参謀次長　44,47,53,55-57,167,326
キゲル, L・J／英
海軍中尉, 第815飛行隊ソードフィッシュ操縦士
180,186,354
キニゴ, ヴィットリオ／伊
海軍中佐,『オリアーニ』艦長　254-256,362
ギブソン, ドナルド／英
海軍大尉, フルマー操縦士　124
グイダ, ルイージ／伊
海軍中佐,『フューメ』副長　247
グゥエリエーリ, ルイージ／伊
空軍軍曹,『ヴィットリオ・ヴェネト』Ro.43操縦士
83
クェルチェッティ, ランベルト／伊
海軍機関大尉,『ザラ』機関員　242
クック, ジェフリー・C／英
海軍大佐,『バーラム』艦長　220
クック, ロジャー・H／英
海軍大尉, アルバコア5G機観測員　158,354
グッツォーニ, アルフレード／伊
陸軍参謀次長　307
クラーク, ウィリアム／英
政府暗号学校海軍部門責任者　343
クラスク, ロバート・H／英
海軍中佐,『オライオン』航海長　146-147,210
グロッソ, ウンベルト／伊
海軍中尉,『ザラ』　242,244
コエリ, フランチェスコ／伊
海軍少佐,『ポーラ』砲術長　258,260-261
ゴドフリー, ジョン／英 海軍情報部長　340
コリーナ／伊 海軍中佐, 作戦参謀　48
コルシ, ルイージ／伊 海軍大佐,『ザラ』艦長
197,236-237,239-244,362
コルッシ／伊 海軍大尉　54
サマヴィル, ジェイムズ・F／英
海軍中将, H部隊司令官　39
ザンカルディ, ピエトロ／伊
海軍大尉,『アルフィエリ』副長　248
サンソネッティ, ヴィート／伊
海軍中尉,『アルフィエリ』　248-250,277,281,295
サンソネッティ, ルイージ／伊
海軍少将, 第3戦隊司令官
10,48-49,65,68,75,82-83,90-92,96-97,99,111-113,118,129-130,136,142,157,166,182,188,248,362
シェルビウス, アルトゥール／エニグマ発明者　24
ジノッキオ, アルベルト／伊
海軍中佐,『カルドゥッチ』艦長
252-255,288,293,298,362
ジャルトージオ, カルロ／伊 海軍代将　36
ジャンナッタジオ, ヴィットリオ／伊
海軍中佐,『ザラ』副長　239-242,244
ジョルジス, ジョルジョ／伊
海軍大佐,『フューメ』艦長　246-247,362

橋本若路（はしもと　もじ）

著書に『海防戦艦　設計・建造・運用　1872～1938』、訳書にイアン・バクストン『巨砲モニター艦　設計・建造・運用　1914～1945』、アンガス・コンスタム『北岬沖海戦　一九四三・戦艦シャルンホルスト最期の出撃』（いずれもイカロス出版）がある。

●図版作成　橋本若路（特記以外）
●装丁・本文デザイン・DTP　二階堂千秋（くまくま団）
●編集　武藤善仁

マタパン岬沖海戦　**1941ガウド島沖の海戦とマタパン岬沖の夜戦**

2025年4月25日　初版第1刷発行

著　者　　橋本若路
発行人　　山手章弘
発行所　　イカロス出版株式会社
〒101-0051 東京都千代田区神田神保町1-105
contact@ikaros.jp（内容に関するお問合せ）
sales@ikaros.co.jp（乱丁・落丁、書店・取次様からのお問合せ）
印刷・製本　日経印刷株式会社

Printed in Japan　ISBN978-4-8022-1595-4